火山灰云遥感监测方法与应用

李成范　刘　岚　著

上海大学出版社

·上海·

图书在版编目(CIP)数据

火山灰云遥感监测方法与应用/李成范,刘岚著.
—上海:上海大学出版社,2016.8
ISBN 978-7-5671-2442-4

Ⅰ.①火… Ⅱ.①李… ②刘… Ⅲ.①遥感技术—应用—火山灰—监测 Ⅳ.①P317.3

中国版本图书馆CIP数据核字(2016)第164671号

责任编辑 管玉娟
封面设计 柯国富
技术编辑 章 斐

火山灰云遥感监测方法与应用

李成范 刘 岚 著

上海大学出版社出版发行
(上海市上大路99号 邮政编码200444)
(http://www.press.shu.edu.cn 发行热线021—66135112)
出版人:郭纯生

*

南京展望文化发展有限公司排版
上海市印刷四厂印刷 各地新华书店经销
开本787×960 1/16 印张14.5 字数250千
2016年8月第1版 2016年8月第1次印刷
ISBN 978-7-5671-2442-4/P·005 定价:48.00元

前　言

剧烈的火山喷发可以形成大片的火山灰云，它能够削弱到达地面的太阳辐射，引起酸雨、气温与降水异常、大气污染等全球或局地气候与环境系统的重大变化。与此同时，随着经济的飞速发展和全球一体化不断推进，国际航空运输业日益繁荣，火山灰云对航空安全的威胁也越来越凸显出来。于是，在火山灰云与航空安全研究中，火山灰云航空安全防灾减灾工作需要引起人们的高度重视，其中，建立火山灰云航空安全防灾减灾系统是降低由火山灰云引起的航空安全威胁的有效手段之一。

高效的火山灰云航空安全防灾减灾系统不仅需要做到自火山喷发的不同发展阶段进行火山灰云动态监测，而且还需要做到火山灰云扩散追踪和路径动态预测，为发布火山灰云航空安全预警提供信息保障，以及为火山灰云航空安全区划和防灾减灾提供科学指导。

遥感是在1960年代兴起并迅速发展起来的一门综合性对地观测技术，能够快速、准确地获取和分析地物空间动态变化信息。随着遥感传感器技术的进步，其提供的防灾减灾基础数据越来越清晰和多样化。半个多世纪以来，遥感技术在理论和应用方面都得到了迅速发展，在全球变化监测、资源调查与勘探、城乡规划以及城市自然灾害监测、预警和损失评估等诸多领域得到广泛应用。尤其是近年来，气象卫星和激光雷达遥感在火山灰云航空安全研究领域中显示出了极大的优越性，扩展了人们的观测视野，形成了对火山灰云航空安全进行水平和垂直监测的立体观测体系，已成为火山灰云与航空安全研究中重要的支撑技术。遥感技术在国民经济与社会发展中发挥着越来越重要的作用，日益受到人们重视，该技术在各应用领域中的专业书籍也相继出版。目前，在国内外出版的有关遥感应用的书籍中，或偏重于总结概括，或偏重基础理论，尚未出现一本应用遥感技术讨论火山灰云与航空安全方面的著作。此外，在遥感相关研究和教学中及时更新和完善有关研究内容亦是遥感科学工作者义不容辞的责任和义务。

鉴于此，在国家自然科学基金项目（No. 41404024，No. 41172303）和上海市教委项目（No. 2014—2016）的资助下，我们编写了《火山灰云遥感监测方法与应用》一书。本书重点阐述了遥感的基本概念、技术体系、成像原理与图像特征、图像处理与解译应用、主成分分析、独立分量分析、支持向量机、变分贝叶斯 ICA 方法、火山灰云监测的研究现状、经济建设和社会发展需求等内容，注重遥感技术基础、发展和前沿，强调遥感技术在典型火山灰云监测案例中的应用，为后续进一步深入学习和开展研究工作奠定坚实基础。作为火山灰云与航空安全研究的阶段性成果，可供测绘、地质、环境、航空安全等专业学生学习及有关部门的专业技术人员阅读使用。

本书的编写目的是希望将遥感技术更好、更全面地应用于火山灰云航空安全防灾减灾建设，因此在内容上更加着重于介绍遥感基本原理和具体火山灰云监测方法及应用。由于遥感技术发展迅猛、日新月异，本书中对遥感新技术的介绍也不可能面面俱到，在具体应用时可根据自己的科研经验给予相应的补充。本书的整体结构由上海大学李成范博士确定。各章节的编写分工如下：第 1 章和第 6 章由李成范和刘岚编写；第 2 章至第 5 章由李成范编写。全书在分工编写的基础上，由李成范博士进行了初审和修改，并最终统一修改定稿。在编写过程中，硕士研究生戴羊羊、刘斐等同学协助收集、整理有关资料，并做了一些插图编辑和文字校对工作。

在本书编写出版过程中，作者所在的上海大学计算机工程与科学学院领导和同事给予了极大的关心、支持与帮助。此外，上海市地震局尹京苑研究员、黑龙江省地震局赵谊研究员、上海大学刘学锋教授、沈迪博士、董江山博士等对本书的编写提出了不少建设性建议，并给予了多方面的关心和指导。上海大学期刊社管玉娟编辑对本书成书过程中提供了大力支持和精心指导。在此一并致以衷心的感谢。

本书是作者团队在长期研究实践过程中所取得成果的基础上进一步修订而成。在编写过程中，我们参考了国内外大量优秀教材、专著、研究论文等文献和相关网站资料，在此表示衷心感谢。虽然作者试图在参考文献中全部列出，但仍难免有疏漏之处，对部分未能在参考文献中列出的文献，在此表示深深的感谢。本书虽几易其稿，但不当之处仍在所难免，我们诚挚希望各位同行专家和读者提出宝贵意见和建议。由于受编写时间及作者水平之限，同时遥感与火山灰云航空安全防灾减灾技术不断丰富和迅速发展，因此本书也许不能全面反映最新研究成果，缺点和错误在所难免，恳请专家学者和广大读者批评指正，以便我们后续修订完善。

作 者

于上海大学

2016 年 3 月

目　　录

第1章

绪 论

§1.1 问题的提出

1.1.1 火山灰云概述

1. 火山灰云案例

案例一：

1991年6月15日，菲律宾皮纳图博火山大爆发，喷发形成的大规模火山灰云(volcanic ash cloud，VAC)在短短一周之内就扩散到万里之外的非洲东海岸。据统计，此次火山灰云对民航客机的破坏非常大，导致机体和传感器等严重受损，先后有20余架飞机几乎报废，甚至连远在1 000公里之外正常运行的民航客机机体和操作板等也都受到不同程度的损毁，事后的修复耗费了大约8 000万美元。

案例二：

2010年3～4月期间，冰岛中南部的艾雅法拉火山开始喷发，尤其是4月14日开始的大喷发形成了大片火山灰云，并迅速向南扩散到北大西洋和欧洲大陆上空。由于缺少足够的监测手段和预测方法，英国率先全国性地关闭各大机场和领空，禁止航班起降，随后各国相继效仿，最终导致北欧几乎所有的机场停运，整个空中交通陷入瘫痪状态，直接经济损失高达上千亿欧元。据事后估计，事先预估不足而采取的过度预防措施在一定程度上也加重了经济损失。

2. 火山灰云概念

火山是由穹状喷出物或熔岩流及固体碎屑围绕其喷出口堆积而成，散布于世界各地。根据活动性可以将其划分为活火山、死火山和休眠火山三类。目前，全球已知的活火山有 523 座，死火山约有 2 000 座。尽管火山数量众多，但是从全球范围来看，火山分布并不均匀，主要集中在环太平洋及从印度尼西亚向北经缅甸、喜马拉雅山脉、中亚、西亚到地中海一带。

剧烈的火山喷发往往能够产生大量的火山碎屑颗粒、水汽和硫化物等，统称为火山喷发物。火山灰主要是由火山喷发出的直径小于 2 mm 的火山碎屑物构成。在一次火山爆发的喷发物中，火山灰碎屑成分最多，分布也最广。在火山喷发口初速度作用下，这些物质冲入高空充分混合形成酸性气溶胶，由于质量较轻，常飘浮在空中并堆积形成类似云层的灰云（简称火山灰云），在风速、重力和地球自转等外力的作用下不断扩散和飘移。此外，不同类型火山的喷发高度也各不相同，一次大规模的火山喷发所形成的火山灰云通常能够进入对流层和平流层，并长期飘浮在空中。

1.1.2 火山灰云危害

1. 对自然环境的危害

大量的火山灰云覆盖在地球上空，能够削弱到达地面的太阳辐射，引起臭氧层破坏、大气污染、温室效应、酸雨和气温、降水异常等全球气候和环境系统的重大变化，严重危害自然环境。火山灰云含有大量的 H_2O、SO_2、H_2S、CO_2 等气体成分。火山喷发初期，喷发出的大量热量不但引起火山口附近地区的地表温度升高，而且还引起降水出现异常；SO_2 与火山喷发出的水蒸气成分发生光化学反应，形成硫酸气溶胶；与此同时，火山灰云中的 SO_2、H_2S 和 HCl 等气体极易形成酸雨；HCl 气体能够与大气圈中的臭氧发生化学反应，导致大气圈中的臭氧总量减少，加剧了臭氧层空洞现象；持续性或大规模喷发的火山灰云中的 CO_2 能够显著地增加大气圈中的 CO_2 浓度，并引起地表温度升高，一定程度上增强了温室效应。此外，火山灰云还能够增加局部地区空气中的悬浮颗粒物浓度，在一定程度上引起大气污染（图 1.1）。例如，1980 年 5 月 18 日美国圣海伦斯（Mount St. Helens）火山突然大喷发，共释放了 2 400 万吨爆炸当量的热能（相当于“二战”中美国投放到日本广岛“小男孩”原子弹的 1 600 倍），火山灰冲入 24.4 km 高空，喷发出大量的火山灰碎屑颗粒曾在美国十多个州区域内出现了沉降。火山喷发当天，附近区域的天空由蓝色瞬间变成可怕的灰黑色，引发当地局地气候和天气系统的巨大变化。

图1.1 1980年5月18日圣海伦斯火山爆发

2. 对航空安全的危害

火山灰云在引起全球气候和环境系统重大变化的同时，由于其飘浮高度（一般处于平流层）恰好也是航空器飞行的高度，极易造成重大经济损失和人员伤亡。因此还严重危害航空运输安全。

图1.2 遭遇火山灰云的飞机

火山灰云最主要成分是粒径小于 2 mm、质地坚硬且形状不规则的火山碎屑颗粒物。一方面，它不仅能够降低大气的能见度，而且还能腐蚀航空器发动机、着陆灯、操作面和挡风玻璃等机体（图1.2），造成重大的经济损失，更为严重的是还会干扰无线通信系统，导致各种仪器失灵，威胁飞行安全，极易引发航空安全事故（案例一）。另一方面，当缺少足够的对火山灰云监测和预警手段时，出于安全考虑，通常采取大范围关闭机场、中断途经区域的空中交通等，一定程度上加剧了经济损失（案例二）。

1.1.3 问题的提出

全球火山分布广泛、类型众多，地质条件也并不完全一致。尽管火山分布位置已知，但是哪一座火山喷发、什么时间喷发、如何喷发等都是未知的。一方面，火山喷发具有突发性和极大的破坏性特征，其形成火山灰云的地点、强度、

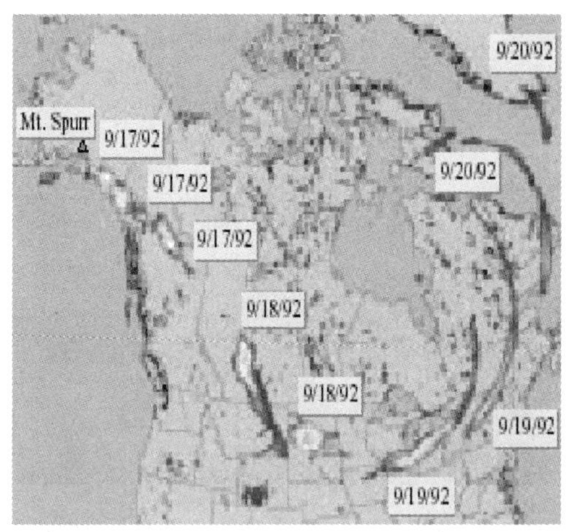

图 1.3　1992 年 Spurr 火山灰云扩散路径

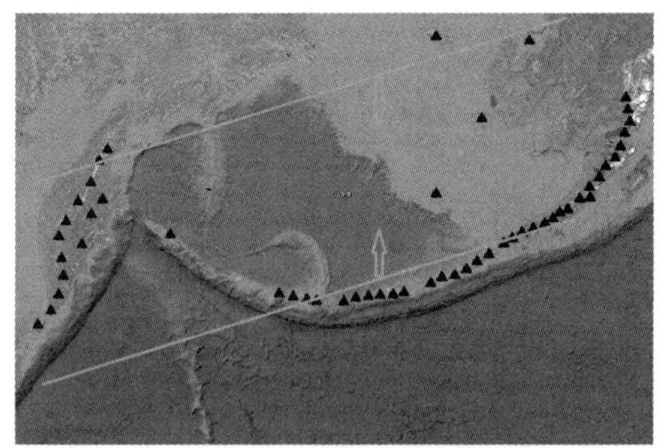

图 1.4　东北亚地区火山与航线分布，▲为火山，斜线之间部分为民航途经区域

高度和影响范围都难以被准确地预测出来。另一方面，火山灰云在飘移的过程中受到风力、风速等的影响而不断发生变化，其扩散过程具有不确定性(图 1.3)。

在全球化背景下，国际航空运输日益繁荣，航空运输线路也日益增多。以东北亚地区为例(图 1.4)，大多数航空运输线都位于火山口上方，火山喷发对航空安全的影响不言而喻。影响火山喷发和火山灰云扩散的不确定性因素叠加在一起，一旦出现大型的火山喷发，就会极易威胁到正常的航空运输安全。

目前，如何对火山灰云进行有效的识别和实时监测，以及进一步预测其扩散轨迹，已成为摆在航空安全和火山领域科研工作者面前的重要任务之一。

§1.2　遥感概述

1.2.1　遥感基本概念

1. 遥感概念

遥感(remote sensing，RS)，泛指一切无接触的远距离探测。大不列颠百科全书对遥感的定义为：不直接接触物体本身，从远处通过探测仪器接收来自目标物体的信息(电场、磁场、电磁波、地震波),经过一定的数据传输和处理分析,识别目标物体的属性及其分布等特征的技术。目前,国内普遍采用的遥感定义为:遥感是在远离探测目标处,使用一定的空间运载工具和电子、光学仪器,接收并记录目标的电磁波特性,通过对电磁波特性进行传输、加工、分析和识别处理,揭示出物体的特征性质及其变化的综合性探测技术。

从定义来看,遥感有广义和狭义之分。

1)广义的遥感

广义的遥感是指各种非直接接触、远距离探测目标的技术,往往是通过间接手段来获取目标状态信息。例如,遥感主要根据物体对电磁波的反射和辐射特性来对目标进行采集,包括利用声波、电磁场、外力波和地震波等。此外,自然界中的一些生物也都存在遥感现象,例如,响尾蛇、江豚、蝙蝠和人的眼睛、耳朵等。但是在实际工作中,只有电磁波探测属于遥感范畴。

2)狭义的遥感

狭义的遥感是指利用安装在遥感平台上的可见光、红外、微波等各种传感器,通过摄影、扫描等方式,从高空或远距离甚至外层空间接收来自地球表层或地表以下一定深度各类地物发射或反射的电磁波信息,并对这些信息进行加工处理,进而识别出地表物体的性质和运动状态。

遥感技术的基础是电磁波,并由此判读和分析地物目标和现象。因此,从电磁波的角度来看,狭义的遥感还可以看作是一种利用物体反射或辐射电磁波的固有特性,通过研究电磁波特性,达到识别物体及其环境的技术。

2. 遥感类型

因为遥感技术应用领域广,涉及学科多,不同领域的研究人员所持立场不同,所以遥感的分类方法也不同。但总的来讲,主要有以下几种类型。

1)根据遥感平台分类

遥感平台是指搭载传感器的工具,主要包括人造地球卫星、航天飞机、无线电遥控飞机、气球、地面观测站等。表1.1为常用的遥感平台及其高度和用途等。

表 1.1　常见的遥感平台

遥感平台	高　度	用　途	例　子
静止轨道卫星	36 000 km	定点地球观测	气象卫星(FY-2、GMS 等)
圆轨道(地球观测)卫星	500～1 000 km	定期地球观测	Landsat、SPOT、MOS 等
航天飞机	240～350 km	不定期地球观测 空间实验	
超高度喷气飞机	10～12 km	侦查、大范围调查	
中低高度飞机	500～8 000 m	各种调查、航空摄影测量	
无线电遥控飞机	500 m 以下	各种调查、摄影测量	飞机、直升机
气球	800 m 以下	各种调查	
吊车	5～50 m	地面实况调查	
地面测量车	0～30 m	地面实况调查	车载升降台

根据传感器的运载工具和遥感平台的不同，遥感分为：

地面遥感：将传感器设置在地面平台之上，常用的遥感平台有车载、船载、手提、固定和高架的活动平台等。地面遥感是遥感的基础阶段。

航空遥感：将传感器设置在飞机、飞艇、气球上面，从空中对地面目标进行遥感。主要遥感平台包括飞机、气球等。航空遥感是航天遥感的进一步发展阶段。

航天遥感：将传感器设置在人造地球卫星、宇宙飞船、航天飞机、空间站、火箭上面，从外层空间对地物目标进行遥感。航天遥感和航空遥感一起构成了目前遥感技术的主体。

航宇遥感：将星际飞船作为传感器的运载工具，从外太空对地月系统之外的目标进行遥感探测。主要传感平台包括星际飞船等。

2）根据传感器的探测波段分类

根据传感器所接收电磁波谱的不同，遥感分为：

紫外遥感：探测波段在 0.05～0.38 μm 之间，主要集中在探测目标地物的紫外辐射能量，目前对其研究较少。

可见光遥感：探测波段在 0.38～0.76 μm 之间，主要收集和记录目标地物反射的可见光辐射能量，常用的传感器主要有扫描仪、摄影机、摄像仪等。

红外遥感：探测波段在 0.76～1 000 μm 之间，主要收集和记录目标地物辐射和反射的红外辐射能量，常用的传感器有扫描仪、摄影机等。

微波遥感：探测波段在 1～1 000 mm 之间，主要收集和记录目标地物辐射和反射的微波能量，常用的传感器有扫描仪、雷达、高度计、微波辐射计等。

多波段遥感：探测波段在可见光波段和红外波段范围内，把目标地物辐射的电磁辐射细分为若干窄波段，同时得到一个目标物不同波段的多幅图像。常用的传感器有多光谱扫描仪、多光谱摄影机和反束光导管摄像仪等。

3）按工作方式分类

根据传感器工作方式的不同，遥感分为：

主动遥感：传感器主动发射一定电磁能量并接受目标地物的后向散射信号的遥感方式，常用传感器包括侧视雷达、微波散射计、雷达高度计、激光雷达等。

被动遥感：指传感器不向目标地物发射电磁波，仅被动接受目标地物自身辐射和对自然辐射源的反射能量，因此被动遥感也被称为他动遥感、无源遥感。

4）按数据的显示形式分类

根据数据显示形式的不同，遥感分为：

成像遥感：指传感器接收的目标电磁辐射信号可以转换为图像，电磁波能量分布以图像色调深浅来表示，主要包括数字图像和模拟图像两种类型。

非成像遥感：指传感器接收的目标地物电磁辐射信号不能转换成为图像，最后获取的资料为数据或曲线图，主要包括光谱辐射计、散射计和高度计等。

5）按波段宽度和波谱连续性划分

按成像波段宽度以及波谱的连续性，遥感分为：

高光谱遥感：利用很多狭窄的电磁波波段（波段宽度通常小于 10 nm）产生光谱连续的图像数据。

常规遥感：又称宽波段遥感，波段宽度一般大于 100 nm，且波段在波谱上不连续。例如,一个专题绘图仪(thematic mapper,TM)波段内只记录一个数据点,而用航空可见光/红外光成像光谱仪(airborne visible infrared imaging spectrometer,AVIRIS)记录这一波段范围的光谱信息需用十个以上数据点。

6) 按遥感应用的空间尺度分类

根据遥感应用的空间尺度大小,遥感分为:

全球遥感:利用遥感全面系统地研究全球性资源与环境问题。主要针对由于自然和人为因素造成的全球性环境变化以及整个地球系统行为,是研究地球系统各组成部分之间的相互作用及发生在地球系统内的物理化学和生物过程之间的相互作用的一门新兴学科。

区域遥感:以区域资源开发和保护为目的的遥感信息工程,通常根据行政区划和自然区划范围进行划分,主要针对区域规划和专题信息提取的遥感行为。虽然区域遥感的研究区域相对全球遥感小,但是其应用性和与人类的关系更加紧密。

城市遥感:以城市生态环境作为主要调查对象的遥感工程。城市作为一个地区的物质流、能量流和信息流的枢纽中心,往往需要借助于遥感技术来对其城市绿地、城市空间形态变化以及城市热岛效应分析和大气污染监测等方面进行动态监测。

此外,从应用领域来说,遥感还可以划分为宏观的外层空间遥感、大气层遥感、陆地遥感和海洋遥感和微观的资源遥感、环境遥感、城市遥感、农业遥感、军事遥感等。

7) 激光遥感技术

近年来,还出现了一种新型的激光遥感技术。激光遥感是指运用紫外、可见光和红外的激光器作为遥感仪器进行对地观测的遥感技术,属于主动式遥感。地面激光扫描仪和配套的专业数码相机融合了激光扫描和遥感等技术,可以同时获取三维点云和彩色数字图像两种数据,扫描精度达到 5～10 mm。激光遥感是高效率空间数据获取方面的研究热点所在,目前,被广泛应用于古代建筑重建与城市三维景观、虚拟现实和仿真、资源调查和灾害管理等方面。

3. 遥感特点

遥感作为一门综合性的对地观测技术,具有其他技术手段与之无法比拟的优势。其优点主要包括以下方面：

1）空间覆盖范围广大，有利于同步观测

遥感的空间覆盖范围非常广阔，可以进行大面积的同步观测。遥感平台越高，视角越宽广，可以同步观测到的地面范围也越大。当航天飞机和卫星在高空对地球表面目标进行遥感观测时，所获取的卫星图像要比近地面航空摄影所获取的视场范围大得多，并且不受目标地物周围的地形影响。

目前，已发现的地球表面目标物的宏观空间分布规律，往往是借助于航天遥感来发现的。如一幅美国 Landsat TM 影像，覆盖面积为 185 km×185 km，覆盖我国全境仅需 500 余张影像即可；MODIS 卫星图像的覆盖范围更广，一幅图像可覆盖地球表面的 1/3，能够实现更宏观的同步观测。

2）光谱覆盖范围广，信息量大

遥感技术的探测波段范围包括紫外、可见光、红外、微波和多光谱等，可以实现从可见光到不可见光全天候监测。不但可以用摄影方式获得信息，而且还可以用扫描方式获取信息。遥感所获取的地物电磁波信息数据综合反映了地球表面许多人文、自然现象。红外线能够探测地表温度的变化，并且红外遥感可以昼夜探测；微波具有穿透云层、冰层和植被的能力，可以全天候、全天时的进行探测。因此，遥感所获取的信息量远远超过了常规传统方法所获得的数据量。

3）时效性强

遥感技术获取信息速度快，周期短，具有连续监测地表动态变化的能力。尤其是航天遥感可以在短时间内对同一地区进行重复性、周期性的探测，有助于人们通过所获取的遥感数据，发现并动态地跟踪地物目标的动态变化。不同高度的遥感平台，其重复观测的周期不同。太阳同步轨道卫星可以每天两次对地球上同一地区进行观测。例如，NOAA 气象卫星和我国的风云（FY）系列气象卫星可以探测地球表面大气环境的短周期变化。美国 Landsat、法国 SPOT 和中巴合作生产的 CBERS 等地球资源卫星系列分别以 16 天、26 天和 4～5 天为周期对同一地区重复观测，以获得一个重访周期内的地物表面的目标变化数据。同时，遥感还被用来研究自然界的变化规律，尤其是在监测天气状况、自然灾害、环境污染等方面，充分体现了其优越的时效性。

目前，随着遥感技术的快速发展，遥感还呈现出以下特点：

1）高空间分辨率

ETM+卫星影像空间分辨率最高可达 15 m，SPOT－6 卫星影像空间分辨率全色波段现在最高可达 1.5 m，多光谱波段达 6 m；IKONOS 影像数据分辨率可达 1 m 和 4 m；QuickBird 影像数据空间分辨率最高可达 0.61 m；而中国的资源三号卫星正视相机空间分辨率可达 2.1 m，多光谱数据可达 6 m。

2）高光谱分辨率

光谱分辨率在 $10^{-2}\lambda$ 的遥感信息为高光谱遥感，其光谱分辨率高达纳米数量级，在可见光到近红外光谱区，光谱通道往往多达数十甚至数百个。例如，机载的成像光谱仪整个波段数可达到 256 个波段。随着光谱分辨率的进一步提高，当达到 $10^{-3}\lambda$ 时，高光谱遥感就进入了超高光谱遥感领域。

3）高时间分辨率

不同高度的遥感平台其重复观测的周期不同，地球同步轨道卫星可以每 30 分钟对地观测一次；风云二号（FY－2）气象卫星可以每半个小时对地观测一次；NOAA 气象卫星和风云一号（FY－1）气象卫星可以每天两次对同一地区进行观测。这种卫星可以探测地球表面大气环境在一天或几小时之内的短期变化。而传统的地面调查则需大量的人力、物力，用几年甚至几十年时间才能获得地球上大范围地区动态变化的数据。

此外，与传统方法相比，遥感还具有以下优点：① 受地球限制条件少，能对地球表面自然条件恶劣、地面工作难以展开的地方获取信息；② 经济性，可以大大节省人力、物力、财力和时间，具有很高的经济效益和社会效益；③ 数据的综合性，遥感探测所获取的是同一时段、覆盖大范围地区的遥感数据，综合地展现了地球上许多自然与人文现象，宏观地反映了地球上各种事物的形态与分布，全面地揭示了地理事物之间的关联性；④ 遥感数据的可比性，由于遥感的探测波段、成像方式、成像时间、数据记录等均可按照要求设计，并且新的传感器和信息记录都可向下兼容，所以使其获得的数据具有同一性和可比性。

当前，遥感技术正在不断地向高光谱、高空间分辨率和高时间分辨率的方向发展。虽然遥感技术具有其他技术不可替代的优势，但是仍存在一定的不

足,主要表现在以下方面:

1）遥感技术和系统自身局限性

① 传感器的定标、遥感数据的定位、遥感传感器的分辨力等存在一定的局限,这就需要在实际应用中,采取针对性措施减少遥感技术的局限带来的问题。

② 遥感技术在电磁波谱中仅反映地物从可见光到微波波段电磁波谱的辐射特性,而不能反映地物的其他波谱段特性。因此,它不能代替地球物理和地球化学等方法,但可与其集成,发挥信息互补效应。

③ 遥感主要利用电磁波对地表物体特性进行探测,目前遥感技术仅仅是利用其中一部分波段范围,许多电磁波有待开发,且在已经利用的这一部分电磁波光谱中,并不能准确地反映地物的某些细节特征。

④ 遥感所获取的是地表各要素的综合光谱,主要反映地物的群体特性,并不是地物的个体特性,细碎的地物和地物的细节部分并不能得到很好的反映。

⑤ 卫星遥感信息主要反映近地表的现象、区域和运动状态等。这一局限性与人类在地球科学和其他科学研究中不断向地下深处发展之间产生了矛盾。这一矛盾使得遥感技术在不同行业和领域的应用程度可能会因应用领域的深入而受到影响。

⑥ 卫星遥感信息获取过程的确定性与信息应用反演时的不确定性产生了明显的矛盾,使卫星遥感技术在各领域的深入应用受到一定的影响。

2）工作量大,周期长

一般来说,遥感图像的自动解译要比人工目视解译误差大,精度也较低,但是如果全部采用人工目视解译,则工作量较大,周期也较长。此外,遥感应用中通常需要地物的社会属性,但是遥感技术并不能直接获取地物的社会属性,仅能通过实地调查等间接手段来获取,同样也存在较大的工作量和较长的周期。

3）现有遥感图像处理技术不能满足实际需要

遥感图像解译后获得的往往是对地物的近似估计信息,这就导致解译的信息与地物实际状况之间存在一定的误差。此外,由于同一地物在不同时间、不同地点和不同天气状况下的反射率并不完全相同,因此同一遥感传感器获取的地物信息也并不相同。一方面,由于遥感数据的复杂性,使得数据挖掘技术等遥感信息提取方法并不能满足遥感快速发展的要求，导致大量的遥感数据信息无法有效利用；另一方面，遥感图像的自动识别、专题信息提取以及遥感定量反演地学参数的能力和精度等，还不能达到完全满足实际应用的需要。

4）易受天气条件影响

由于大气对电磁波的吸收和散射作用以及大气辐射传输模型不确定等，天气条件显著地影响遥感数据质量。例如，大雾、浓云等天气条件下，可见光遥感就会受到很大的限制，遥感数据质量会较差。

5）遥感数据共享和集成难度较大

由于各国获取遥感数据的难易程度不一，且不同的应用领域都有针对性较强的遥感数据需求，这就使得遥感数据在数据共享方面存在一定的难度。此外，遥感作为一种非常有效的数据获取手段，还需要与地理信息系统(geographic information system, GIS)、全球定位系统(global positioning system,GPS)和专家系统(expert system,ES)进行集成，构建多功能型遥感信息技术，提高遥感应用的精度。

1.2.2 遥感过程与遥感技术系统

1. 遥感过程

一个完整的遥感过程通常包括信息的收集、接收与存储、处理和应用等部分，如图 1.5 所示。

1）信息收集

信息收集是指利用遥感技术装备接收、记录地物电磁波特性，并将接收到的地物反射或发射的电磁波转化为电信号的过程。目前最常用的遥感技术装备包括遥感平台和传感器。常用的遥感平台有地面平台、气球、飞机和人造卫星等；传感器是用来探测目标物电磁波特性的仪器设备，常用的有照相机、扫描仪和成像雷达等。

2）信息传输、记录和存储

传感器将接收到的地物电磁波信息记录在数字磁介质或胶片上。其中，胶片是由人或回收仓送回地球，而数字磁介质上记录的信息可以通过传感器上携带的微波天线传输到地面接收站。卫星遥感影像的接收、储存在卫星地

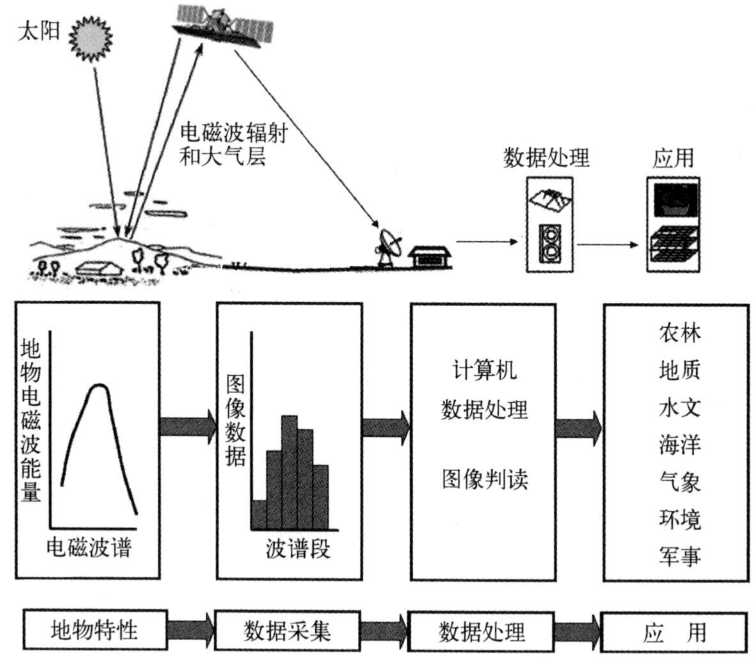

图 1.5　遥感的基本过程

面接收站完成。收集的数据通过数模转换变成数字数据。目前，遥感影像数据均以数字形式保存，且随着计算机技术的快速发展，数据保存格式也趋于标准化和规范化。

3）信息处理

信息处理是指运用光学仪器和计算机设备对卫星地面接收站接收的遥感数字信息进行信息恢复、辐射和卫星姿态校正、投影变换以及解译处理的全过程。其目的是通过对遥感信息的恢复、校正和解译处理，降低或消除遥感信息的误差，并依据用户需求从中识别并提取出所需的感兴趣信息。目前，遥感影像的处理都是基于数字的，因此还产生了一门新兴的遥感数字图像处理课程，该课程主要依靠计算机硬件和遥感图像处理软件发展而来。

4）信息应用

信息应用是指专业人员按不同的目的，将从遥感影像数据中提取的专题信息应用于各个领域的过程。目前，遥感技术已经广泛地应用于军事、地图测绘、资源调查、环境监测以及城市规划等领域。此外,由于不同的行业应用背景和需求不同,其各领域的应用规范也并不完全一致。但是在一般情况下,遥感应用的最基本方法就是将遥感信息作为地理信息系统的数据源,方便人们对其进行查询、统计和分析等。

2. 遥感技术系统

遥感是一项复杂的系统工程,既需要完整的技术设备,又需要多学科交叉。遥感技术系统主要包括遥感平台、传感器、遥感数据的接收、记录与处理系统及基础研究和应用系统等。

1) 遥感平台系统

遥感平台包括卫星、飞机、气球、高塔、高架车等,种类繁多。在不同高度的遥感平台上,可以分别获得不同的面积、分辨率、特点和用途等遥感信息。在实际的遥感应用中,不同高度的遥感平台既可以单独使用,又可以相互配合使用,组成立体的遥感探测网。

2) 传感器系统

遥感传感器是指收集、探测并记录地物电磁波辐射信息特性的仪器,是整个遥感技术系统的重要组成部分。目前,常见的传感器有雷达、摄影机、扫描仪、摄像机、光谱辐射计等。同时,传感器还是遥感技术系统的核心部分,其性能直接制约着遥感数据质量和应用精度。

3) 数据的接收记录和处理系统

数据的接收记录和处理系统是指通过接收来自地面上各种地物的电磁波信号,同时收集各地面数据收集站发送的信息,将这两种信息发回地面数据接收站,并对接收到的数据进行加工处理,以提供给不同的用户。经过多年的努力,我国目前已经建成了五个国家级遥感卫星数据接收和服务系统,分别是气象卫星、海洋卫星、资源卫星、北京一号卫星和国外卫星地面接收、处理与分发系统。在遥感技术系统中,数据的接收记录和处理系统主要包括地面接收站和地面处理站两部分,此外还包括地面遥测数据收集站、跟踪站、控制中心、数据中继卫星和培训中心等子系统。

4) 遥感基础研究与应用系统

遥感应用就是通过对遥感图像所反映的地物电磁波信息的分析、研究,以完成地球资源调查、环境分析和预测预报工作，为农林、地质、矿产、水电、军事、测绘和国防建设等服务。因此，遥感应用必须以切实的基础研究作保证。目前，除了传感器、测控和通讯等方面的基础研究，还应加强卫星和航空遥感的模拟试验、遥感仪器设备的性能试验、地物的波谱特性、遥感图像解译理论和应用理论等研究。

此外，为了更好地检验各种遥感传感器和设备的性能，还需要建立一定数量、具有一定代表性的遥感试验区，以便测试传感器等仪器是否能满足探测地物的要求，通过研究试验区各类地物的波谱特性，为解译和识别提供依据，并为图像的处理提供参量。

1.2.3 遥感发展简史

1. 国外遥感发展简史

近代遥感是伴随着传感器技术、通信技术、宇航技术以及电子计算机技术的发展而形成的，但是遥感学科的发展和形成却经历了几百年的技术积累，发展至今大体经过了以下阶段：

1）无记录的地面遥感阶段

无记录的地面遥感阶段大概从1608年开始，持续到1838年。1608年，荷兰的眼镜制造商汉斯·李波尔塞制造出了世界上第一架望远镜，1609年，意大利科学家伽利略研制成功科学望远镜，从而开辟了远距离观测目标的先河。但是，望远镜不能够把所观测到的事物用图像的方式记录下来。

2）有记录的地面遥感阶段

有记录的地面遥感阶段大概从1839年开始，持续到1857年。对探测目标的记录与成像开始于摄影技术的发明，并与望远镜相结合发展成了远距离摄影。1839年，法国人Daguarre发表了他和Niepce拍摄的照片，第一次成功地把拍摄到的事物记录在胶片上。1849年，法国人Aime Laussedat制订了摄影测量计划，成为有目的、有记录的地面遥感发展阶段的标志。这个阶段主要是进行地面摄影。

3）常规航空摄影阶段

1903年4月14日意大利人威尔伯·赖特驾驶的飞机拍摄了第一张航空

像片。20 世纪 20 年代以来许多摄影测量仪相继出现，1924 年产生了彩色胶片，航空摄影正式问世。初期，航空摄影主要用于摄影测量和军事，后来资料应用逐渐向民用部门发展，像片判读技术开始出现并得到了迅速的发展。

4）航空遥感阶段

从 20 世纪 30 年代开始，航空像片除用于军事外，还被广泛地应用于地理环境监测和各种专题地图编制等地学领域。第二次世界大战期间，开始应用雷达和红外探测技术。到了 20 世纪 50 年代，非摄影成像的扫描技术和侧视雷达技术开始产生并应用，打破了用胶片所能响应的波段范围限制，使遥感技术发展到了航空遥感阶段。“二战”以后，出版了一些遥感领域的著作，如《摄影测量工程》等，为遥感发展成为独立的学科奠定了坚实的理论基础。但是，这个阶段的航空遥感传感器覆盖范围较小，获取资料速度慢且数量少。

5）航天遥感阶段

1957 年 10 月 4 日，前苏联的第一颗人造地球卫星成功发射，从此，遥感平台从飞机发展到了卫星、航天飞机和宇宙飞船时代。1959 年 9 月美国发射的“先驱者 2 号”探测器拍摄到了地球云图。同年 10 月，前苏联的“月球 3 号”航天器拍摄到了月球背面的照片。20 世纪 60 年代初，美国从 TIROS－1 和 NOAA－1 太阳同步气象卫星和 Apollo 飞船上拍摄了地面像片。这一时期遥感的发展主要表现为：航空遥感逐步业务化，航天遥感平台已成系列。在传感器方面，探测的波段范围不断延伸，波段的分割越来越精细，从单一谱段向多谱段发展；在遥感信息处理方面，大容量、高速度的计算机与功能强大的图像处理软件相结合，大大促进了信息处理的速度和效率。在遥感应用方面，遥感技术已广泛渗透到国民经济的各个领域，有力地推动了经济建设、社会进步、环境改善和国防建设。

目前，全球在轨的人造卫星达到 3 000 颗，其中，提供遥感、定位、通信传输和图像服务的将近 500 颗。现有的卫星系统大体上可以分为气象卫星、资源卫星和测图卫星三类。至此，航天遥感已取得了瞩目的成绩，从实验到应用，从单学科到多学科综合，从静态到动态，从区域到全球，从地表到太空，无不表明航天遥感已经发展到了相当成熟的阶段。

2. 国内遥感发展简史

与遥感技术发达的美国、法国、加拿大等国家相比，我国的遥感技术起步较晚。真正意义上的遥感技术大约始于20世纪70年代，经过几十年的艰苦努力，逐渐具备了为国民经济建设服务的实用化能力和全方位开展国际合作以及走向世界的国际化能力，目前已经发展到遥感的实用化和国际化阶段。但是总体来看，中国遥感事业的发展大概可以分为以下五个阶段：

1）近现代遥感的萌芽和形成阶段

解放以前，我国只在极少数城市进行过航空摄影，例如，1930年代就曾在北京、上海等进行过城市的航空摄影测量。系统的遥感技术发展则开始于1950年代初期，当时国家专门组建了专业的航空摄影飞行队伍，通过引进常规航空摄影技术积极开展大面积航空摄影研究，并尝试综合利用航测图和航空像片进行自然资源勘测和地形图的制作、更新等。直到1960年代，才形成一套较为完整的综合航空摄影与航空像片的应用体系。

2）1970年代至1980年代中期的起步阶段

1970年代以来，我国遥感事业有了长足的发展。我国第一颗人造地球卫星"东方红1号"于1970年4月24日成功发射，自此，我国逐渐开始研究和利用现代遥感技术。一方面，随着国际遥感技术的飞速发展，我国开始从国外购进一批陆地卫星影像和少量仪器设备，尝试开展遥感图像解译和专题信息提取研究；另一方面，积极开展我国自己的遥感研究工作。其间，我国还连续发射了几十颗不同类型的对地观测卫星；开展了不同自然地理区域的航空遥感试验和地物波谱测试工作；成功研制了多光谱相机、微波辐射计、多光谱扫描仪、红外扫描仪和合成孔径侧视雷达等多个类型的遥感传感器；建立了卫星遥感处理系统，初步形成接收和处理遥感数据的能力。

3）1980年代后期至1990年代前期的试验应用阶段

进入1980年代，我国遥感技术空前活跃。从"六五"计划到"九五"计划，遥感技术也一直被列入国家重点科技攻关项目和国家优先项目，由此可见国家对遥感事业的重视。其间，我国也开始尝试利用遥感技术在不同领域进行试验应用研究。

从1980年开始，我国曾利用美国陆地卫星MSS数据实现了全国范围的土地资源调查，并按 1∶50 万比例尺成图。从 1984 年开始，采用航片和地面实地测量相结合的方法开展了全国范围土地资源详查工作，并对不同土地覆盖类型按照不同应用需要和所处区域不同分别采用不同的比例尺成图。在 1980 年代中后期，还开展了一系列重大的国家级遥感工程，其中包括黄土高原水土流失遥感调查和三北防护林带遥感调查及冬小麦遥感估产和试验工作等。但是，受限于当时的遥感技术水平，再加上重大遥感工程研究区域通常面积巨大，使得此类大型遥感应用工程的监测能力较弱。

4）1990 年代后期进入实用化和产业化阶段

从 1990 年代后期开始，随着新型传感器和遥感平台的成功研制以及遥感理论和应用研究的稳步推进，我国遥感事业逐渐进入了实用化和产业化阶段，在遥感各个方面都取得了举世瞩目的成绩。在 1986 年，我国建成了遥感卫星地面接收站，目前已经能够接收 Landsat、SPOT 和 RADARSAT 等多颗卫星数据。1994 年 2 月 22 日，建成了中国第一座海事卫星地面站。同时，还建成了多个分布于全国各地的气象卫星接收站，能够接收地球同步和太阳同步气象卫星数据。

在遥感平台方面，大量新型的遥感平台不断出现。1988 年 9 月 7 日，中国成功发射第一颗"风云 1 号"气象卫星。1999 年 10 月 14 日成功发射中国和巴西联合研制的中巴地球资源卫星。1999 年 11 月 20～21 日，中国成功地发射并回收了第一艘"神舟"号无人试验飞船，标志着中国已突破了载人飞船的基本技术，在载人航天领域迈出了重要的一步。

在遥感图像处理方面，我国已经开始从最初全部采用国际先进的商品化软件逐步向国产化转变。在科技部和信息产业部的倡导下，我国也逐渐开始出现国产遥感软件，此外，随着遥感图像处理软件的国产化和新型遥感传感器的出现，还提出了一些新的遥感图像处理方法，例如，专门针对合成孔径雷达(synthetic aperture radar，SAR)图像的软件和处理方法等，并结合不同的应用领域，扩展了遥感应用范围，提升了遥感应用精度。

在遥感应用方面，自 1987 年以来，我国先后在黄河、长江、淮河等流域开展了大规模的防汛遥感综合试验，其技术已达到实用化水平。1992～1995 年，利用遥感技术对黄淮海地区冬小麦进行估产试验，能够满足实际需要。1999

年建成网络型国家级信息服务体系，能够为各项重大工程提供必要的资源环境信息和辅助决策支持。此外，针对不同的应用领域还开展各种遥感应用试验研究。例如，云南腾冲遥感综合试验研究、山西太原盆地农业遥感试验研究、长江下游地物光谱试验场等。

5）进入21世纪之后的蓬勃发展阶段

进入21世纪，我国的遥感事业蓬勃发展，卫星、载人航天、探月工程等硕果累累。我国遥感已跨入“白银时代”，受高分辨率对地观测系统重大专项（简称“高分专项”）等重大项目的推动，中国的遥感事业正迎来黄金时代。

在卫星和运载火箭方面，我国主要的卫星类型包括科学探测与技术试验、气象、对地观测、通信广播、定位和中继卫星等，已基本形成了比较完备的卫星体系。2000年9月，中国自行研制的中国资源二号01星发射成功，此后，又分别成功发射02星和03星，形成了三星联网，表明我国卫星研制技术实现了历史性跨越。2007年4月到2012年10月成功发射了16颗导航卫星，建成覆盖亚太区域的“北斗”导航定位系统。从2006年4月成功发射中国首颗微波遥感卫星——遥感卫星一号以来，目前已经连续发射到遥感卫星十九号。2010年8月24日，成功发射我国首颗传输型立体测绘卫星“天绘一号01星”，2012年5月6日成功发射02星，首次实现测绘卫星的组网运行。

在空间探测器方面，我国当前主要开展的是利用嫦娥工程系列卫星进行月球探测。2007年10月24日成功发射“嫦娥一号”探月卫星，标志中国探月工程迈出了第一步。2010年10月1日成功发射嫦娥二号卫星；2013年12月2日成功发射嫦娥三号卫星，它携带了中国的第一艘月球车，并实现了中国首次月球面软着陆。

在载人航天和空间站方面，2003年10月15日，中国成功发射第一艘载人飞船神舟五号，标志着中国已成为世界上继前苏联（俄罗斯）和美国之后第三个能够独立开展载人航天活动的国家。截止到2013年6月，我国成功发射了神舟一号至十号飞船。此外，2011年9月29日成功将我国第一个目标飞行器和空间实验室——天宫一号送入太空，并分别于2011年11月3日、2012年6月18日、2013年6月13日和神舟八号、九号和十号飞船实现成功对接。

在无人机方面，近年来，由于具有体积小、重量轻、使用机动灵活、回收方便、信息获取及时、探测精度高等优点，无人机技术迅速成为新兴的遥感手段。随着航空、微电子、计算机、导航、通讯、传感器等技术的迅速发展，无人机技术从研究开发阶段迅速发展到实用化阶段，并在各个领域得到了广泛应用。此外，无人机续航时间可以从一个小时到几十个小时不等，任务载荷也从几千克到几百千克，这为长时间、大范围的遥感监测提供了保障，同时也为搭载多种传感器和执行多种任务创造了有利条件。如中国测绘科学研究院自行研制开发了适合城市地区应用、可低空低速飞行、能获取优于高分辨率遥感影像的“UAVRS－F型无人飞艇低空遥感系统”，青岛天骄无人机遥感技术有限公司研制了我国首个50 kg级“TJ－1型无人机遥感快速监测系统”等，都能够满足实际遥感监测要求。随着无人机起飞重量的降低和传感器监测效果的改善，无人机已成为未来航空器的重要发展方向之一。

3. 微波遥感的发展

1）国外微波遥感的发展

美国海军研究实验室A. H. Taylor等人于1920年代研制了雷达和脉冲雷达，并尝试用脉冲雷达检测目标。雷达最初主要用于军事领域。如今，微波遥感在理论和技术上又具备了一定的积累，基本上形成了较完整的技术科学体系并得到了广泛应用。

自1967年美国第一次用双频道微波辐射计测量金星表面温度以来，微波传感器开始用于空间遥感。在美国、前苏联等国发射的许多宇宙飞行器和气象卫星上，不断地进行了微波传感器的尝试。1968年前苏联发射“宇宙－243”卫星，第一次用微波辐射计进行对地球的微波遥感。1972年开始，美国相继发射“雨云”气象卫星系列、“天空试验室”和“Seasat－A”等，进行了一系列空间微波遥感试验。特别是1978年，美国NASA JPL发射了“Seasat－A”，它是一颗综合性微波遥感卫星，装载了多波段微波扫描辐射计、微波高度计、微波散射计和合成孔径侧视雷达，获得了大量有价值的数据，其中微波高度计测量大洋水准面的精度已达到7 cm，超过了10 cm的设计指标，标志着微波遥感技术进入了一个新的阶段。

在国际微波遥感技术的发展中，发展最迅速和最有成效的微波传感器之一就是SAR。1981年11月，美国在哥伦比亚航天飞机第二次飞行时装载了成像雷达 SIR－A，1984 年利用航天飞机又将 SIR－B 载入太空。由于这些微波遥感成像系统提供了大量的地面数据，甚至从撒哈拉沙漠的图像中解译出古尼罗河道，取得了举世瞩目的成果，为推动微波遥感的进一步发展奠定了基础。

1990 年代，微波遥感发展到了新的重要阶段。欧洲空间局于 1991 年发射的 ERS－1 卫星、苏联于 1991 年发射的 Almaz－1 卫星与日本于 1993 年发射的 JERS－1 标志着微波遥感广泛应用阶段的到来。1993 年法国和欧空局利用 ERS－1 卫星获取的 SAR 数据，进行差分干涉处理，所获得的 Landers 地震同震位移成果发表在《Nature》上，引起了国际地震界的震惊。1995 年欧洲空间局发射了 ERS－2，加拿大发射 RADARSAT－1，这表明到 20 世纪末，微波遥感已与可见光、红外遥感并驾齐驱，成为遥感中非常重要的一部分。

进入 21 世纪，随着 SAR 数据的广泛应用和 INSAR 技术的发展，越来越多的国家开始研制和发射 SAR 传感器。2000 年 2 月 11 日，由 NASA 和美国国家测绘局联合发射的“奋进”号航天飞机上搭载 SRTM 系统，222 小时就采集了 60°N～60°S 之间总面积超过 1.19×10^{8} km^{2} 的雷达影像数据，覆盖地球 80％以上的陆地表面，并生成了相应陆地表面的数字高程模型。随后，欧洲空间局于 2002 年发射了 ENVISAT－ASAR，加拿大于 2007 年发射了 RASARSAT－2，德国于 2007 年和 2010 年先后发射了 TerraSAR－X 和 TanDEM－X，印度于 2012 年发射了 RISAT－1，欧洲空间局于 2014 年 4 月 3 日发射了 Sentinel 小卫星星座中第一颗搭载 C 波段 SAR 的卫星 Sentinel－1A。

2）中国微波遥感的发展

我国的微波遥感技术工作起步较晚，至今仅有 30 多年的历史。在国家科技攻关计划中，微波遥感一直被列为重点研究领域，特别是经过“七五”国家攻关计划后，国内科学家们在硬件方面已成功研制了微波散射计、真实孔径雷达（real aperture radar，RAR）和合成孔径雷达等主动式微波遥感器和多种频率的微波辐射计。在“八五”期间又研制出了机载微波高度计。从 20 世纪 80 年代起，进行了合成孔径高度计的预研，于 20 世纪 90 年代初进行工程样机研制，目前已完成初样研制。

除此之外，我国还抓紧进行星载合成孔径雷达和星载微波成像仪的研制工作。20世纪70年代中期，中科院电子学研究所率先开展了SAR技术的研究，1979年成功研制了机载SAR原理样机。干涉式合成孔径成像技术的研究工作起步于20世纪90年代中期。1999～2001年，中科院空间中心国家863计划微波遥感技术实验室成功研制了C波段合成孔径微波辐射计样机，并于2001年4月机载校飞成功。

2002年12月，我国第一个多模态微波遥感器由神舟四号送入太空，包括了多频段微波辐射计、雷达高度计、雷达散射计和合成孔径雷达，实现了我国星载微波遥感器的突破。2007年，我国发射的“嫦娥一号”月球探测卫星上搭载的微波探测仪分系统由4个频段的微波辐射计组成，主要用于对月球土壤的厚度进行估计和评测，这也是国际上首次采用被动微波遥感手段对月球表面进行探测。2012年11月19日，环境一号卫星C星(HJ-1C)成功入轨，其工作频率为S波段，这是我国发射的第一颗星载合成孔径雷达卫星。

目前，我国微波遥感的发展仍处于研究和部分应用阶段，在有些应用中已初见成效；然而在仪器种类、性能指标等方面仍有待改进。在地物微波波谱特性、电磁波与地物相互作用、微波遥感数据定标处理以及基于微波遥感数据的应用研究有关理论模型的建立等方面尚需要大量的、深入的研究工作。

4. 遥感发展趋势

目前，世界范围内遥感技术的发展趋势表现在以下方面：

1）进行地面、航空、航天的多层次综合遥感，建立地球环境卫星观测网络，系统地获取地球表面不同分辨率的遥感图像数据。

2）传感器向电磁波谱全波段覆盖，立体遥感、器件固体化、小型化、高分辨率化、高灵敏度与高光谱的方向发展。

3）遥感图像信息处理实现光-电计算机混合处理及实时处理图像处理与地学数据库相结合，建立遥感信息系统，引入人工神经网络、小波变换、分形技术、模糊分类与专家系统等技术和理论，进行自动分类与模式识别。

4）加强地物波谱形成机制与遥感信息传输机理研究，建立地物波谱与影像特征的关系模型，以实现遥感分析解译的定量化和精确化。

5）遥感、地理信息系统和全球定位系统，即3S系统，相互依存，共同发展，构成一体化的技术体系，被广泛应用于资源开发利用、环境治理评估、区域发展规划和交通安全管理等领域，成为相关部门开展工作的重要技术方法和辅助决策手段。

1.2.4 3S集成技术

地理信息系统(GIS)、全球定位系统(GPS)和遥感(RS)，合称3S，是目前对地观测系统中空间信息获取、存储、管理、更新、分析和应用的三大支撑技术。它们不仅有着各自独立、平行的发展和成就，而且相互依存、共同发展，构成区域一体化的技术体系，被广泛应用于资源环境规划、区域发展规划、环境治理评估、地质灾害监测与灾后损失评估、重建等方面，是资源环境、地球科学、测绘、地震和民政等部门开展工作的重要技术方法和辅助决策手段。

1. GIS技术及应用

GIS是在计算机硬件、软件系统支持下，对整个或部分地球表层空间中的地理分布数据进行采集、存储、管理、运算、模拟、显示、分析和决策的技术系统。自从1963年加拿大测量学家Roger F. Tomlinson首次提出并建立世界上第一个GIS以来，经过五十多年的发展，GIS与计算机科学、数学、运筹学、统计学、认知学科等紧密结合，现已发展成为一门独立的地球信息学。按照地理信息系统应用领域的不同，可将其分为土地信息系统、资源管理信息系统、地学信息系统；依据服务对象不同，可将其分为区域信息系统和专题信息系统等。

与一般的管理信息系统(management information system, MIS)相比，GIS具有以下特点：

1) GIS在分析处理问题中使用了空间数据与属性数据，并通过数据管理系统将它们联系在一起进行管理、分时和使用，从而提供了认识地理现象的一种新的思维方法。而管理信息系统则只有属性数据库的管理，即使存储了图形，也往往采用文件形式等机械存储，不能进行有关的空间数据操作，如空间查询、检索以及相邻性分析，更无法进行复杂的空间分析。

2) GIS强调空间分析功能，利用空间解析式模型来分析空间数据，它的成功应用依赖于空间解析式模型的研究和设计。此外，它的成功还依赖它一定的组织体系，包括系统管理员、技术操作员和系统开发设计者等。

GIS的主要功能包括数据采集、存储、处理、分析、模拟和决策的全部过程，能够回答和解决位置、条件、趋势、模式、模型和模拟等问题。其中最重要的当属地理信息系统的空间数据分析和处理功能，这也是GIS区别于其他软件的重要特征。GIS的空间数据分析处理功能包括空间数据管理、拓扑关系与制图综合、地图提取、图幅管理及空间数据处理、缓冲区分析、多边形叠加和消除、数字地形分析、格网分析与量测计算、自动制图和地理信息的可视化表现等。

利用GIS及借助遥感观测的数据，可以有效地进行森林火灾的预测和预报、洪水灾情监测和洪水淹没损失评估等，为救灾抢险和防洪决策提供及时准确的信息。1994年美国洛杉矶大地震，利用ARC/INFO进行震后应急响应决策支持，成为大城市利用GIS技术建立防震减灾系统的成功范例。我国相关学者根据对大兴安岭地区的研究，通过普查分析森林火灾实况，统计分析十几万个气象数据，从中筛选出气温、风速、降水、温度等气象要素、春秋两季植被生长情况和积雪覆盖程度等14个因子，利用模糊数学方法建立数学模型，建立基于计算机信息系统的多因子的综合指标森林火险预报方法，对预报火险等的准确率可达73%以上。

2. GPS技术及应用

GPS是利用多颗导航卫星的无线电信号，对地球表面某点进行定位、报时或对地表移动的物体进行导航的技术系统。

GPS由导航卫星、地面站和空间定位卫星导航仪三部分组成。其工作的基本原理为：分布在地球上空的多颗导航卫星不停地发射可用来计算地球表层某点精确位置与精密时间的无线电信号，空间定位系统接收机接收来自导航卫星的信号，导航仪根据星历表信息求得每颗卫星发射信号时在太空中的位置，测量计算卫星发射信号的精确时间，然后根据已知的空间定位卫星的瞬时坐标和信号到达该点时间，通过计算求得卫星至空间定位系统接收机之间的几何距离，在此基础上计算出用户接收机天线所对应的点位（观测站的位置）。

目前，我国可以利用的全球定位系统主要有美国的全球定位系统、俄罗斯的格洛纳斯卫星导航系统（global navigation satellite system，GLONASS）和我国自主研发的北斗导航定位系统(beidou navigation satellite system,BDS)。前两种全球定位系统是对全球范围进行观测的,而我国的双星导航定位系统则是正在向全球观测系统推进的一个区域性观测系统,具有全天候、较高精度的定位和通信功能的快速实时系统。

3. RS技术及应用

RS技术能够动态地、周期性地获取地表信息,广泛应用于各个领域,遥感技术在3S技术中的作用主要为:

1) 可作为GIS数据库的数据源。遥感数字图像可以作为GIS数据库中的一种重要数据源,从遥感图像中可以获取不同的专题数据,更新GIS数据库中的地学专题图。遥感技术能够以低廉的价格,快速地提供各种遥感数字图像,这为我们利用遥感图像解译技术获取不同地学专题信息,更新GIS专题图提供了条件。

2) 利用遥感影像获取数字高程模型(digital elevation model,DEM)和数字地形模型(digital terrain model,DTM),更新GIS中的高程数据。从不同角度拍摄的同一地区的航空照片和高分辨率卫星数字影像上,可以利用数字影像相关技术对重叠成像区域实现地形高程信息的获取,这是对传统测绘方法的重大改进。我国科学工作者提出并解决了进行数字影像重采样和影像匹配的理论与算法,解决了特征提取与高精度定位问题,提高了从遥感数字影像获取地面高程的精度。目前,利用遥感数字影像来获取地面高程信息,这在已经商品化的遥感软件中已广泛使用。

4. 3S技术集成及应用实例

3S技术集成作为一项新技术,目前还处在研究和试验阶段。但很明显的是,在3S技术集成系统中,GPS主要用于实时、快速地提供目标、各类传感器和运载平台的空间位置;RS用于实时或准时地提供目标及其环境的语义或非语义信息,发现地球表面的各种变化,及时对GIS的空间数据进行更新;GIS是对多种来源的时空数据综合处理,动态存储、集成管理、分析加工,作为新的集成系统的基础平台,并为智能化数据采集提供地学知识。

当前,3S技术集成研究的理论和关键技术主要有3S集成系统的时空定位、一体化数据管理、语义和非语义信息自动提取的理论与方法、数据传输与交换、可视化技术等。大多数实验研究采用的通常是3S技术中的两两集成研究，例如GIS与RS集成和GIS与GPS集成，而真正意义上的3S技术集成，还需要走很长的研究路程。

3S技术具体应用领域包括精细农业、土地利用、城市规划与管理、地质灾害监测与防灾减灾等，接下来，本书将重点阐述3S技术在森林火灾和滑坡灾害监测中的应用。

1）3S技术在森林火灾中的应用

我国是灾害频发的国家，每年自然灾害造成的损失巨大。充分发挥3S技术在防灾、减灾和救灾中的应用，对我国防灾减灾和救灾工作具有重要意义。

国外在森林火灾中的3S监测应用，可为我们提供借鉴。利用NOAA系列气象卫星实时传输的遥感信息，可以及时监测森林大火发生的地理位置和所在的行政区域，包括经纬度、行政界线。森林火灾的动态演变过程包括蔓延方向、燃烧面积和强度等；森林资源的损失情况，包括地类、林型及森林环境。在GIS支持下，可以快速制作遥感影像图，编制林火管制事态图，并通过荧屏显示和打印机成图输出，为扑灭林火指挥人员配置资料，根据事先制定好的灭火方案，迅速进行灭火部署。

在防灾、减灾和救灾中，GPS技术可应用于精密的大地测量基准研究，遥感技术可应用于地温变化监测，GIS可以对自然灾害信息进行查询分析，尤其是在自然灾害损失评估中具有重要的作用。

2）3S技术在滑坡监测中的应用

滑坡是一种常见的地质灾害，其危害性巨大，滑坡动态监测已经成为防灾、减灾的重要手段。利用3S技术从时空上对滑坡进行动态监测，具有巨大的时效性和经济性。

目前，滑坡遥感监测主要根据滑坡要素（后壁、滑体、前缘等）在不同发展时期所形成的特殊微地貌在遥感图像上的形态特征，以目视解译方法进行识别和监测。一方面，随着传感器技术的发展，卫星遥感影像向高空间分辨率和高光谱分辨率方向发展，长线阵电荷耦合器件（charge-coupled device，CCD）成像扫描仪可达到1～2 m的空间分辨率，军用卫星甚至可达到10 cm级的分辨率。因此，在滑坡的遥感监测中大量使用高分辨率的遥感影像，例如

QuickBird和IKONOS等。另一方面，滑坡遥感监测常采用干涉合成孔径雷达(interferometric synthetic aperture radar，INSAR)技术，且INSAR技术处理流程也相对成熟。INSAR技术具有全天候、全天时的工作能力，这正好适应滑坡发生的偶然性特点。INSAR测量结果具有连续的空间覆盖优势，因此INSAR技术作为一项快速、经济、精确的新手段，在大面积的滑坡灾害监测方面应用潜力巨大。

GIS强大的空间数据库功能为滑坡信息的管理和分析提供了技术保障。在GIS环境下对滑坡遥感影像进行解译和信息提取，将提取出的专题信息直接导入GIS数据库，能够快速建立滑坡区域数据库，包括地形地貌、地质构造、地层岩性、土地利用、植被覆盖、水系、城镇居民点及主要的建筑物、滑坡灾害特点及分布状况等。此外，滑坡GIS空间数据库还可以包含现场调查资料和常规测量数据。这些补充资料中的属性数据可以直接录入到滑坡数据库中，其中的图形数据则可以通过数字化处理进入滑坡数据库系统中，以便于从宏观上把握滑坡地质灾害的发生和分布状况。

GPS具有全球范围、高精度、全天候、全时域、连续快速、能同时测定三维位移以及易于实现全系统自动化的特点，在变形测量中有着广泛的应用。目前，利用GPS进行滑坡变形监测还处于试验阶段。只有充分解决了GPS卫星轨道误差和基准点坐标确定等技术问题，GPS技术方能在滑坡变形监测研究中变得更加实用。

§1.3 遥感技术在火山灰云监测中的应用

1.3.1 火山灰云卫星遥感监测

遥感技术是在1960年代兴起并迅速发展起来的一门综合性探测技术，它是建立在现代物理学(光学、红外线技术、微波技术、激光技术、全息技术等)、空间技术、计算机技术以及数学方法和地学规律基础之上的一门新兴科学技术。它能够及时、准确、高效地获取地表变化信息，与传统的火山灰云地面站点监测方法相比，优势非常明显。图1.6为火山灰云监测研究中常用的几种卫星平台。从遥感成像机理来看，MODIS 和风云三号(FY-3)的中分辨率光谱成像仪(medium resolution imaging spectrometer，MERSI)、可见光红外扫描辐射仪(visible and infrared radiometer，VIRR)，成像清晰、分辨率高，目视效果也较好，但是容易受到天气的影响；CALIPSO 卫星上的正交偏振云-气溶胶激光雷达(cloud-aerosol lidar with orthogonal polarization，CALIOP)等，不受天气条件的限制，但是成像精度较低。在理论上，融合多源卫星遥感既可以实现度火山灰云的水平方位监测，又可以实现对其垂直高度监测，能够准确地反演出火山灰云的水平分布。但是，就当前的理论研究和应用现状而言，无论是国外还是国内，很少涉及利用遥感技术进行火山灰云分布监测的研究，成果也相对较少。

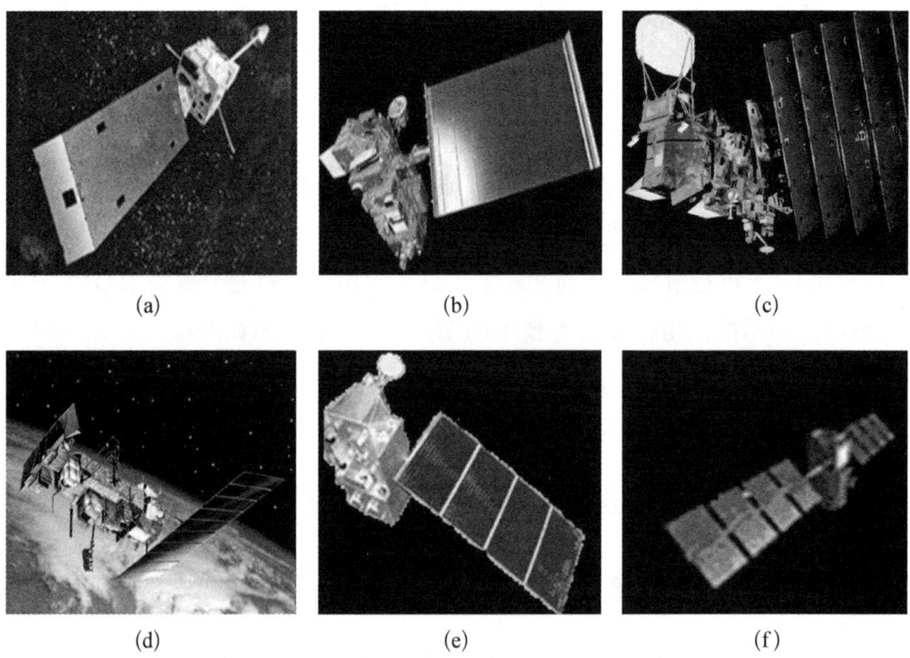

(a) (b) (c)

(d) (e) (f)

图 1.6　几种常见的遥感卫星，(a)～(f)分别为 GOES、Terra、Aqua、NOAA、FY-3A、CALIPSO 等卫星平台

目前，如何利用遥感技术定量、快速反演火山灰云空间分布形态已成为摆在航空安全和火山领域科研工作者面前的重要任务之一。本研究聚焦火山灰云对航空运输安全的影响,尝试提出利用遥感数据处理方法和传统的火山灰云监测方法实现对典型火山灰云案例进行火山灰云分布快速监测和探讨。

1.3.2 研究现状

1. 国外研究现状

美国、英国、法国和意大利等欧美发达国家因其国内和国际航线密集,且相当一部分航线途经火山活动区域,受火山灰云的影响显著,因此从20世纪90年代起就开始着手火山灰云与航空安全方面的研究与探讨。1991年,美国地质探勘局(united states geological survey,USGS)在西雅图召开全球第一届火山灰云与航空安全大型学术研讨会,其主题是如何降低火山灰碎屑对快速增长的航空运输业的危害。1993年,由国际民航组织(international civil aviation operation,ICAO)和世界气象组织(world meteorological organization,WMO)合作成立了国际航路火山灰观测框架,并将全球划分为九大分区,分别由相应的火山灰咨询中心(volcanic ash advisory center,VAAC)管辖。2004年,第二届火山灰云与航空安全大型学术研讨会在西雅图召开。2010年冰岛艾雅法拉火山爆发后,现行火山灰云监测和评估方式曾广受诟病,于是ICAO正式提出将修改火山灰应急流程,并评估火山灰浓度给航空器引擎带来的影响,期望在若干年内建立起一套航空器飞行安全标准。其间,自从遥感技术应用较为成熟起,便迅速被应用到与航空安全密切相关的火山灰云监测领域,并定期举办有关火山灰云预测、监测和航空安全方面的国际研讨会,研究成果也相对较多。

但是,国外以往研究主要是针对火山灰云监测展开的,并通过数值模拟和实际观测相结合来预测火山灰云的扩散方向和影响范围。其计算过程不仅复杂,而且还受制于气象、实测数据等诸多不确定性因素限制,实际效果并不理想(这一点在2010年4月艾雅法拉火山灰云监测中也得到了证实,该案例中由于缺少足够的监测手段或数值模拟效果误差较大,而导致采取过度的应对措施)。以往对立体监测火山灰云、火山灰碎屑颗粒沉降和火山灰云航空安全区划等研究则并未涉及。尽管ICAO在2010年提出尝试建立火山灰云航空通行安全浓度标准和相对应的航空安全区划,但是ICAO秘书长Raymond

Benjamin 也承认这需要长时间、大量的数据积累，而不是短时间内能够实现的。

2. 国内研究现状

与国外相比，我国无论是在火山灰云与航空安全探讨还是利用遥感技术监测火山灰云方面都起步相对较晚，与国外存在一定的差距，这也是由我国特殊的地理位置和火山分布实际情况决定的。有研究人员经过长时间的实地考察得出，目前长白山火山是最具喷发可能的火山之一，其余火山基本上都为休眠火山。此时，我国科研人员也主要立足于火山热活动和防灾减灾方面的研究。2000 年，中国民用航空局（civil aviation administration of China，CAAC）以官方文件形式对中国地震局发函，旨在共同探索火山活动对航空安全的影响，从此正式拉开了我国航空安全与火山灰云监测研究的序幕。其间，在国外几次大型火山喷发严重威胁航空安全研究的引领下，国内也陆续出现了一些火山灰与航空安全方面的成果，这些研究在 2010 年 3～4 月冰岛艾雅法拉火山爆发后达到了一个新的高度。近年来，伴随着遥感传感器技术和计算机解译能力的提升，遥感技术也逐渐被应用到火山灰云监测领域。此外，我国大量开辟国际和国内航线，导致航空器飞越火山多发区或受到火山灰云威胁的可能性逐渐增大，准备不足则会引起重大经济损失和航空事故。基于这一认识，在国家自然科学基金委和相关科研管理机构的资助下，我国一些科研工作者对该领域的关注逐渐增多，并进行了具有填补空白意义的探索性尝试，但是研究成果相对较少。

归纳整理发现，受冰岛艾雅法拉火山灰云事件影响，这些关于火山灰云与航空安全方面的研究成果总体上以 2010 年作为分水岭。在 2010 年之前，类似的研究大多是偏向于定性分析方面，描述或介绍了火山灰云不同成分对航空器引擎、操作板、挡风玻璃以及机体的危害；在 2010 年之后，大多数研究开始尝试借助于遥感技术进行火山灰云的识别和动态扩散的定量分析。然而，这些研究大都侧重于基于光学遥感的火山灰云监测方法和数值模型修改。但是，光学遥感仅能进行初步的火山灰云的水平监测，并不能实现对火山灰云的垂直监测。尽管国外航空安全与火山灰云研究起步较早，但是与国外研究相似，目前国内对利用多源遥感技术进行火山灰云监测方面的研究也处于空白，这就要求我们抓住时机、埋头苦干，尽快争取在航空安全与火山灰云研究领域中占有一席之地。

1.3.3 经济建设和社会发展需求

本书的研究目的是为了满足我国航空安全需要，借助多源遥感技术实现对火山灰云的快速监测和火山灰碎屑颗粒沉降模拟以及展开火山灰航空安全区划探讨。

我国火山主要分布在东北的长白山与五大天池地区、西南的腾冲和雷琼地区以及东南的台湾大屯地区。其中，东北地区及附近地区是世界上航线和火山分布最为密集的地区之一，其航空安全也最易遭受火山灰云影响。这主要是因为我国和韩国、日本的北美航线从运行成本经济性角度出发，大多途经堪察加半岛-白令海峡-阿拉斯加一带造成的。我国其他地区火山也都在活动之列，一旦爆发必将对我国东南和西南航线造成巨大威胁。

近年来，周边国家和地区的火山活动频繁，对我国航空安全构成潜在的现实威胁。例如，从 2010 年开始，分别经历了 2010 年 10 月 26 日印尼默拉皮火山灰云，2011 年 1 月 26 日日本新燃岳火山灰云，2012 年 10 月 6 日俄罗斯舍维留奇火山灰云，2013 年 5 月 13 日美国巴普洛夫火山灰云和 11 月 23 日日本吉玛火山灰云，2014 年 5 月 30 日印尼桑厄昂火山灰云、9 月 27 日日本御岳山火山灰云和 11 月 15 日巴普洛夫火山灰云。进入 2015 年，我国周边地区火山活动更加频繁，从日本到智利，从阿留申群岛到印尼，都曾发生过大规模的火山喷发事件。上述火山喷发基本上都有一些相似点，要么是在高空形成了大片火山灰云，如 2010 年默拉皮火山灰云和 2014 年巴普洛夫火山灰云就分别漂浮在 10 km 和 9 km 高空中；要么是火山灰云扩散的距离较远，如俄罗斯舍维留奇火山灰云随着风向变化，最初的羽状火山灰云逐渐由南向转向到东向数千公里处。从火山灰云高度和扩散距离来看，我国周边地区频繁出现的火山灰云对航空安全的影响不容忽视。

尽管目前我国国内还没有出现大规模的火山喷发事件，但是我们要居安思危，及时对国际上一些典型火山灰云案例进行研究，防患于未然。一方面，我国的航空运输业快速发展，大量新开辟的国际航线有可能经过国外火山活动多发区;另一方面,随着大量外国民航客机进入我国市场,我们也需要为来自或飞经火山多发区域的民航提供实时的火山灰云位置、移动和火山灰云航空安全区划等信息服务。因此,对于我国航空安全研究,利用多源遥感技术监测火山灰云既具有一定的科学研究意义,又具有重要的应用意义。

第2章

遥感物理基础

§2.1 物理基础

2.1.1 电磁波谱与电磁辐射

电磁波是遥感技术的重要物理理论基础。自然界的任何物体本身都具有发射、吸收、反射以及折射电磁波的能力，它们的区别主要在于不同物体具有独特的电磁波谱特性。

1. 电磁波与电磁波谱

1）电磁波

根据麦克斯韦电磁场理论，由同相振荡且相互垂直的电场与磁场在空间中以波的形式传递能量与动量的过程称为电磁波（电磁辐射）。在电磁波里，电场强度矢量 E 和磁场强度矢量 B 相互垂直，并且都垂直于电磁波的传播方向 K，故电磁波是一种横波，如图 2.1 所示。

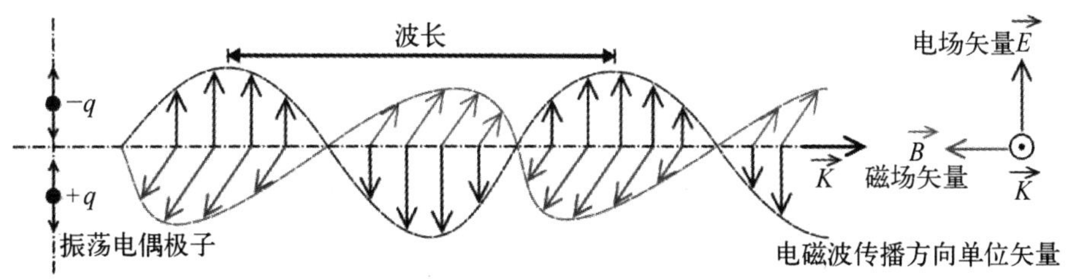

图 2.1　电磁波传播示意图

电磁波不同于水波、地震波等由震源发出的震动在介质中进行传播，电磁波的传播不需要任何介质。在量子方式的描述中，电磁波又以光子的方式传播。事实上，电磁波的载体为光子，在真空中的传播速度为光速，约为 3.0×10^8 m/s。

电磁波的波长、传播方向、振幅等性质与实际物体的结构密切相关，且具有一定的对应关系。遥感技术正是利用这些对应关系，来探测并获取目标物的电磁辐射特性。

2）电磁波谱

电磁波通常以频率 f、波长 λ 来进行描述，它们的关系可以表示为：

$$c = f\cdot\lambda \tag{2.1}$$

将不同波长的电磁波，按照其在真空中传播波长的长短或频率的大小递增或递减的顺序依次排列得到的图表称为电磁波谱，如图 2.2 所示。

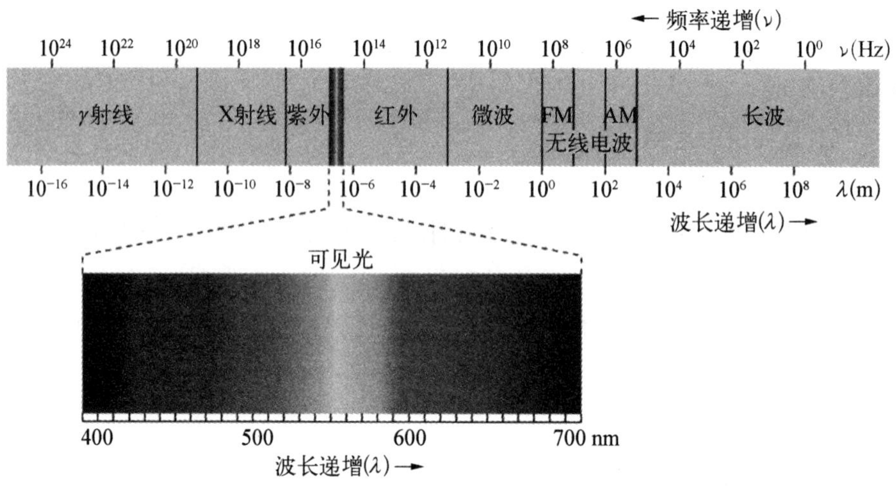

图 2.2 电磁波谱

电磁波是连续的，一般按照电磁波波长与频率的不同，可以将电磁波划分为 γ 射线、X 射线、紫外线、可见光、红外线、微波、无线电波以及长波等类型。不同类型的电磁波的单位也存在差异，一般波长 λ 的单位为 km、m、μm 和 nm，而频率 f 的单位为 Hz、MHz 和 GHz。习惯上电磁波区段的划分如表 2.1 所示。

表 2.1　常见的电磁波波段划分

波　　段		波　　长
长　波		>3 000 m
无线电波		1～3 000 m
微　波		1 mm～1 m
红外线 0.76～1 000 μm	超远红外	15～1 000 μm
	远红外	6.0～15 μm
	中红外	3.0～6.0 μm
	近红外	0.76～3.0 μm
可见光 0.38～0.76 μm	红	0.62～0.76 μm
	橙	0.59～0.62 μm
	黄	0.56～0.59 μm
	绿	0.50～0.56 μm
	青	0.47～0.50 μm
	蓝	0.43～0.47 μm
	紫	0.38～0.43 μm
紫外线 0.01～0.38 μm	近紫外	0.31～0.38 μm
	中紫外	0.20～0.31 μm
	远紫外	0.01～0.20 μm
X 射线		0.01～10 nm
γ 射线		<0.01 nm

注：因波长范围与相应光谱的划分没有统一标准，本书作者仅采用一般划分。

2. 电磁辐射源

1）太阳辐射

太阳是被动遥感中最重要的辐射源，也是遥感中最主要的辐射源之一。地球表面不同区域接收到的太阳辐射大小是不相等的。太阳常数是指不受地球的大气影响，在垂直于太阳辐射的方向，单位时间内单位面积的黑体接收到的太阳辐射辐照度总量约为 $1.36\times10^{3}\ W/m^{2}$。由于太阳表面存在黑子活动等影响，因此太阳常数并不是固定不变的。

太阳发出的辐射不仅包含最常见的可见光，也包含紫外线、红外线等所有形式的电磁波(图 2.3)。从图 2.3 中看出，太阳辐射的电磁波，大部分能量都集中在可见光波段，最强辐射对应的电磁波波长约为 0.47 μm。同时，太阳辐射出射曲线不光滑，存在着许多吸收带，这是由于太阳表面及大气中所存在的已经探测到的 69 种元素作用形成的。这些离散的暗谱线被称为夫琅和费吸收谱线，目前已经测量得到超过 25 000 条太阳光谱中的夫琅和费吸收谱线。

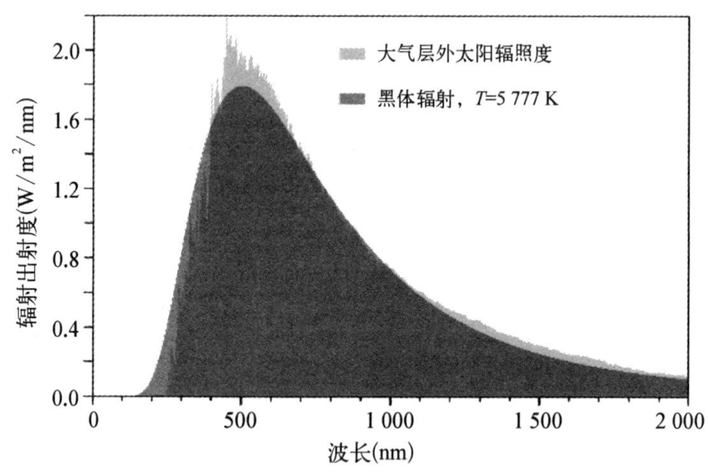

图 2.3　平均日地距离大气层外垂直入射太阳辐射度

2）地球辐射

地球辐射主要指地球自身的热辐射，是热红外遥感的主要辐射源。地球辐射的能量分布在近红外到微波的范围内，主要集中在 6～30 μm。各波段所占能量的比例大约为：0～3 μm 段占 0.2%，3～5 μm 段占 0.6%，5～8 μm 段占 10 %，8～14 μm 段占 50%，14～30 μm 段占 30%，30～1 000 μm 段占 9%，1 mm 以上微波占 0.2%。地球辐射与地球表面的热状态密切相关，因此也称为热红外遥感，被广泛应用于地表地热异常的探测、城市热岛效应以及水体的热污染研究等。

3）人工辐射源

人工辐射源是指人为发射的具有一定波长(频率)的波束，主动式遥感采用人工辐射源。工作时根据接收地物散射该光束返回的后向反射信号的强弱程度探测地物或测距，称为雷达探测。其人工辐射源包括：

微波辐射源：常用的波段为 0.8～30 cm。由于微波波长比可见光、红外光波长要长，受大气散射影响小，使得微波遥感具有全天候、全天时的探测能力，在海洋遥感及多云多雨地区得到广泛应用。

激光辐射源：应用较为广泛的为激光雷达。激光雷达使用脉冲激光器，可精确测量卫星的位置、高度、速度等，也可测量地形、绘制地图、记录海面波浪情况，还可利用物体的散射性及荧光、吸收等性能进行污染监测和资源勘查等。

2.1.2 物体辐射特征

1. 发射辐射特征

1）实际物体的辐射

普朗克定律、玻尔兹曼定律以及韦恩位移定律仅适用于黑体，然而自然界中黑体并不存在，因此需要研究实际物体的辐射特性。

物体在向外发出辐射的同时，也在接收来自周围物体的辐射。在一个给定的温度下，任何物体对某一波长电磁波的发射能力与它的吸收能力成正比，这个比值与物体的性质无关，仅与物体的温度以及电磁波的波长有关，可以表示为：

$$\alpha = \frac{M}{I} \tag{2.2}$$

式中，α 为物体的吸收系数，M 为辐射出射度，I 为物体的辐照度。

对于黑体而言，吸收系数 $\alpha=1$，即黑体的辐照度与辐射出射度相等，吸收的辐射能量与发射的辐射能量相等。

实际物体吸收辐射能量的能力不如黑体，根据基尔霍夫定律，其发出的电磁辐射能量也不如黑体，即对于实际物体的吸收系数 α_i 而言，$0<\alpha_i<1$。有时也称为比辐射率或发射率，记作 ε，表示实际物体与黑体辐射出射度之比：

$$\varepsilon = \frac{M}{M_0} \tag{2.3}$$

式中，M 为实际物体的辐射出射度，M_0 为黑体的辐射出射度。

可以看出，ε 越大，该实际物体的性质越接近黑体。好的辐射吸收体同时也是好的辐射发射体。

需要注意，对于实际物体而言，不同波长的比辐射率也存在差异。当温度一定时，物体对某一波长的电磁波吸收能力越强，则发出这一波长的电磁辐射能力也就越强。此外，地物的发射率还与地物自身的性质以及表面状况（如粗糙度、颜色等）有关。同一地物，其表面粗糙或颜色较深时，发射率往往较高，这也是部分散热器需要进行表面发黑处理的原因，因为这样有利于辐射发射，进而散热。

2）地物的发射波谱特征

自然界中的一切物体都在不断向外发出电磁辐射，且发射率随着波长的变化而变化。将所有波长的发射率连接起来形成一条曲线（横坐标为电磁波波长，纵坐标为发射率），则该曲线称为地物发射波谱曲线。不同的地物类型具有独特的发射光谱特征，这也是热红外遥感探测波段选择和地物分类的重要依据。

2. 反射辐射特征

1）地物的反射率

物体反射的辐射能量 P_ρ 占入射总能量 P_0 的比率，称为反射率 ρ：

$$\rho = \frac{P_\rho}{P_0} \times 100\% \tag{2.4}$$

反射率的值域范围是[0，1]，不同物体对不同电磁波的反射率不同。相同物体对不同电磁波的反射率同样存在差异。一般而言，反射率越大的物体，遥感传感器接收到的能量也越大，呈现在遥感影像上的色调越浅；反之，反射率越小的物体在影像上呈现出的色调越深。正是这些色调的不同，体现出地面物体的差异。此外，反射率还与物体表面的粗糙程度密切相关。表面越光滑，则反射率越大；反之亦然。

2）反射波谱

地物的反射率随入射波长的变化而变化的规律称为反射波谱。以波长为横坐标，以反射率为纵坐标，将所有测量得到的地物在每一个波长处的反射率连接起来，可以得到一条曲线，称为地物的反射波谱曲线。

不同地物的反射波谱曲线不同，相同地物在不同状态下的反射波谱曲线同样存在差异。同一地物的反射波谱曲线反映出不同波段的反射率，与遥感传感器的对应波段接收的辐射数据对照，可以得到遥感数据与对应地物的识别规律。一般来说，地物的反射波谱曲线有规律可循，从而为遥感影像的判读提供依据。图 2.4 给出了四种不同地物的反射波谱特征曲线。

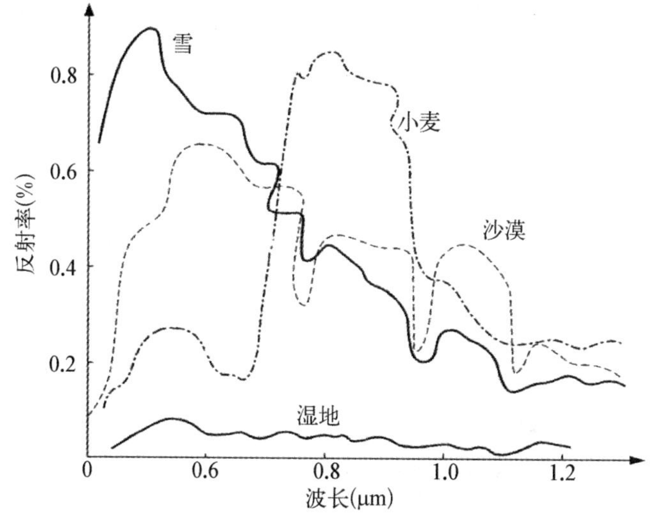

图 2.4　雪、沙漠、湿地以及小麦的反射波谱曲线

从图 2.4 中看出，不同地物的反射波谱特征并不相同。雪在 0.4～0.6 μm 处存在一个很强的反射峰，其反射率接近 100%，在蓝绿波段上看上去近乎白色。随着波长的增加，反射率逐渐降低。沙漠在 0.6 μm 附近，即黄橙色波段存在反射峰，因此沙漠看起来呈现出黄橙色。沙漠在波长超过 0.8 μm 的红外波段，其反射率仍然较强。小麦的反射光谱特征表现为典型的植被光谱特征，在 0.5 μm 附近有一个小的反射峰，因此小麦呈现绿色。在近红外波段，小麦存在较大的反射峰。湿地的反射率在整个波段范围内都小于 10%，在遥感影像上表现为暗色调。

2.1.3 大气对太阳辐射的影响

1. 大气结构

大气是由多种气体以及固态、液态悬浮的微粒组合而成。大气成分主要由 N_2、O_2(两者占大气气体成分的 99%以上)、O_3、CO_2、H_2O、N_2O、CH_4、NH_3 以及水蒸气、液态和固态水(雨、雾、雪、冰)、盐粒、尘烟(这些成分的含量随高度、温度、位置而变,称为可变成分)等组成。不同的大气成分构成大气层。

地球的大气层对太阳辐射存在很大的影响,主要体现为大气的吸收、散射以及反射作用。图 2.5 为在大气层外测量得到的太阳辐照度与地球表面海平面上测量得到的太阳辐照度的区别。大气层外太阳辐射与海平面太阳辐射的差异即是由地球的大气层造成的。

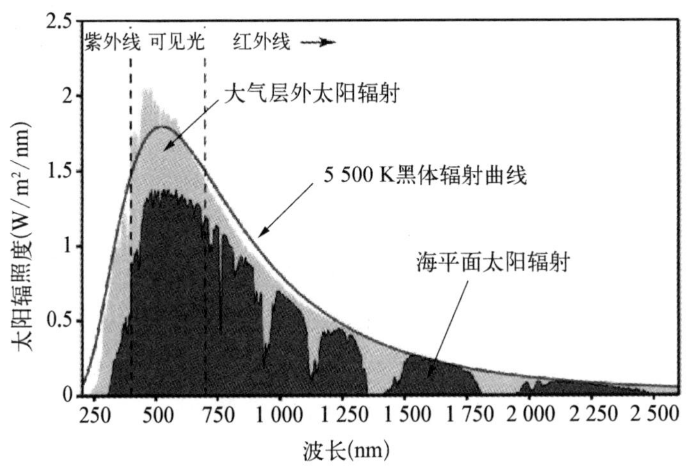

图 2.5 大气层外与海平面太阳辐射对比

大气层一般是受到重力作用吸引,聚拢在地球表面的一层气体。地球上的大气层随着高度的增加而逐渐稀薄。大气层的上界并没有明显的界线,一般将大气层的厚度定义为 1 000 km,从地球表面往上分别为对流层、平流层、电离层以及外大气层。

大气分层区间及各种航空、航天器在大气层中的垂直位置示意见图 2.6。接下来,将对航空安全密切相关的对流层和平流层进行重点介绍。

km	大气层	分层	温度及遥感平台高度
	外大气层		(通信卫星、气象卫星,36 000 km)
35 000		质子层	
		氦　层	
1 000	电离层		600～800℃(资源卫星、气象卫星,800～900 km)
400			F 电离层　230℃
300			(航天飞机,200～250 km) (侦察卫星,100～200 km)
110			E 电离层　230℃
100			
80	平流层	冷　层	D 电离层　−55～−75℃
35		暖　层	70～100℃(气球)
30			O_3层
25		同温层	−55℃(气球、喷气式飞机)
12	对流层	上　层	−55℃
6		中间层	(飞机)
			C 电离层
2		下　层	
			5～10℃(一般飞机,气球)

图 2.6　地球大气垂直分层与遥感平台高度

1) 对流层

对流层从地表到平均高度 12 km 处,是地球大气层中最靠近地面的一层,也是地球大气层中密度最大的一层。对流层的上界并不固定,随地球纬度、季节的不同而发生变化。在低纬度地区平均为 16～18 km,在中纬度的地区为 9～12 km,而在高纬度地区只有 7～8 km。

对流层包含了整个大气层约 75%的质量,以及几乎所有的水蒸气及气溶胶,温度随着高度的升高而降低。对流层是地球大气层中天气变化最复杂的层,几乎所有的气候现象都发生在对流层。

2) 平流层

平流层在 12～80 km 的垂直区间,可分为同温层、暖层和冷层。空气密度继续随高度上升而下降。这一层中不变成分的气体含量与对流层的相对比例关系一样，只是绝对密度较小，平流层中水蒸气含量很少，可忽略不计。臭氧含量比对流层大，在 25～30 km 处，臭氧含量很大，因此这个区间又称为臭氧层，再向上又减少，至 55 km 处趋于零。

2. 大气对太阳辐射的影响

太阳辐射进入地球表面之前必然通过大气层，其中约 30％的能量被云层和其他大气成分反射回宇宙空间，约 17％的能量被大气吸收，约 22％的能量被大气散射，仅有 31％左右的太阳辐射能量到达地面。

1）大气对太阳辐射的反射作用

大气的反射作用表现为云层以及大气中较大颗粒的尘埃对太阳辐射的反射，其中云层的反射作用更加明显。不同的云量、云状以及厚度对太阳辐射的反射作用也各不相同。对于遥感技术而言，在较低、较厚的云层状态下，光学遥感传感器几乎接收不到任何地面实际物体的信息。

2）大气对太阳辐射的散射作用

辐射在传播过程中遇到小颗粒而使传播方向发生改变，并向各个方向散开，这种现象称为散射(图 2.7)。散射作用使得辐射在原传播方向减弱，其他方向的辐射增强。散射作用的实质是电磁波传输过程中产生的一种衍射现象，根据颗粒半径与电磁波长之间的关系，通常划分为瑞利散射、米氏散射和非选择性散射等。

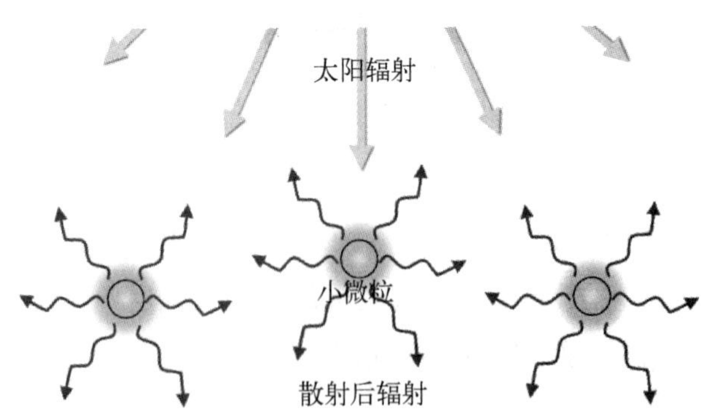

图 2.7　散射作用

对于遥感技术而言，太阳辐射在经过大气到达地球表面时，存在着散射作用。太阳辐射经过与地球表面物体的相互作用，反射回遥感传感器时，再次经过大气，同样存在着散射作用。同时，经两次散射的辐射同样会进入遥感传感器。不同过程的散射作用增加了遥感传感器接收的噪声信号，造成了遥感影像质量的下降，因此在遥感图像处理的过程中，需要对数据进行辐射校正。

3）大气对太阳辐射的吸收作用

太阳辐射经过大气层时，大气中的某些成分对太阳辐射中的某些电磁波会产生吸收作用，表现为部分太阳辐射转换为分子的内能，使温度升高，从而引起太阳辐射的衰减。不同的成分对不同的电磁波吸收作用与吸收特性存在差异，对于部分波段形成了大气吸收带。在某些波段，其吸收作用能够导致这些波段完全不能通过大气到达地面，形成电磁波的缺失带。大气中吸收太阳辐射成分主要有水汽、氧、臭氧以及二氧化碳等，如图 2.8 所示。

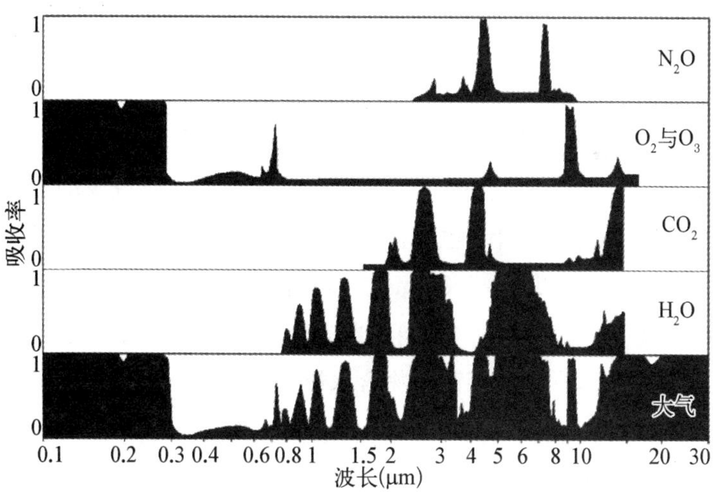

图 2.8 大气的吸收作用

图 2.8 最下面一条曲线综合了大气中主要分子的吸收作用，反映出大气吸收带的综合规律。对比图 2.5 中海平面的太阳辐射，可以看出海平面上太阳辐射减小的波段恰恰位于大气中吸收率较高的波段。因此，在遥感应用中，为了减小大气吸收对遥感探测的影响，需要选择吸收率较低的波段进行探测，即遥感中的大气窗口。

3. 大气窗口

地球的大气层对太阳辐射的反射、吸收与散射作用共同造成了太阳辐射的衰减,剩余部分即为太阳辐射能够透过的部分。通常把电磁波通过大气层时,较少被反射、吸收或散射,透过率较高的电磁辐射波段称为大气窗口,如图2.9所示。

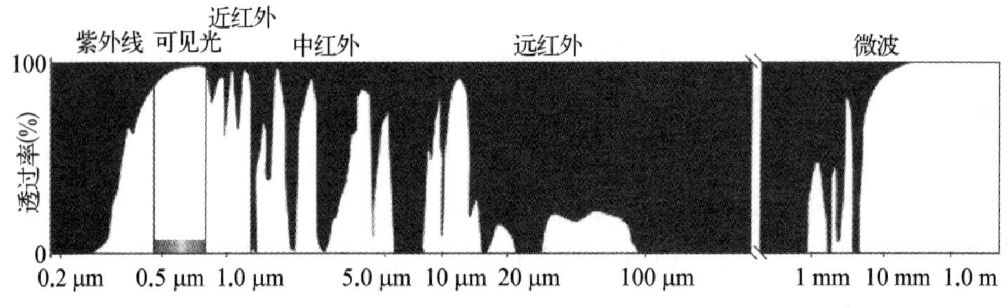

图 2.9　大气窗口

遥感传感器的探测波段应该选择包含在大气窗口内。主要大气窗口及目前常用的遥感探测光谱段包括:

1) 0.3～1.3 μm 为紫外、可见光与近红外波段,称为地物的反射光谱。该窗口对电磁辐射的透射率达90%以上。这一波段是遥感成像的最佳波段,可以采用摄影或扫描方式成像,也是目前许多遥感卫星传感器的常用波段。

2) 1.5～1.8 μm、2.0～3.5 μm 为近红外与近-中红外波段,仍然属于地物反射光谱,但不能用胶片摄影,仅能用光谱仪或扫描仪成像。该波段在白天日照条件好的情况下,常用于探测植物含水量、云雪分布以及地质制图等。

3) 3.5～5.5 μm 为中红外波段。在这一波段地面物体除了反射太阳辐射外,自身也在向外辐射能量,因此,属于混合光谱范围。中红外窗口目前应用很少,只能用扫描方式成像,如 NOAA 气象卫星的甚高分辨率辐射计(advanced very high resolution radiometer,AVHRR)利用这一波段来获得昼夜云图。

4) 8.0～14 μm 为远红外波段,是热辐射光谱,主要用于接收地球表面物体自身向外发出的热辐射,一般适用于夜间成像,测量目标的温度等。

5) 0.8～25 cm 为微波波段,属于发射光谱范围,该窗口的电磁波穿透云雾能力比较强，透过率可达 100%，可以全天候作业。一般而言该波段均为主动遥感方式，如侧视雷达等。

2.1.4　微波的散射特性

微波遥感利用微波的散射和辐射信息来分析、识别地物或提取专题信息。地物对微波的散射类型如图 2.10 所示。

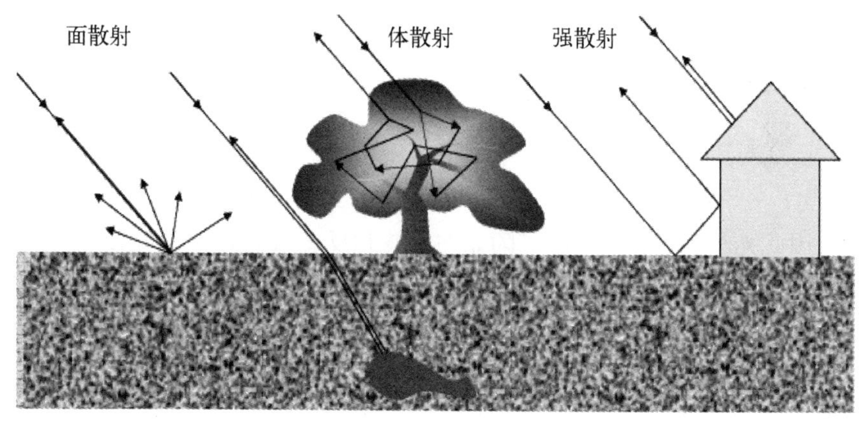

图 2.10　微波遥感散射类型

尽管微波散射类型大概可分为面散射、体散射和强散射三类，但在现实中，雷达图像某个像素对应的雷达回波信号中可能同时包含多种散射信号。

1. 面散射

面散射指微波信号在传输过程中仅发生了一次明显的介电常数变化的散射现象（如从空气到水、从空气到土壤等）。而在体散射现象中，其包含多次的类似面散射的过程（空气到树叶、空气到树枝等），但雷达传感器最终获取的后向散射信号中无法将这些单个的散射过程区分开来。

面散射信号的强度与反射面的粗糙度和反射面的介电常数 ε_r 等因素有关，根据反射面的粗糙度还可以将面散射细分为镜面散射和粗糙表面反射两类。

2. 体散射

当雷达波束通过某一界面，从一种介质进入另一种介质时，在介质内部产生的散射叫做体散射。如雨幕中含有多个散射体的情况以及在介质中包含多种不同介电常数物质混合的情况多产生体散射，树木、土壤内部、积雪内部等的散射都是体散射。

研究体散射需对穿透到介质内部的雷达波束进行研究，雷达波束对介质的穿透程度用穿透深度 δ 表示。在有衰减的介质中，微波能量随距离按指数函数规律衰减。因此，当微波入射到介质中时，穿透深度用功率降低到 $1/e$ 时的距离来定义。但是，在土壤或积雪这种非均匀介质情况下，体散射的强度取决于介质表面的粗糙度、介质的平均相对介电常数以及介质内的不连续性和波长的关系。因此在这种情况下，用后向散射信号强度来求面散射后向散射系数存在较大误差。

3. 强散射

由于光学遥感对应的波长很短，地表绝大多数地物相对波长来说都是离散的，因此光学遥感影像中除了闪亮的水波和反光条之外，很少出现高强度的反射地物。而在雷达图像中，地表很多地物相对微波波长来说是比较光滑的，因此在雷达图像中经常出现散射信号很强的地物，将这种对应的地面散射现象称之为强散射，对应的强散射地物称之为硬目标。

需要注意的是，由于强散射体是离散分布的，因此不能用后向散射系数对其反射进行量化衡量，而是用雷达截面（或者回波面积）来进行计算。如果某个雷达图像的像素中强散射信号占该像素雷达后向散射信号的绝大部分，则该像素的“后向散射系数”为雷达截面面积（或回波面积）除以像素面积。

§2.2 成像原理与图像特征

2.2.1 卫星遥感和影像特征

1. 物理特性

感光材料的物理特性直接影响卫星遥感像片的特性，其主要性能指标为：

1）感光特性曲线

表示感光片获得的曝光量（H）与当其显影后形成的光学密度（D）之间的函数关系的曲线，称为感光特性曲线（图 2.11）。

曝光量是指感光胶片上所接受的照度 E(勒克斯)和曝光时间 t(秒)的乘积，$H = E \times t$，其单位是勒克斯·秒，若用对数表示，称为曝光量对数。

$$\lg H = \lg E + \lg t \tag{2.5}$$

从图 2.11 中看出，AB 段为曝光不足部分，密度的增加与曝光量对数的增加不成正比，影像的黑白比例与景物的明暗差别不一致，造成影像失真；直线段 BC 为正常曝光部分，是感光特性的主要部分，其密度随着曝光量对数值的增加而呈线性增加，影像的黑白比例与景物的明暗差别一致；CD 段为曝光过度部分，密度的增加相对于曝光量对数值的增加缓慢，即在黑白层次上损失较大；DE 为影像反转部分，即密度随曝光量对数值的增加而减少，影像密度不能反映景物亮度。

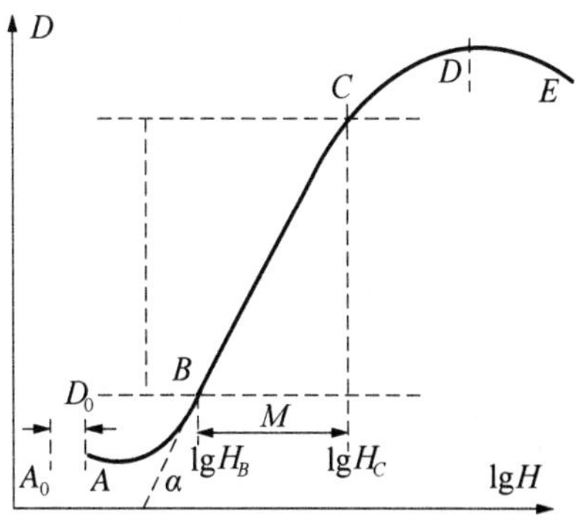

图 2.11　感光材料特性曲线

2) 感光度

感光度即感光速度，是指胶片感受光快慢程度的指标，反映了胶片对光线作用的灵敏程度，是确定曝光时间的重要依据。在摄影环境相同的条件下，感光材料感光度越大，曝光时间越短；反之，曝光时间越长。

一般认为，感光度低的胶片灰雾和保存性更稳定，因而分辨力较高，适合强光下和静物摄影以及高倍率的放大；感光度高的胶片适合于弱光下或者运动物体的摄影。

3) 反差与反差系数

反差是指目标物的明亮部分与阴暗部分亮度的差别程度，根据明暗差别的不同一般称为反差大(小)或反差强(弱)。影响反差的因素涉及地物本身差异、感光材料不同以及光学系统等方面，所以，反差又分为以下几种：

① 景物反差指景物中最大亮度部分的亮度 L_{max} 与最小亮度部分的亮度 L_{min} 的差值，即

$$\Delta \lg L = \lg L_{max} - \lg L_{min} \tag{2.6}$$

② 光学影像反差指成像时由于镜头中透镜的散射、折射而形成眩光使反差降低。若用影像照度的对数差 $\Delta\lg E$ 来表示光学影像的反差，则

$$\Delta\lg E = \beta\Delta\lg L \tag{2.7}$$

式中，β 为眩光系数，$\beta < 1$。

③ 胶片或照片的影像反差指胶片或照片上最大密度 D_{max} 和最小密度 D_{min} 之差值，即

$$\Delta D = D_{max} - D_{min} \tag{2.8}$$

④ 反差系数指摄影后影像的明暗程度与原景物明暗程度的比值，用来度量感光材料对景物反差的表达能力，以特性曲线的直线部分的密度差与相应两点曝光量的对数差的比例表示，即

$$\gamma = \Delta D/\Delta\lg H = \tan\alpha = k\cdot(\Delta D/\Delta\lg L) \tag{2.9}$$

式中，k 为 β、t 的函数。

4）像片分辨率

像片分辨率是对景物细微部分的表现能力，通常用单位毫米内能够区分黑白线对数来表示。感光材料分辨率的高低，取决于感光乳剂银盐颗粒的粗细，颗粒越细，分辨率越高。

5）宽容度

宽容度又称曝光度，是指胶片复现被摄景物亮度范围的能力，通常用特性曲线中直线部分的最大曝光量与最小曝光量之差来表示。

$$M = \lg H_C - \lg H_B \tag{2.10}$$

2. 几何特性

1）投影类型

根据投影方式不同，投影类型可划分为：

① 正射投影。当一束通过空间点的平行光线垂直相交于一平面时，其交点称为空间点的正射投影，或者垂直投影，该平面称投影面（图 2.12）。正射投影构成的图形与实物形状完全相似，不受投影距离的影响，有统一的比例尺，

并且比例尺的改变不影响图形的形状。

② 中心投影。若空间任意点与某一固定点连成的直线或者延长线被一平面所截，则直线与平面的交点称为空间点的中心投影。m 点是 M 点的中心投影，固定点 S 为投影中心，MS 为投影线，平面 P 称为投影面或像平面。中心投影构成的影像与地面形状不完全相似，没有统一的比例尺，比例尺的大小取决于 S、M 与 P 之间的关系。

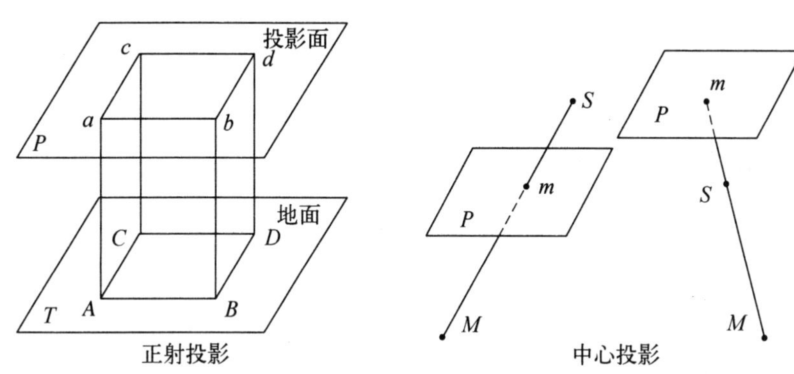

图 2.12　正射投影与中心投影

2) 构像规律

由于航空摄影时地面上每一物点所反射的光线通过镜头中心后，都会聚在焦平面上而产生该物点的像，因此航空像片属于中心投影(图 2.13)。中心投影构成的像有正像、负像之分。根据透镜成像原理，如果物体和投影面位于投影中心的两侧，其投影像为负像；物体和投影面位于投影中心的同一侧时，则为正像。因此，航片是地面的中心投影正像。在图 2.13 中，S 为投影中心，P 为负像，P' 为正像。

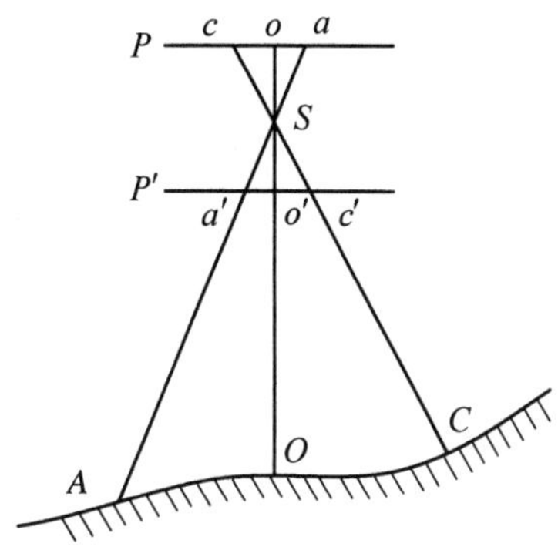

图 2.13　卫星遥感像片的中心投影

中心投影构成的影像服从透视成像规律。在中心投影上，点的像仍然是点；直线的像一般仍是直线，但如果直线的延长线通过投影中心时，则该直线的像就是一个点；空间曲线的像一般为曲线，但当空间曲线在一个平面上，而该平面又通过投影中心时，它的像则为直线；平面的像一般为平面，只有当平面通过投影中心时，像为一直线。

3）特征点线

卫星遥感像片有一系列特殊位置的点和线，它们反映了中心投影的几何性质，对于了解航片的性质和确定其在空间的位置具有重要意义。卫星遥感像片上的特征点线以及相互间关系如图 2.14 所示。图中 P 为像平面，S 为投影中心，T 为地平面，倾斜像平面上的特征点和线有：

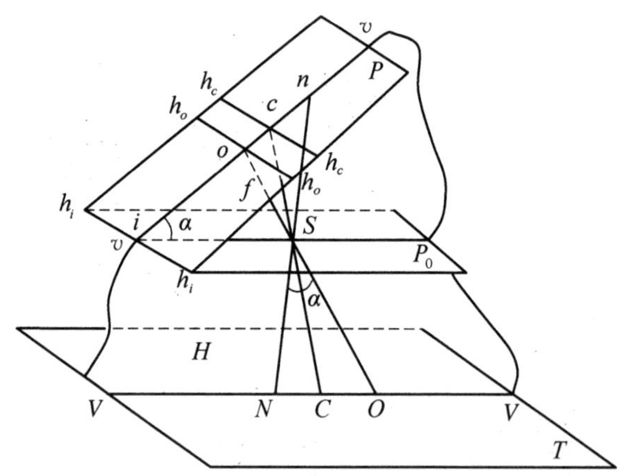

图 2.14　卫星遥感像片上的特征点和线

像主点(o)通过投影中心 S，垂直于像平面的直线 So 称为摄影机的主光轴（主光线），它与像平面的交点 o 称为像主点，像主点在地面上的相应点 O 叫地主点。

像底点(n)通过投影中心 S 的铅垂线 SN 称为主垂线，它与像平面的交点 n 称为像底点，像底点在地面上的相应点 N 称为地底点。

等角点(c)主光轴与主垂线所夹的角 α 称为像片倾斜角。平分倾角的直线与像平面的交点 c 称等角点，在地面上的相应点 C 也称等角点。当地面平坦时，倾斜像片上只有以等角点为顶点的方向角与地面相应角大小相等。

主纵线(vv)包含主光轴和主垂线的平面称为主垂面，它与像平面的交线 vv 称为主纵线，即通过像主点和像底点的直线，其在地面上相应的线 VV 叫基本方向线。

主横线($h_o h_o$)在像平面上，凡是与主纵线垂直的直线都叫像水平线。通过像主点的像水平线 $h_o h_o$ 称主横线。

等比线($h_c h_c$)在像平面上，通过等角点的像水平线 $h_c h_c$ 称等比线。在等比线上比例尺不变。

主合点和主合线($h_i h_i$)过投影中心的水平面与像平面的交线 $h_i h_i$ 叫主合线或地平线。主纵线与主合线的交点称为主合点 i，主合点是平行于基本方向线的各水平线在倾斜像片上影像相交的点。

在水平像片上，像主点、像底点和等角点重合，主横线和等比线重合。

4) 像点位移

地形的起伏和投影面的倾斜会引起像片上像点位置的变化，称为像点位移。引起卫星遥感像片像点位移的主要因素是像片倾斜和地面起伏。

① 因像片倾斜引起的像点位移——倾斜误差

地物点在倾斜像片上的像点位置与同一摄影站获得的水平像片上的像点相比，产生的一段位移称为倾斜误差。

在图 2.15 中，P_0 与 P 为同一摄影站的水平像片和倾斜像片，地面上任意点 A 在 P_0 和 P 的像点分别为 a_0 和 a，c 为等角点，$h_c h_c$ 为等比线。为研究像点 a 的位移，假设将像平面 P_0 以等比线为轴旋转 α 角，使之与 P 重合，结果表明 a 与 a_0 不重合。设 $aa_0 = \delta_\alpha$，$ca = r_c$，因像片倾斜所产生的像点位移 δ_α 可表示为

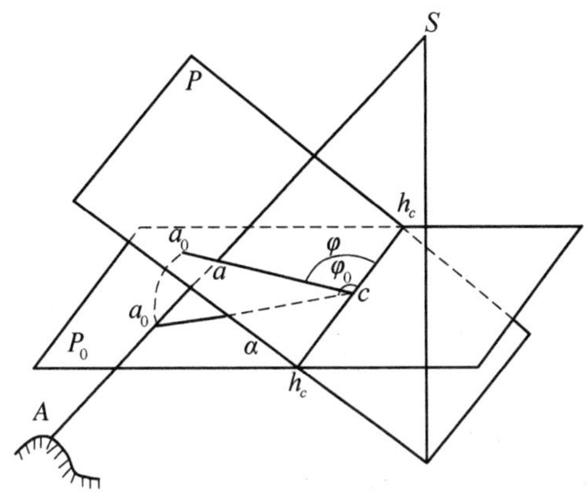

图 2.15　因像片倾斜引起的像点位移

$$\delta_\alpha = \frac{r_c^2}{f} \sin\varphi \sin\alpha \tag{2.11}$$

式中，r_c(向径)为倾斜像片上像点到等角点的距离，φ 为等比线与像点向径之间的夹角，α 为像片倾斜角，f 为摄影机焦距。

根据式(2.11)分析，可得出卫星遥感像片倾斜误差的规律：

第一，倾斜误差的方向在像点与等角点的连线上；

第二，倾斜误差的大小与像片倾斜角成正比，倾角越大，误差越大；

第三，倾斜误差的大小与像点距等角点距离的平方成正比，与摄影机的焦距成反比，即越位于像片边缘的像点，倾斜误差越大；焦距越小，倾斜误差越大。反之，倾斜误差越小。

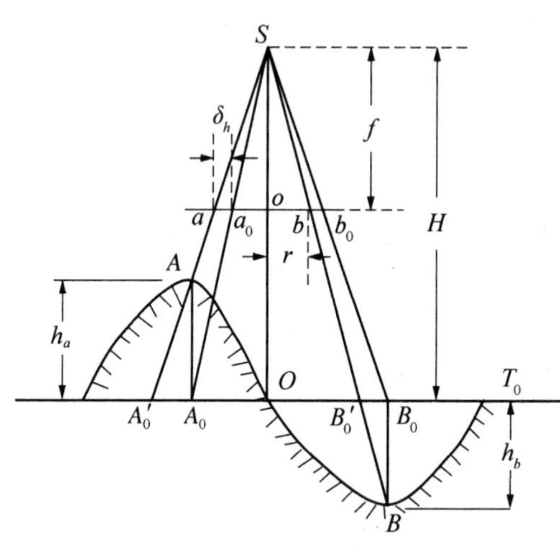

图 2.16　因地形起伏引起的像点位移

② 因地形起伏引起的像点位移——投影误差

由于地形起伏，高于或低于基准面的地面点，在像片上的像点对于它在基准面上的垂直投影点的像点所产生的直线位移，称为投影误差（投影差）。如图 2.16 所示，地面点 A 对基准面 T_0 的高差为 h_a，地面点 B 对基准面 T_0 的高差为 h_b，A、B 点在基准面的垂直投影点为 A_0、B_0；A、B 在像片上的影像为 a、b，A_0、B_0 在像片上的影像为 a_0、b_0，像片上线段 aa_0 与 bb_0 就是因地形起伏引起的像点位移，即投影误差。

以 δ_h 表示像点位移（aa_0、bb_0），以 r 表示像点到像主点的距离（即 ao、bo），h 表示像点的高差（即物点相对基准面的高差 h_a、h_b），H 表示航高，依据它们的几何关系，可得出像点投影差的一般公式：

$$\delta_h = \frac{hr}{H} \tag{2.12}$$

根据式(2.12)，可得因地形起伏引起像点位移的变化规律：

第一，投影误差大小与像点距像主点的距离成正比，像片中心部位投影误差小，像主点是唯一不因高差而产生投影误差的点；

第二，投影误差与航高成反比，航高越大，引起的投影误差越小；

第三，投影误差与高差成正比，高差越大，投影误差越大；反之越小。地物点高于基准面时，投影误差为正值，像点背离像底点方向移动；地物点低于基准面时，投影误差为负值，像点向着像底点方向移动。

3. 立体量测

1）像点坐标

为了表示像点在像对上的确切位置，一般建立以方位线为基准的直角坐标系统。如图 2.17 所示，像主点为坐标系原点，像片的方位线为 x 轴，并以右方向为正，y 轴是通过像主点且垂直于 x 轴的直线，以上方向为正，如图中的同名像点 a_1 和 a_2，它们的坐标分别是（X_{a_1}，Y_{a_1}）和（X_{a_2}，Y_{a_2}），同名像点 c_1 和 c_2 的坐标分别是（X_{c_1}，Y_{c_1}）和（X_{c_2}，Y_{c_2}）。

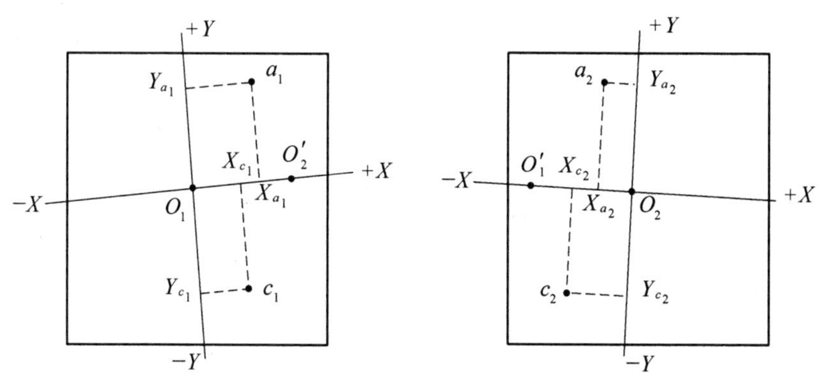

图 2.17 像点坐标

2）像点视差

像点视差是指像对上同名像点左右坐标之差。在理想像对上，像点的上下视差（纵视差）为零，左右视差也即横视差一般不为零，常用 P 表示。根据图 2.17 中 a、c 两像点的坐标，可以分别得到其左右视差：

$$P_a = X_{a_1} - X_{a_2} \qquad\qquad P_c = X_{c_1} - X_{c_2} \tag{2.13}$$

式中，X_{a_2} 和 X_{c_2} 因位于横坐标原点左侧，均为负数，故左右视差恒为正值。

在图 2.18 中，P_1、P_2 均为水平像片，O_1、O_2 为像主点，S_1 和 S_2 之间的距离

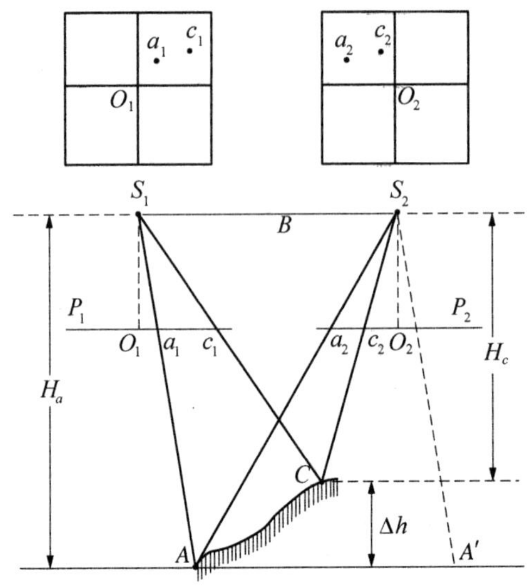

图 2.18　横视差与高差关系图

B 为摄影基线，地面点 A、C 的航高分别为 H_a、H_c，其高差为 Δh，它们在像片上的构像分别是 a_1、a_2 和 c_1、c_2，过 S_2 作 S_1A 的平行线，应用相似三角形原理，可以证明 a、c 两点的左右视差为：

$$H_a = \frac{B \cdot f}{P_a} P_a = \frac{B \cdot f}{H_a} \tag{2.14}$$

$$H_c = \frac{B \cdot f}{P_c} P_c = \frac{B \cdot f}{H_c} \tag{2.15}$$

左右视差公式表达了任一像点的左右视差就是该像点的像片比例尺(f/H)与摄影基线(B)长度的乘积。f、B 是两确定值，因此，直接影响左右视差大小的因素是该像点的航高。由于地面存在起伏，不同高程的地面点对应于不同的航高，可见，它们相应的像点左右视差也不同，其间存在着一定的差值。卫星遥感摄影正是利用这一原理，通过比较左右视差的关系，来计算地面高差。

3）地面高差计算

设 A 点为已知地面起始点且航高为 H_a，C 点为所要求的地面点且航高

为 H_c，地面 C 点相对于 A 点的高差为 Δh_{c-a}，则

$$\Delta h_{c-a} = H_a \cdot \frac{P_c - P_a}{P_c} \tag{2.16}$$

用 $\Delta P_{c-a} = P_c - P_a$ 代入式(2.16)得

$$\Delta h_{c-a} = H_a \cdot \frac{\Delta P_{c-a}}{P_a + \Delta P_{c-a}} \tag{2.17}$$

式中，ΔP_{c-a}表示 c 像点相对起始点 a 像点的左右视差，称为左右视差角。

2.2.2　微波遥感与成像特征

在电磁波谱中，波长在 0.001～1 m 的波段范围称为微波。该范围内还可再划分为毫米波、厘米波和分米波。微波遥感指通过微波传感器获取从目标地物辐射或反射的微波辐射，经过判读处理来识别地物的技术。

微波遥感具有以下特点：

1）能全天候、全天时工作

可见光遥感只能在白天工作，红外遥感虽然可以克服夜障，但不能穿透云层。因此，当地表被云层遮盖时，无论是可见光还是红外遥感均无能为力。地球表面有 40%～60%的地区常年被云层覆盖，平均日照时间不足一半，尤其是占地表 3/5 的海洋上更是如此。

由于微波的波长比红外波要长得多，因而散射要小得多，所以与红外线相比，在大气中衰减较少，对云层、雨区的穿透能力较强，基本上不受烟、云、雨、雾的限制。所以说微波遥感具有全天候、全天时的能力。微波遥感的这一特点，对于经常有云，雨日较多的热带雨林地区显得尤为重要。

2）对某些地物具有特殊的波谱特征

许多地物之间，由于微波辐射差异较大，可以比较容易地分辨出可见光和红外遥感所不能区分的某些地物目标的特性。例如，在微波波段中，水的比辐射率为 0.4，而冰的比辐射率为 0.99，在常温下两者的亮度温度相差 100 K，很容易区分。而在红外波段，水的比辐射率为 0.96，冰的比辐射率为 0.92，两者之间的差异较小，不易区分开来。

3）对冰、雪、森林、土壤等具有一定的穿透能力

微波的穿透能力特性可用来探测隐藏在树林下面的地形、地质构造、军事目标，以及埋藏于地下的工程、矿藏和管线设施等。电磁波通过介质时，部分被吸收，强度要衰减。故将电磁波振幅减少 $1/e$ 倍（37%）的穿透深度定义为趋肤深度 H：

$$H = \frac{5.3 \times 10^{-3} \varepsilon^{1/2}}{\delta} \tag{2.18}$$

式中，ε 为地物的介电常数，δ 为地物的导电率。

此公式只适用于简单地表，当砂土含水时，其趋肤深度差异很大。波长为 1 m 的微波，在干燥的砂土中可穿透几十米，对冰层更是可穿透上百米。

4）对海洋遥感具有重要的意义

微波对海水特别敏感，其波长很适合于海平面监测，比如海面风和海浪等。海洋遥感技术的应用使得中尺度漩涡、大洋潮汐、极地海冰观测、海-气相互作用等的研究取得了新的进展。如气象卫星红外图像，直接记录了海面温度的分布，海流和中尺度漩涡的边界在红外图像上非常清晰。利用这种图像可直接测量出这些海洋现象的位置和水平尺度，进行时间系列分析和动力学研究，并逐渐形成一门新的海洋学科分支——卫星海洋学。

微波技术虽然在海洋遥感中发挥了重要的作用，但是，某些传感器的测量精度和空间分辨力还不能满足需要，很难做到定量测量；有的遥感资料不够直观，分析解译难度很大；传感器主要利用电磁波传递信息，穿透海水的能力较弱，很难直接获得海洋次表层以下的信息。因此，这些都还有待于微波传感器的进一步发展和遥感解译技术的成熟。

5）分辨率较低，但特性明显

微波传感器的分辨率一般都较低，这是因为其波长越长，衍射现象越显著，对微波成像的影响也越大。现实中，要提高微波成像的分辨率，就必须加大天线尺寸。其次，观测精度和取样速度往往不能协调。欲保证精度就需要有较长的积分时间，取样速度就要降低，通常是以牺牲精度来提高取样速度的。尽管红外波段的辐射量要比微波大几个数量级，但是由于微波的物理特

性，红外测量精度远不及微波，它们之间也要差几个数量级。但是总的来说，红外和微波遥感各有特点。

2.2.3　合成孔径侧视雷达

1. 概述

微波遥感按照传感器的工作原理可分为主动式和被动式两种。雷达就是一种主动式的微波遥感传感器，它有侧视雷达和全景雷达两种形式，在地学领域主要使用侧视雷达。

侧视雷达向遥感平台前进的垂直方向的一侧或两侧发射微波，再接收由目标反射或散射回来的微波信号。通过观测这些微波信号的振幅、相位、极化以及往返时间，就可以测定目标的距离和特性。

按照天线结构不同，侧视雷达可分为真实孔径侧视雷达和合成孔径侧视雷达。

2. 合成孔径侧视雷达原理

SAR 作为真实孔径雷达的“升级版”，其特点是在距离向上与真实孔径雷达相同，都采用脉冲压缩来实现高分辨率，在方向为上则通过 SAR 原理来实现。

SAR 基本思想是用一个小天线作为单个辐射单元，孔径为 D。将此单元沿一直线不断移动，在移动中选择若干个位置，在每个位置上发射一个信号，接收相应的发射位置返回的回波信号，并将回波信号的幅度连同相位一起储存下来。当辐射率单元移动一段距离后，把所有不同时刻接收到的回波信号消除因时间和距离不同引起的相位差，修正到同时接收的情况，就可以得到与天线阵列相同的效果。可以证明，合成孔径侧视雷达的方位分辨率是 $D/2$，这表明其方位分辨率与距离和波长无关，而且实际天线的孔径越小，方位分辨率越高，合成孔径侧视雷达的距离分辨率则与真实孔径雷达相同。此外，合成孔径侧视雷达的距离分辨率与方位分辨率都只取决于雷达本身，而与遥感平台无关。

§2.3　遥感图像处理

遥感图像表征了地物波谱辐射能量的空间分布，辐射能量的强弱与地物的某些特性相关。为了从遥感图像中提取出地物的专题属性信息，需要利用遥感影像的灰度信息。然而，地物在成像过程中受到许多因素的干扰，如大气传输、传感器系统的传输变换等，导致所获得的图像在强度、频率和空间方面出现退化，呈现对比度下降、边缘模糊等。为了使影像清晰、醒目、目标地物突出等，提高目视解译和计算机自动识别、解译和属性的分类等，常常需要对遥感图像的灰度进行处理，主要包括图像复原和图像增强两部分。

2.3.1 遥感图像复原

1. 遥感图像退化

遥感数据在获取的过程中，受地表物体大气传输特性、平台运动特性以及传感器系统等方面的影响，使得所获取的影像发生强度、频率及其空间的变化，出现对比度下降、边缘模糊、几何畸变等，称之为图像退化。

大气模糊退化：一方面，大气对波谱能量信息传输为低通滤波作用，经过大气滤波后源信号损失了部分高频分量，对比度下降；另一方面，大气湍流扰动使得局部范围内大气的折射率发生变化，导致图像对比度下降，边缘模糊。此外，大气对地面辐射能量的散射、吸收导致大气获得平均能量，使大气辐射作为背景附加于信号上一起传输到传感器，构成与信息无关的噪声。

传感器变换退化：传感器的退化因素来源于分光系统、光电转换、数字化等过程所引入的误差，包括频率失真效应、噪声效应、抽样误差和量化误差等。这种退化效应使图像对比度下降边缘模糊。

运载系统运动退化：传感器运载系统在扫描过程中出现了姿态、速度、高度等偏离正常状态的空间位移，传感器扫描镜速度随时间的变化，扫描器件受地球自转影响等因素，使图像的像元发生偏移，图像出现几何变形。

2. 遥感图像复原

针对遥感图像退化而进行的误差校正称为图像复原。与辐射量和几何变形相对应的复原方法主要包括几何校正、辐射校正和去除噪声。

1）几何校正

针对飞行器姿态（侧滚、俯仰、偏航、航高）、速度、地形起伏、地球表面曲率、大气折射、地球自转等因素造成的图像相对于地面目标的几何畸变，通常采用地面控制点(GCP)的精校正方法进行纠正。

① 地面控制点的选取

首先是选取合适的地面控制点个数。这是几何校正中最重要的一步，地面控制点对多项式系数进行限制。控制点的最少数目为 $(n+1)(n+1)/2$（n 为多项式的次数）。在实际工作中，在条件允许情况下，控制点数目大于最低数目很多(有时可达 6 倍)。

其次，地面控制点的选取要遵循以下要求：

A. 地面控制点应具有高对比度，即有明显的、清晰的定位识别标志；

B. 特征尺度较小；

C. 控制点上的地物不随时间变化，以使不同时段的两幅图像或地图上的同一控制点在几何校正时可以同时识别出来；

D. 所有的控制点处在同一高程，除非已考虑过地形起伏的影响。

地面控制点应当均匀地分布在整幅图像内，且要有一定的数量保证。控制点的精度和选取的难易程度与图像的质量、地物的特征及图像的空间分辨率密切相关，而控制点的数量、分布和精度直接影响着几何校正的效果。

② 多项式校正模型

常用的校正模型有多项式和共线模型两种。共线模型建立在对传感器成像时的位置和姿态进行模拟和解算的基础上，参数可以预测给定，也可根据控制点按最小二乘原理求解，进而可求得各像点的改正数，以达到校正的目的。共线模型严密且精确，但计算比较复杂，且需要控制点具有高程值，应用受到限制。多项式模型在实践中经常使用，因为它的原理直观、计算简单，特别是对地面相对平坦的图像具有足够高的校正精度。该模型对各类传感器的校正具有普遍适用性，不仅可用于图像、地图的校正，还常用于不同类型遥感图像之间的几何配准，以满足计算机分类、地物变化检测等处理的需要。

对于简单的旋转、偏移和缩放变形，可使用最基本的仿射变换模型进行校正：

$$\begin{cases} x = a_0 + a_1 X + a_2 Y \\ y = b_0 + b_1 X + b_2 Y \end{cases} \tag{2.19}$$

复杂的变形可使用多项式校正模型：

$$\begin{cases} x = a_0 + (a_1X + a_2Y) + (a_3X^2 + a_4XY + a_5Y^2) \\ \qquad + (a_6X^3 + a_7X^2Y + a_8XY^2 + a_9Y^3) + \cdots \\ y = b_0 + (b_1X + b_2Y) + (b_3X^2 + b_4XY + b_5Y^2) \\ \qquad + (b_6X^3 + b_7X^2Y + b_8XY^2 + b_9Y^3) + \cdots \end{cases} \tag{2.20}$$

当多项式模型的次数选定后，用选定的控制点坐标，按最小二乘法回归求得多项式系数 a_i、b_i。式中，x、y 为像素的图像坐标；X、Y 为同名地物点的地面（或标准图像或标准地图）坐标。

在使用多项式模型时应注意以下问题：

A. 多项式校正的精度与地面控制点的精度、分布和数量及校正的范围有关。地面控制点的精度越高、分布越均匀、数量越多，几何校正的精度就越高。

B. 采用多项式校正时，在地面控制点处的拟合较好，但在其他点的误差可能会较大。平均误差较小，并不能保证图像各点的误差都小。

C. 多项式阶数的确定，取决于对图像中几何形变程度的认识。并非多项式的阶数越高，校正精度就越高。但多项式的阶数越高，需要地面控制点的数量就越多，如三阶校正模型需要至少 10 个地面控制点。

③ 重采样

多项式校正后图像的像元在原始图像中分布是不均匀的，需要根据输出图像上各像元的位置和亮度值，对原始图像按一定规则重采样，进行空间和亮度值的插值计算。校正后的图像大小可以不同于原始图像，没有数据的部分一般赋 0 值。

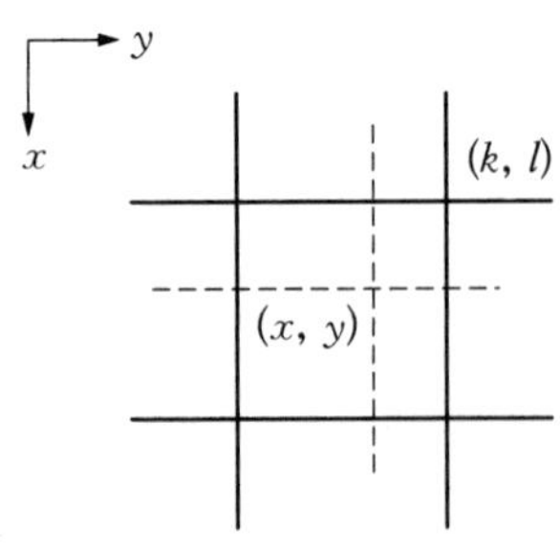

图 2.19　最近邻法

常用的重采样方法有最近邻方法、双线性内插法和三次卷积内插方法。

A. 最近邻方法

在待校正的图像中直接取距离最近的像素值为重采样值。

如图 2.19 所示，直接取与点 (x, y) 位置最近的像元 (k, l) 的灰度值为重采样值，即

$$\begin{cases} k = \text{Integer}(x + 0.5) \\ l = \text{Integer}(y + 0.5) \end{cases} \tag{2.21}$$

式中，Integer 为取整（不是四舍五入）。于是点(k, l)的灰度值 $g(k, l)$就作为点(x, y)的灰度值，即 $g(x, y) = g(k, l)$。

最近邻重采样算法简单，计算速度快，最大优点是保持了像素值不变，这种技术非常适用于新图像的分类。

B. 双线性内插法

对于图像中给定网格位置对应点的周边四个像素使用三次线性插值，得到两个插值点，然后在这两个插值点之间进行线性插值以获得满意的插值点。

双线性内插法的卷积核是一个三角函数，表达式为：

$$W(x) = 1 - |x| \tag{2.22}$$

式中，$0 \leqslant |x| \leqslant 1$。可以证明该函数作卷积核与用 sin 函数作卷积核有一定的近似性。如图 2.20 所示，任意像点 $p(x, y)$位于四个像元 $p_{i,j}$，$p_{i,j+1}$，$p_{i+1,j}$，$p_{i+1,j+1}$ 之间，则双线性内插得其灰度为：

$$\begin{aligned} g(x, y) = &(1-\mathrm{d}x)(1-\mathrm{d}y)g_{i,j} + \mathrm{d}x(1-\mathrm{d}y)g_{i,j+1} \\ &+ (1-\mathrm{d}x)\mathrm{d}y g_{i+1,j} + \mathrm{d}x\mathrm{d}y g_{i+1,j+1} \end{aligned} \tag{2.23}$$

式中，$\begin{cases} \mathrm{d}x = x - \text{Integer}(x) \\ \mathrm{d}y = y - \text{Integer}(y) \end{cases}$。

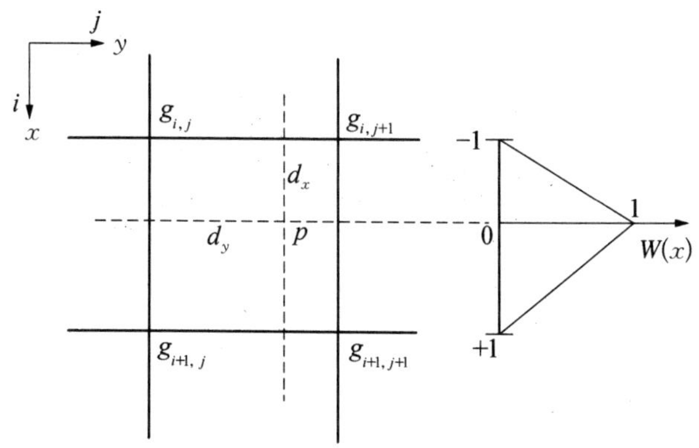

图 2.20　双线性内插值法

该方法简单且具有较高的精度。其缺点是此方法具有低通滤波的性质，会损失图像中的一些边缘或线性信息，导致图像模糊。

C. 三次卷积内插方法

三次卷积内插是进一步提高内插精度的一种方法，其基本思想是增加邻点来获得最佳插值函数。其方法是利用周边 16 个像素，应用三次多项式对这些像素确定的四条线对进行拟合以形成 4 个插值点，然后利用五个三次多项式对这四个插值点进行拟合，最终合成在显示网格对应位置的亮度值。

理论上，三次卷积内插方法的最佳插值函数是辛克函数：

$$W(x)=\begin{cases}1-2x^2+|x^3| & ,\quad 0\leqslant|x|<1\\ 4-8|x|+5x^2-|x|^3 & ,\quad 1\leqslant|x|<2\\ 0 & ,\quad 2\leqslant|x|\end{cases}\tag{2.24}$$

此时需要 16 个原始像素参加计算（图 2.21），则

$$g(x,\ y)=g_{y,\,x}=\sum_{i=1}^{4}\sum_{j=1}^{4}W_{ij}g_{ij}\tag{2.25}$$

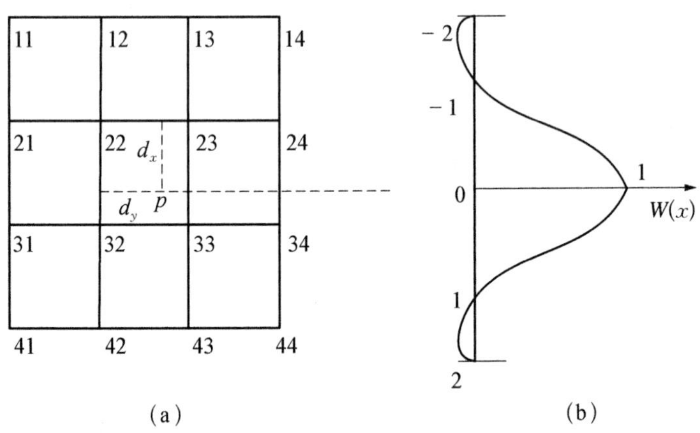

图 2.21　三次卷积内插法

该方法精度最高，产生的图像比较平滑，缺点是计算量很大。

2）辐射校正

辐射强度主要受到太阳辐射照射到地面的辐射强度和地物的光谱反射率

的影响而出现辐射畸变。相应的辐射校正方法步骤包括传感器校正、大气校正以及太阳高度和地形校正。

① 传感器校正

传感器的辐射校正主要校正的是由于传感器灵敏特性变化而引起的辐射失真，包括对光学系统特性引起的失真校正和对光电转换系统特性引起的失真校正。

A. 对光学系统特性引起的失真校正

在使用透镜的光学系统中，由于透镜光学特征的非均匀性，在其成像平面上存在着边缘部分比中间部分暗的现象，称为边缘减光。

如图 2.22 所示，如果光线以平行于主光轴的方向通过透镜到达摄像面 o 点的光强度为 E_o，与主光轴成 θ 视场角的摄像面点 p 的光强度为 E_p，则

$$E_p = E_o \cos^4\theta \qquad (2.26)$$

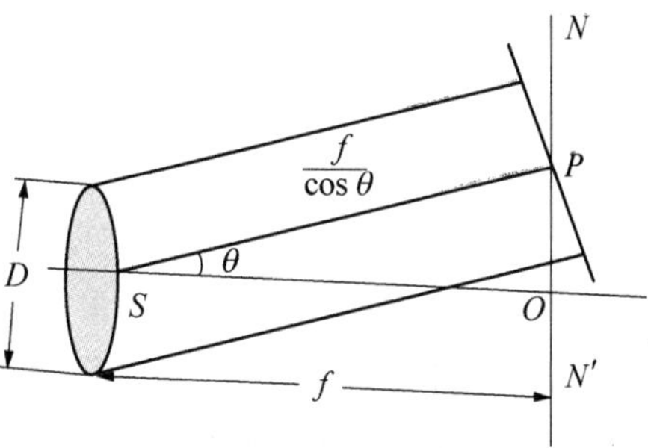

图 2.22 镜头的辐射畸变

B. 对光电转换系统特性引起的失真校正

在扫描方式的传感器中，传感器接收系统收集到的电磁波信号需经光电转换系统变成电信号记录下来，这个过程也会引起辐射量的误差。由于这种光电转换系统的灵敏度特性通常有很高的重复性，所以可定期地在地面上测量特征，根据测量值进行辐射畸变校正。

② 大气校正

太阳光在到达地面目标之前，大气会对其产生吸收和散射作用，同时来自目标地物的反射光和散射光在到达传感器之前也会被吸收和散射。大气对光学遥感的影响十分复杂。学者们试着提出了不同的大气校正模型来模拟大气的影响，但是对于任何一幅图像，由于对应的大气数据永远是变化的且难以得到，因而应用完整的模型校正每个像元是不可能的。通常可行的一个方法是从图像本身来估计大气参数，然后以一些实测数据，反复运用大气模拟模型来修正这些参数，实现对图像数据的校正。另外，可以利用辐射传递方程进行大

气校正，也可以利用地面实况数据进行大气校正。

③ 太阳高度和地形校正

为了获得每个像元真实的光谱反射，经过传感器和大气校正的图像还需要更多的外部信息进行太阳高度和地形校正。通常这些外部信息包括大气透过率、太阳直射辐射光辐射度和瞬时入射角（取决于太阳入射角和地形）。理想情况下，大气透过率应当在获取图像的同时进行实地测量，但是对于可见光，在不同的大气条件下，可以进行合理的预测。

太阳高度角引起的畸变校正正是将太阳光线倾斜照射时获取的图像校正为太阳光线垂直照射时获取的图像，通过调整一幅图像内的平均灰度来实现。

倾斜的地形，经过地表散射、反射到传感器的太阳辐射量会依赖倾斜度而变化。进行地形校正就是把倾斜面上获得的图像校正到平面上获取的图像。因此需要用到相应地区的 DEM 数据，以计算每个像元的太阳瞬时入射角。

3）去除噪声

噪声是传感器引入数据的无效信号，它是传感器输出的变量，会干扰从图像中提取地物信息的能力。图像噪声会以各种形式出现，而且很难模型化。由于这些原因，许多去噪技术非常特殊。

① 全局噪声

全局噪声由每个像元亮度的随机变量确定。低通空间滤波器能够去除这样的噪声，特别是在相邻像元不相关的情况下通过平均化相邻像元可以去除。遗憾的是，图像中没有噪声的部分，例如信号，也会被减弱，这是由于信号内在的空间相关而决定的。更复杂的能够同时保持图像锐化信息并抑制噪声的算法称为边缘保持算法。

② 局部噪声

局部噪声是指单个坏像元和环线，主要由数据传输过程丢失、探测器的突然饱和或电子系统问题造成。去除局部噪声一般需要两个步骤：噪声像元的检测和用期望较好的像元替代它。

③ 周期噪声

全局周期噪声（有时又称一致性噪声）在整个图像中表现为重复性的虚假模式且具有一致性，来源于数据传输或接收系统中的电子干扰及探测像元的定标差异。周期噪声可以通过设置傅里叶幅度去除。

④ 探测器条纹

在摆扫扫描器图像中，不一致的探测元件灵敏性和其他电子因素会导致扫描线之间出现条纹。探测元件条纹的校正称为去条纹，它需要在几何校正前进行，此时数据列阵仍与扫描方向一致。

2.3.2　遥感图像增强

当一幅图像的目视效果不太好，或者有用的信息不够突出时，就需要作图像增强处理。例如，图像对比度不够，或者希望看清楚的某些边缘不清晰，就可以用计算机图像处理技术来改善图形质量。常用的方法主要有对比度变换、空间滤波、图像运算和彩色变换等。

1. 对比度变换

对比度变换是通过改变图像像元的亮度值来改变图像像元对比度，从而改善图像质量的图像处理方法。因为亮度值是辐射强度的反映，所以对比度变换又称为辐射增强。常用的方法有线性变换和非线性变换。

1）线性变换

为了改善图像的对比度，必须改变图像像元的亮度值，并且这种改变须符合一定的数学规律，即在运算过程中有一个变换函数。如果变换函数是线性的或分段线性的，这种变换就是线性变换（图 2.23）。线性变换是图像增强处理中最常用的方法。

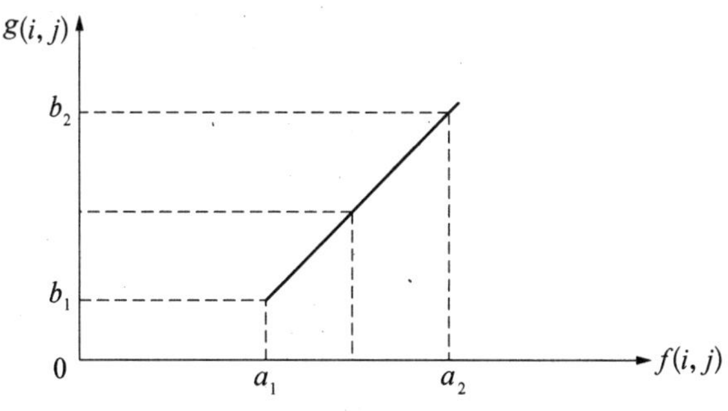

图 2.23　线性变换

有时为了更好地调节图像的对比度,需要在一些亮度段拉伸,而在另一些亮度段压缩,这种变换称为分段线性变换(图 2.24)。

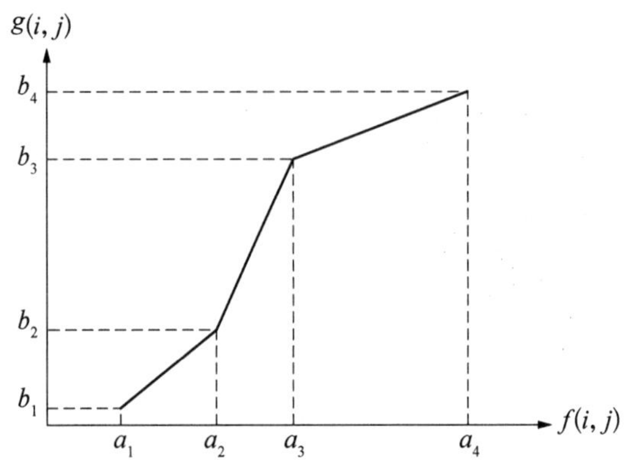

图 2.24 分段线性变换

2) 非线性变换

当变换函数是非线性时,即为非线性变换。非线性变换的函数很多,常用的有指数变换(图 2.25a)和对数变换(图 2.25b)。

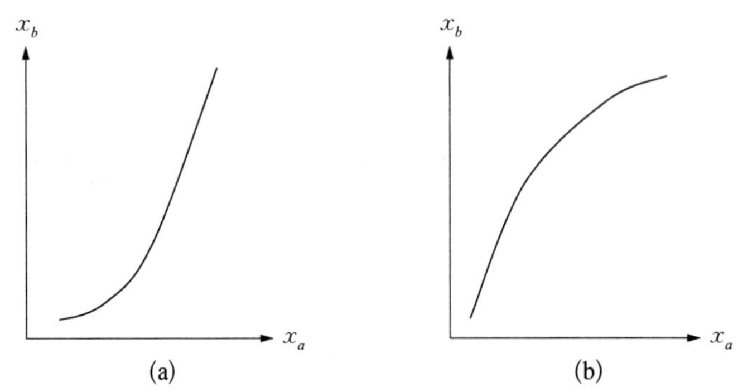

图 2.25 非线性变换,(a)为指数变换,(b)为对数变换

指数变换的变换函数,其意义是在亮度值较高的部分扩大亮度间隔,属于拉伸;而在亮度值较低的部分缩小亮度间隔,属于压缩。对数变换的变换函数与指数变换相反,是在亮度值较低的部分拉伸,而在亮度值较高的部分压缩。对数变换和指数变换根据遥感应用的目的不同而有不同的选择应用范围。

2. 空间滤波

对比度变换的辐射增强是通过单个像元的运算，从整体上改善图像的质量。而空间滤波则是以重点突出图像上的某些特征为目的，如突出边缘和纹理等。空间滤波主要包括平滑和锐化两种。

1）平滑

当图像中出现某些亮度变化过大的区域，或出现不该有的亮点，以及“噪声”时，常采用平滑的方法使其减小变化，使亮度平缓或去掉不必要的“噪声”点。

均值平滑：将每个像元在以其为中心的邻域内取平均值来代替该像元值。

中值滤波：将每个像元在以其为中心的邻域内取中间亮度值来代替该像元值。

一般来讲，图像亮度为阶梯状变换时，均值平滑效果要优于中值滤波；而对于突出亮点的噪声信息干扰，中值滤波效果要优于均值平滑。

2）锐化

对图像边缘、线状目标或某些亮度变化率大的部分进行突出的处理方法，称为锐化。常用的锐化方法有罗伯特梯度、索伯尔梯度、拉普拉斯算子和定向检测等。

罗伯特梯度：通过利用交叉方法检测出像元与其领域之间的差异，并形成梯度影像。

索伯尔梯度：作为改进的罗伯特梯度方法，索伯尔梯度较多地考虑了邻域点的关系，窗口由 2×2 扩大到 3×3，使检测边界更加精确。

拉普拉斯算子：通过检测均匀变化率的变化率，使得计算出的图像更加突出亮度值突变的位置，加大了边界位置的对比度。

定向检测：当有目的地检测某一方向的边、线或纹理特征时，即称为定向检测，通常包括垂直、水平边界和对角线检测。

3. 彩色变换

1）多波段色彩变换

多波段色彩变换的对象是同一景物的多光谱图像。对于多波段遥感图像，选择其中的某三个波段分别赋予红(R)、绿(G)、蓝(B)三种原色，即可在屏幕上合成彩色图像(图 2.26),采用 RGB 色彩模型进行色彩显示。由于三个波段原色的选择是根据增强目的决定的,与原来波段的真实颜色不同,因此合成的彩色图像并不表示地物的真实颜色,这种合成方法称为假彩色合成。

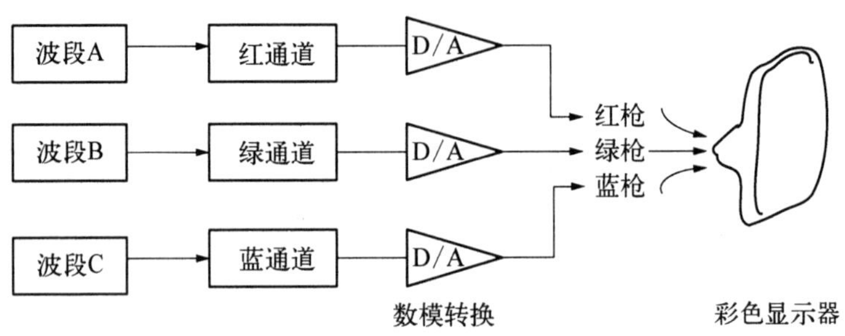

图 2.26　多波段色彩变换原理

2) HLS 变换

HLS(Hue, Lightness, Saturation)分别代表色调、明度和饱和度。这种模式可以用近似的颜色立体来定量化。颜色立体曲线锥形改成上下两个六面金字塔状,环绕垂直轴的圆周代表色调(H),以红色为 0°,逆时针旋转,每隔 60°改变一种颜色并且数值增加 1,一周(360°)范围恰好有 6 种颜色,顺序为红、黄、绿、青、蓝、品红。垂直轴代表明度(L),取黑色为 0,白色为 1,中间位 0.5。从垂直轴向外沿水平面的发散半径代表饱和度(S),与垂直轴相交处为 0,最大饱和度为 1。根据这一定义,对于黑白色或灰色,即色调 H 无定义,饱和度 S=0。当色调处于最大饱和度时 S=1,这时 L=0.5。

通过对明亮度 L、饱和度 S 和色调 H 的计算,可以把 RGB 色彩模式转换为 HLS 模式,这两种模式的转换对于定量地表示色彩特性,以及在应用程序中实现两种表达式的转换具有重要意义。

4. 图像运算

两幅或多幅单波段影像,完成空间配准后,通过一系列运算,可以实现图像增强,达到提取某些信息或者去掉某些不必要的信息的目的。

1) 加法运算

加法运算是指两幅相同大小的图像对应像元的灰度值相加。相加后像元的值若超出了显示设备允许的动态范围,则需乘一个正数,以确保数据值在设备的动态显示范围之内。

设加法运算后的图像为 $f_C(x, y)$，两幅图像为 $f_1(x, y)$ 与 $f_2(x, y)$，则

$$f_C(x, y) = a[f_1(x, y) + f_2(x, y)] \tag{2.27}$$

加法运算主要用于对同一区域的多幅图像求平均，可以有效地减少图像的加性随机噪声。

2）差值运算

差值运算是指两幅相同大小的图像对应像元的灰度值相减。相减后像元的值有可能出现负值，找到绝对值最大的负值，给每一个像元的值都加上这个绝对值，使所有像元的值都为非负数；再乘以某个正数，以确保像元的值在显示设备的动态显示范围内。

设差值运算后的图像为 $f_D(x, y)$，两幅图像为 $f_1(x, y)$ 与 $f_2(x, y)$，则

$$f_D(x, y) = a\{[f_1(x, y) - f_2(x, y)] + b\} \tag{2.28}$$

差值图像提供了不同波段或者不同时相图像间的差异信息，能用在动态监测、运动目标检测与追踪、图像背景消除及目标识别等工作。

3）比值运算

两幅同样行、列数的图像，对应像元的亮度值相除就是比值运算，即

$$F_E(x, y) = \text{Integer}\left[a\,\frac{f_1(x, y)}{f_2(x, y)}\right] \tag{2.29}$$

比值运算可以检测波段的斜率信息并加以扩展，以突出不同波段间地物光谱的差异，提高对比度。

2.3.3　多源遥感数据融合

传统的单一传感器的影像数据已不能满足巨大的需要，应该与空间、时间、光谱等方面的数据一起构成多源数据。这就需要对多源遥感数据进行融合，充分发挥各种传感器影像自身的特点，从而得到更多的信息。

1. 融合概念

遥感数据融合是一种通过高级图像处理技术来复合多源遥感影像的技

术，其目的是将单一传感器的多波段信息或不同类型传感器所提供的信息加以综合及互补，消除多传感器信息之间可能存在的数据冗余，降低其不确定性，减少模糊度，以增强影像中心透明度，改善解译的精度、可靠性和使用率。

目前，遥感影像数据融合可分为三个层次，即像元级、特征级和符号级。像元级融合的作用是增强图像中有用的信息成分，以便改善分割和特征提取等处理中的效果；特征级融合使得能够以较高的置信度来提取有用的影像特征；符号级融合允许来自多个数据源的信息在最高抽象层次上被有效利用。在不同的融合层次上有着不同的方法。

2. 遥感信息融合

多源遥感信息复合就是指多平台、多传感器、多时相遥感数据之间以及与非遥感数据之间的信息匹配组合，进行综合分析的技术。其中最重要的遥感信息复合方法包括以下三类：

1）多时相遥感数据符合

遥感图像的多时相复合又称时间鉴别分析或时间间隔遥感技术。在观测研究地物的类型变化、移动或轮廓的变化等动态信息时，要把不同时相的遥感图像综合在一起，进行分析和处理。首先要解决不同时相遥感图像的几何纠正与位置配准问题，使各幅图像具有同一控制点、坐标系统和比例尺；然后进行复合。多时相遥感数据复合的常用方法主要有光学合成法、影像差值法、影像比值法和分类比较法等。

2）不同传感器遥感图像复合

不同类型的传感器所获得的图像有不同的特点，相互复合可以得到更丰富的信息。例如多光谱图像与雷达图像复合、SPOT 与 Landsat 图像复合等。复合的图像可以在遥感应用中充分发挥作用，既能得到较高的空间分辨率，又能得到较丰富的光谱特征信息。

3）遥感数据与地理数据的复合

遥感数据是以栅格形式存储的 8 位二进制码，而地理数据则是按照一定的地学规律，以多等级、多量纲的形式根据各自的统计特征来反映下垫面的自然状况。地理数据按照一定的数学模式和地理网格系统对地理数据加以编码和量化以及几何纠正与配准就可与遥感数据复合。复合后的数据不仅具有丰富的遥感图像波谱信息，而且还可以清晰地显示出地形、植被、水体、居住用地、工业用地等专题信息等地理数据，使结果具有更高的可靠性和精确性。

3. 融合方法

迄今为止，多源遥感数据的融合方法主要是在像元级和特征级上进行的。常用的融合方法有以下几种：

IHS 融合法：是 Intensity，Hue，Saturation 的简称。应用范围较广。例如，一个低分辨率三波段图像与一个高分辨率单波段图像进行融合，获得的高分辨率彩色图像既具有较高空间分辨率，同时又具有与影像相同的色调和饱和度。

K－L 变换融合法：通过将低分辨率的图像作为输入分量进行主成分分析，而将高分辨率图像拉伸使其具有与第一主成分相同的均值和方差，然后用拉伸后的高分辨率影像代替主成分变换的第一分量进行逆变换，因此有时又称主成分分析法。融合后的新图像目标细部特征更加清晰，光谱信息更加丰富。

高通滤波融合法：将高分辨率融合图像中的边缘信息提取出来，加入到低分辨率高光谱图像中。首先，通过高通滤波器提取高分辨率图像中的高频分量，然后将高通滤波结果加入到高光谱分辨率的图像中，形成高频特征信息突出的融合影像。

小波变换融合法：利用离散的小波变换，将 N 幅待融合的图形的每一幅分解成 M 幅子图像，然后在每一级上对来自 N 幅待融合图像的 M 幅子图像进行融合，得到该级的融合图像。在得到所有 M 级的融合图像后，实施逆变换得到融合结果。

多源遥感数据融合作为一门新兴的技术，具有十分广阔的应用前景。但同时也面临着一系列问题，例如，缺乏统一的数据融合模型，不同模型之间难以转换，现有数据融合评价标准过于简单、缺少灵活性等。这些都是今后遥感数据融合研究的重点。

§ 2.4　遥感图像解译

遥感图像解译是从遥感图像上获取目标地物信息的过程，可以分为目视解译和计算机解译两类。

2.4.1 遥感图像的目视解译

目视解译，又称目视判读，是指专业人员通过直接观察或借助辅助判读仪器在遥感图像上获取特定目标地物信息的过程。

1. 解译标志

目视解译是从遥感图像中获取所需要的地学专题信息，也就是目标地物特征，主要有色调、颜色、阴影、形状、纹理、大小、位置、图形、相关布局等。在众多目标地物的特征中，归纳起来包括：

色：指目标地物在遥感影像上的颜色，主要包括目标地物的色调、颜色和阴影等；

形：指目标地物在遥感影像上的形状，包括目标地物的形状、纹理、大小、图形等；

位：指目标地物在遥感影像上的空间位置，包括目标地物分布的空间位置和相关布局等。

目视解译是依据影像信息特征进行的，这些特征即为影像的解译标志。上述众多的遥感图像目标地物的解译标志可以系统地分为：

直接解译标志：指能够直接反应和表现目标地物信息的遥感图像的各种特征，包括遥感影像上的色调、色彩、大小、形状、阴影、纹理、图形等。专业人员利用直接解译标志可以直观地识别遥感影像上的目标地物。

间接解译标志：指能够间接反映和表现目标地物信息的遥感图像的各种特征，借助它可以推断与某种地物属性相关的其他地物。常用的间接解译标志主要有目标地物与其相关指示特征、地物与环境的关系、目标地物与成像时间的关系等。

2. 目视解译方法

常用的目视解译方法包括：

直接判读法：指根据遥感影像目视解译的直接标志，来确定目标地物属性与范围的一种方法。

对比分析法：包括地物对比分析法、空间对比分析法和时相动态对比分析法等。同类地物对比分析法是在同一景遥感影像上，由已知地物推断出未知目标地物的方法。

信息复合法：指利用透明专题图或者透明的地形图与遥感图像复合，根据专题图或者地形图提供的多种辅助信息，识别遥感图像上目标地物的方法。

综合推理法：指综合考虑遥感影像多种解译特征或综合生活常识，分析推断某种地物目标的方法。

地理相关分析法：指根据地理环境中各地理要素之间的相互依存、相互制约的关系，借助专业知识，分析推断某种地理要素性质、类型、状况与分布的方法。

3. 微波遥感影像的目视解译

由于雷达波束是侧视的，微波不可见，因此微波雷达影像不同于常规的影像，其判读方法和技术亦不同于光学遥感影像。常用的微波影像解译方法包括：

推理法：利用有关资料熟悉解译区域，有条件时可以拿微波影像到实地去调查，从宏观特征入手，对需要判读的内容，可以把微波影像与专题图结合起来，反复对比目标地物的影像特征，建立地物解译标志，在此基础上完成对微波影像的解译。

投影纠正法：通过与 TM 或 SPOT 等影像进行信息复合，构成假彩色图像，利用 TM 或 SPOT 等影像增加辅助解译信息，进行微波影像解译，例如利用 SAR 与 TM 复合对洪水进行监测。

高差法：利用同一航高的侧视雷达在同一侧对同一地区两次成像，或者利用不同航高的侧视雷达在同一侧对同一地区两次成像，获得可产生视差的影像，对微波影像进行立体观察，获取不同地形或高差。

2.4.2　遥感图像的计算机解译

计算机解译是以计算机系统为支撑环境，利用模式识别与人工智能技术相结合，根据遥感图像中目标地物的各种影像特征（颜色、纹理、空间位置），结合专家知识库目标地物的解译经验和成像规律等知识进行分析和推理，实现对遥感图像的理解，完成遥感图像的解译。尽管近年来计算机技术和人工智能发展迅猛，目前计算机自动解译仍然无法取代目视解译。

遥感图像计算机分类的主要依据是地物的光谱特征，这是一种基于概率统计方法的图像识别方法，可分为监督分类和非监督分类(图 2.27)。

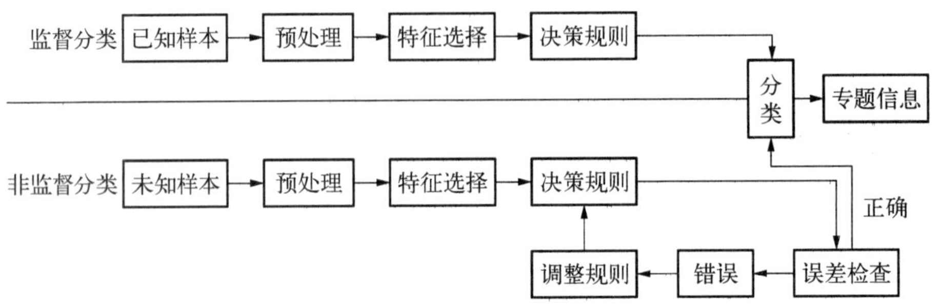

图 2.27 监督分类和非监督分类流程

1. 监督分类

监督分类包括利用训练区样本建立判别函数的学习过程和把待分像元带入判别函数进行判别的过程。监督分类对训练场地的选取具有一定的要求：第一，训练场地所包含的样本在种类上要与待分区域的类别一致；第二，训练样本的数目应该能够提供各类足够的信息和克服各种偶然因素的影响。

常用的监督分类的方法包括：

1）最小距离分类法

最小距离分类法是以特征空间中的距离作为像元分类的依据，包括最小距离判别法和最邻近域分类法。

最小距离判别法要求对遥感图像中每一个类别选一个具有代表性的统计特征量(均值)，首先计算待分像元与已知类别之间的距离，然后将其归属于距离最小的一类中去。最近邻域分类法是最小距离判别法的改进方法，首先计算待分像元到每一类中每一个特征统计量的距离，其次取其中最小的一个距离作为该像元到该类别的距离，最后比较该待分像元到所有类别间的距离，将其归属于距离最小的一类。

最小距离分类法原理简单，分类精度不高，但是计算速度快，可以在快速浏览分类概况时使用。

2）最大似然比分类法

最大似然比分类法是经常使用的监督分类方法之一。它是通过求出每个像元对于各类别的归属概率，把该像元分到归属概率最大的类别中的方法。最大似然比分类法假定训练区地物的光谱特征和自然界大部分随机现象一样，近似于正态分布。利用训练区可求出均值、方差、协方差等特征参数，从而可求出总体的先验概率密度函数。当总体分布不符合正态分布时，其分类可靠性下降，这种情况下不宜采用最大似然比分类法。

最大似然比分类法在多类别分类时，常采用统计学方法建立起一个判别函数集，然后根据这个判别函数集计算各个待分像元的归属概率。当各类别的方差、协方差矩阵相等时，归属概率变成线性判别函数，如果类别的先验概率也相同，此时可以根据欧氏距离建立线性判别函数。特别是当协方差矩阵取为单位矩阵时，最大似然判别函数退化为采用欧氏距离建立的最小距离判别法。

此外，还有多级切割分类法和特征曲线窗口法等监督分类方法。

2. 非监督分类

非监督分类的前提是假定遥感影像上同类地物在同样条件下具有相同的光谱信息特征。非监督分类方法不必对影像地物获取先验知识，仅仅依靠地物影像上的光谱特征信息或纹理特征信息进行提取，并统计特征的差异来达到分类的目的，最后对已分出的各个类别的是属性进行确认。非监督分类主要采用聚类分析法。聚类是把一组像素按照相似性归为若干类别，其目的是使得属于同一类别的像素之间的距离尽可能的小，而不同类别之间的距离尽可能的大。具体包括以下两种方法：

1）分级集群法

当同类物体聚集分布在一定的空间位置上，它们在同样条件下应该具有同样的光谱特征信息，这时其他类别的物体应聚集分布在不同的空间位置上。由于不同地物的辐射特性不同，反映在直方图上会出现很多峰值及其对应的一些众数灰度值。分级集群法采用距离评价各样本在空间分布的相似程度，把它们的分布分割或合并成不同的集群。每个集群的地理意义需要根据地面调查或者与已知类型的数据比较后方可确定。

2）动态聚类法

在初始状态给出图像初步的分类，然后基于一定原则在类别之间重新组合样本，直到分类比较满意为止，这种聚类方法就是动态聚类。迭代自组织数据分析技术方法在动态聚类法中具有代表性。

首先，按照某个原则选择一些初始聚类中心。在实际操作中，要把初始聚类数设得大一些，同时引入各种对迭代次数进行控制的参数。其次，计算像元与初始聚类中心的距离，把该像素分配到最近的类别中。最后，计算并改正重新组合的类别中心，如果重新组合的像元数在最小允许值以下，则可以将该类别取消，并使总数减 1。迭代过程中类别总数是可变的，动态聚类法中类别可以合并或分裂。

3. 优缺点

监督分类和非监督分类的根本区别在于是否利用训练场地来获取先验的类别知识。监督分类根据训练场地提供的样本选择特征参数，建立判别函数，对待分类点进行分类。因此，训练场地选择是监督分类的关键。对于不熟悉的区域情况的人来讲，选择足够数量的训练场地会带来很大的工作量，操作者需要将相同比例尺的数字地形图叠在遥感影像上，根据地形图上的已知地物类别圈定分类用的训练场地。由于训练场地要求有代表性，有时这些还不易做到，这就是监督分类的不足之处。

相比之下，非监督分类不需要更多的先验知识，它根据地物的光谱的统计特性进行分类。因此，非监督分类方法简单，且分类具有一定的精度。严格地讲，分类效果的好坏需要经过实际调查来检验。当光谱特征能够与唯一的地物类别（通常指水体、不同植被类型、土地利用类型、土壤类型等）相对应时，非监督分类可取得较好的分类效果。但是当两类地物类型对应的光谱特征类差异较小时，非监督分类效果不如监督分类效果好。

第3章

遥感技术用于火山灰云监测的方法研究 »»»

§3.1 基础理论

3.1.1 主成分分析

1. 概述

PCA的基本思想是通过线性变换技术找出一组最优的单位正交向量基(又称为主成分),并根据这些单位正交向量基的线性组合来重构样本数据,使得重构的样本和原始样本之间的均方差最小。目的是利用降维思想将数据从原来的 R 维空间投影到 M 维空间($R>M$),降维后的数据能够保留原数据中的绝大部分信息。PCA在变换过程中始终保持变量总方差不变,其中,第一变量具有最大的方差,称为第一主成分(PC1),第二变量的方差次之,称为第二主成分(PC2)。依次类推,第 i 个变量就有第 i 个主成分(PCi)。这些主成分之间既互不相关,又尽可能多地保留原始变量的信息。

假设 x 为均值为零的 m 维随机变量,即 $E[x]=0$。令 ω 为 m 维单位向量,x 为其投影,则该投影就被定义为单位向量 x 和 ω 的内积,即

$$Y=\sum_{k=1}^{n}\omega_k\cdot x_k=\omega^{\mathrm{T}}\cdot x \tag{3.1}$$

同时,式(3.1)还要满足 $\|\omega\|=(\omega^{\mathrm{T}}\omega)^{\frac{1}{2}}=1$。

PCA就是从中找出一个权值向量 ω,这个 ω 能够使表达式 $E[y^2]$ 的值最大,即

$$E[y^2]=E[(\omega^{\mathrm{T}}\cdot x)^2]=\omega^{\mathrm{T}}\cdot E[x\cdot x^{\mathrm{T}}]\omega=\omega^{\mathrm{T}}\cdot C_x\omega \tag{3.2}$$

根据线性代数理论，$E[y^2]$值最大时还应满足如下条件：

$$C_x \cdot \omega_j = \lambda_j \omega_j, \quad j = 1, 2, \cdots, m \tag{3.3}$$

于是当式(3.3)的值最大化时的向量 ω 就是矩阵 C_x 的最大特征值所对应的向量。

2. 主成分分析算法

(1) 原始数据标准化处理：$x_i = \dfrac{X_i - \overline{X}_i}{S_i}$。

(2) 计算相关系数矩阵：$R = \begin{bmatrix} r_{11} & r_{12} & \cdots & r_{1p} \\ r_{21} & r_{22} & \cdots & r_{2p} \\ \vdots & \vdots & & \vdots \\ r_{p1} & r_{p2} & \cdots & r_{pp} \end{bmatrix}$。$r_{ij}(i, j = 1, 2, \cdots, p)$ 为原始变量 x_i 与 x_j 的相关系数，$r_{ij} = r_{ji}$，且 $r_{ij} = \dfrac{\sum_{k=1}^{n}(x_{ki} - \bar{x}_i)(x_{kj} - \bar{x}_j)}{\sqrt{\sum_{k=1}^{n}(x_{ki} - \bar{x}_i)^2 \sum_{k=1}^{n}(x_{kj} - \bar{x}_j)^2}}$。

(3) 计算特征值与特征向量

① 解特征方程 $|\lambda_i - R| = 0$，常用雅可比法(Jacobi)求出特征值，并按照 $\lambda_1 \geqslant \lambda_2 \geqslant \cdots \geqslant \lambda_p \geqslant 0$ 的顺序进行排列；

② 分别求出对应于特征值 λ_i 的特征向量：$e_i(i = 1, 2, \cdots, p)$，$\sum_{j=1}^{p} e_{ij}^2 = 1$，即 $\| e_i \| = 1$，e_{ij} 为向量 e_i 的第 j 个分量；

③ 分别计算主成分的贡献率和累计贡献率，主成分 i 的贡献率为 $\dfrac{\lambda_i}{\sum_{k=1}^{p}\lambda_k}(i = 1, 2, \cdots, p)$，累计贡献率为 $\dfrac{\sum_{k=1}^{i}\lambda_k}{\sum_{k=1}^{p}\lambda_k}(i = 1, 2, \cdots, p)$。其中，$\lambda_1$、$\lambda_2$、…、$\lambda_p$ 对应第 1、2、…、$m(m \leqslant p)$ 个主成分；

(4) 计算主成分载荷：$l_{ij} = p(z_i, x_j) = \sqrt{\lambda_i} e i_j (i, j = 1, 2, \cdots, p)$，于

是最终得到各个主成分为：$Z=\begin{bmatrix} z_{11} & z_{12} & \cdots & z_{1m} \\ z_{21} & z_{22} & \cdots & z_{2m} \\ \vdots & \vdots & & \vdots \\ z_{n1} & z_{n2} & \cdots & z_{nm} \end{bmatrix}$。

此外，为了更好地理解PCA定义，本书以含有N个波段的原始遥感数据（遥感图像）为例，接下来，将详细阐述从原始遥感图像到主成分图像的转换过程。

主成分图像与遥感图像具有如下关系：

$$\mathrm{PCI}=E\cdot B=E\cdot\begin{bmatrix} b_{11} & b_{12} & \cdots & b_{1m} \\ b_{21} & b_{22} & \cdots & b_{2m} \\ \vdots & \vdots & & \vdots \\ b_{n1} & b_{n2} & \cdots & b_{nm} \end{bmatrix}=E\cdot\begin{bmatrix} B_1 \\ B_2 \\ \vdots \\ B_n \end{bmatrix} \tag{3.4}$$

式中，PCI为主成分图像，一共具有N个主成分图像，每个图像包括m个水平像素点，E为$M\times N$转换矩阵，B为包含m个水平像素点的N个原始图像波段数，矩阵B中的每一行矢量表示一个波段的图像。

矩阵B的协方差矩阵S可以表示为：

$$S=\frac{1}{m-1}\sum_{t=1}^{m}(B(t)-B)(B(t)-B)^{\mathrm{T}} \tag{3.5}$$

式中，$B=(B_1,B_2,\cdots,B_n)^{\mathrm{T}}$，$B_i$为第$i$波段的平均值，$B_i=\frac{1}{m}\sum_{t=1}^{m}b_{it}$。

随后，求解特征方程$(\lambda_I-S)E=0$，将特征值λ按照从小到大的顺序排列，求出对应特征值的单位特征向量e_i，以e_i的列构成矩阵E'，其中E'矩阵的转置矩阵E即为所求的转换矩阵。于是，当主成分图像个数与输入的原始遥感图像波段数目相等时，主成分图像与原始遥感图像的转换关系为$\{PCI_i=e_iB=e_{i1}B_1+e_{i2}B_2+\cdots+e_{in}B_n\}$，$i\in(1,2,\cdots,n)$。其中，PCI1为方差最大的图像，最大限度地包含了各个原始光谱波段图像的共性。PCIn为第N个主成分图像，经过主成分分析将原始遥感图像的噪声集中在该主成分图像中。介于两者之间的其余主成分图像则最大限度地强调了各个原始光谱波段图像之间的差别，而这种差别在单一原始光谱波段图像中是不可见的。因此，通过分析各个主成分图像与原始遥感图像之间的线性组合关系，能够形象地解释不同主成分图像之间的物理意义。

3.1.2 独立分量分析

1. 概述

1) 多元数据的线性表示

多元数据的线性表示是指利用线性函数来对多元数据进行转换，使其数据结构变得更加清晰易懂。假设一组观测数据 $x_i(t)$，其中，$i \in (1, 2, \cdots, m)$，$t \in (1, 2, \cdots, \mathrm{T})$，维数 m 和 T 的数目有可能非常大。利用线性关系将 m 维数据映射到 n 维空间中，通过变换揭示出原来隐藏在观测数据中的成分 y_i。于是，成分 y_i 就表示成为一组观测变量的线性组合：

$$\begin{bmatrix} y_1(t) \\ y_2(t) \\ \vdots \\ y_n(t) \end{bmatrix} = W \begin{bmatrix} x_1(t) \\ x_2(t) \\ \vdots \\ x_m(t) \end{bmatrix} \tag{3.6}$$

式中，$x_i(t)$ 是 m 个随机变量的 T 个实现，则 $x_i(t)(t = 1, \cdots, \mathrm{T})$ 就变为随机变量 x_i 的一组样本。在此基础上，根据 y_i 的统计特性来确定矩阵 W。

从统计原理角度出发，选择矩阵 W 应遵循成分 y_i 的限制数目尽可能地少和统计独立性原则。一方面，只有当 y_i 的限制数目尽可能少时（1 或 2），y_i 所包含的数据信息才尽可能地多，如 PCA 方法和因子分析（factor analysis，FA）方法。另一方面，统计独立性是指成分 y_i 之间尽可能的统计独立，一个成分不能受其他成分影响或其中出现其他成分中的信息。事实并非如此，在高斯分布中，不相关的成分总是相互独立的；在非高斯分布中，如超高斯分布、亚高斯分布，则并不一定相互独立。

此外，可以通俗地认为数据函数峰度值为零值的随机变量称为高斯分布，为正值的随机变量称为超高斯分布，为负值的随机变量称为亚高斯分布。亦可认为服从超高斯分布的随机变量峰值比高斯分布尖锐，强超高斯分布也比适度超高斯分布更加尖锐，而服从亚高斯分布的随机变量比高斯分布更加平缓。如拉普拉斯分布属于超高斯分布，其峰值比高斯分布更加尖锐，而均匀分布属于典型的亚高斯分布，则比高斯分布平缓许多(图 3.1)。

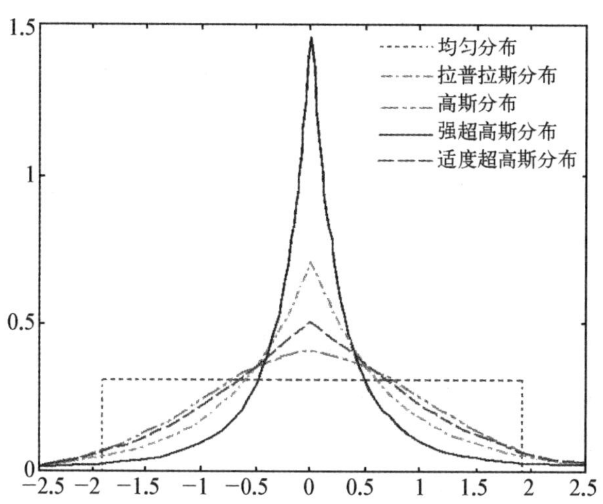

图 3.1　超高斯分布、高斯分布和亚高斯分布比较
(均值为零，方差为 1)

这就是独立分量分析(ICA)的出发点。一般情况下，我们希望从非高斯分布的数据中，找出统计独立的成分。

2) 独立分量分析定义

对于观测信号 $x=\{x_1(t),\ x_2(t),\ \cdots,\ x_n(t)\}^{\mathrm{T}}$，其中 t 为时间或样本编号，假设该观测信号是由统计独立成分 $s=\{s_1,\ s_2,\ \cdots,\ s_n\}^{\mathrm{T}}(m\geqslant n)$ 混合而成，假设 $A(m\times n)$ 为混合矩阵，$a_{ij}=\begin{bmatrix} a_{11} & a_{12} & \cdots & a_{1m} \\ a_{21} & a_{22} & \cdots & a_{2m} \\ \vdots & \vdots & & \vdots \\ a_{n1} & a_{n2} & \cdots & a_{nm} \end{bmatrix}$，则 ICA 模型为：

$$\begin{bmatrix} x_1(t) \\ x_2(t) \\ \vdots \\ x_n(t) \end{bmatrix} = A \begin{bmatrix} s_1(t) \\ s_2(t) \\ \vdots \\ s_n(t) \end{bmatrix} \text{或 } x = As \tag{3.7}$$

式中，A 为未知混合矩阵，s 为未知隐藏变量，X 为可观测到的随机变量。需要从中同时估计出未知混合矩阵 A 和估计值 $y=\{y_1,\ y_2,\ \cdots,\ y_m\}$。

ICA 具有如下假设：s 是统计独立的，且为非高斯分布；源信号 $s_i(t)$ 的数目与观测变量的数目相同，即混合矩阵是方阵。于是，在估计出未知混合矩阵 A 后，可以进一步计算 A 的逆矩阵 A^{-1}，获得源信号 s 的估计 y 为：

$$y = Wx \tag{3.8}$$

对于标准 ICA 模型而言，一旦满足上述的假设条件时，就能实现混合矩阵和独立成分的求解。

2. 独立分量分析算法

ICA 算法包括目标函数和优化算法两部分，算法性能也取决于两者的综合表现。当确定下目标函数以后，就可以选择与之相适应的优化算法进行处理。同一个目标函数可以由不同的优化算法进行优化，不同的目标函数也可以由同一个优化算法进行优化。

1）目标函数

① 非高斯性最大化

由中心极限理论可知，由独立随机变量混合而成的混合分布比其中任何一个单独的独立分布更加趋向于高斯分布。于是，各成分之间的独立性判断就转化为如何求取不同独立成分之间的非高斯性最大问题。假设向量 x 是按照 ICA 数据模型形成其分布 $x=As$，即该向量是独立成分的混合。为了简化问题，还需要假设所有的独立成分具有相同的分布，则独立成分的估计就可以通过求解混合变量的线性组合来完成。通过求逆得到：$s=A^{-1}x$。为了估计出其中的独立成分，需要对 x_i 进行某种线性组合，如用 $y=b^{\mathrm{T}}x=\sum_i b_i x_i$ 来表示，其中 b 为待定向量。还可以导出 $y=b^{\mathrm{T}}As$，y 是 s_i 的某种线性组合，系数则由 $b^{\mathrm{T}}A$ 给出。次系数向量记为 q，于是有：

$$y = b^{\mathrm{T}}x = q^{\mathrm{T}}s = \sum_i q_i s_i \tag{3.9}$$

式中，如果 b 是 A^{-1} 中的一行，则该线性组合 $b^{\mathrm{T}}A$ 就恰好是其中的一个独立成分，而对应的向量 q 只有一个元素 1，其他元素为 0。

此外，由中心极限定理可知，$y = q^{\mathrm{T}}s$ 比其中任意一个 s_i 的高斯性更强，因此可以把 b 看成是最大化非高斯 $b^{\mathrm{T}}x$ 的一个向量，对于 q，于是有 $b^{\mathrm{T}}x = q^{\mathrm{T}}s$ 等于其中一个独立成分。矩阵 A 的估计也就转化为不断改进分离矩阵 b，使得 $b^{\mathrm{T}}x$ 的非高斯性最大。最大非高斯性投影用于可视化的优势明显，可以清晰地看到聚类结构信息。因此，如果 ICA 模型成立，则分离出独立成分；否则得到的就是投影寻踪方向。

② 极大似然估计法

极大似然估计法作为统计估计领域中的基本方法之一，是目前估计 ICA 模型的一个较为流行的方法。其基本思想是获取能够使观测混合信号中具有最大概率的估计参数值，与信息极大化原理关系密切。

在无噪声的 ICA 模型中，混合向量 $x = As$。通过对对数似然度函数进行推导，得出对数似然度的随机梯度为：

$$\frac{1}{\mathrm{T}}\frac{\partial \log L}{\partial B} = [B^{\mathrm{T}}]^{-1} + E\{g(Bx)x^{\mathrm{T}}\} \tag{3.10}$$

式中，$B = A^{-1}$，$g(y) = (g_1(y_1), \cdots, g_n(y_n))$ 是一个向量函数，其中函数 g_i 是 s_i 的评分函数，定义为 $g_i = (\log p_i)' = \frac{p_i'}{p_i}$。于是得到极大似然估计算法：

$$\Delta B \propto [B^{\mathrm{T}}]^{-1} + E\{g(Bx)x^{\mathrm{T}}\} \tag{3.11}$$

该算法忽略了其中的期望运算符，并且在算法的每一步都只使用一个数据点。该算法还被称为 Bell - Sejnowski 算法，在形式上与信息最大化算法等价。但是，该方法由于每一步都需要对矩阵 B 求逆而导致收敛速度较慢，于是出现了自然梯度法，显著提高了收敛速度。

自然梯度法是通过在上式的右边乘以 $B^{\mathrm{T}}B$ 而得到的，如下所示：

$$\Delta B \propto (I + E\{g(y)y^{\mathrm{T}}\})B \tag{3.12}$$

式中，I 为单位矩阵，$y = Bx$。

自然梯度法避免了计算过程中的每一步矩阵求逆，不但提高了收敛速度，而且还减少了由求逆计算带来的数值问题。

2）优化算法

① 数据预处理

在进行 ICA 目标函数计算和算法优化之前，还需要对其观测混合信号进行预处理。预处理主要包括中心化和白化两部分。经过预处理后，较好地降低了问题复杂性和计算量。

A. 中心化处理

不失一般性，假设所有的混合变量与独立成分都为零均值。但是很多现实情况并不满足，如对于混合信号矢量 x，这就需要对其进行中心化处理，通过消除均值 $m=E\{x\}$ 得到 $x=x'-E\{x'\}$，于是达到所有的独立成分均满足零均值要求。

经过预处理后的观测信号混合矩阵不会发生变化。在利用零均值数据对混合矩阵 A 与独立成分 s 完成估计以后，再将减去的均值 $A^{-1}E\{x'\}$加到 s 中即可。

B. 白化处理

又称球面化，是指在经过中心化处理之后再进行线性变换处理，使得各个分量的方差都为 1 且互不相关。由于白化的实质是去相关加上缩放，这就意味着可以采用线性操作来完成白化过程。给定 n 维随机向量 x，寻找线性变换 V，使得变化后的向量 $z=Vx$ 是白的(球面的)。这个问题以 PCA 展开的形式给出一个直接的解。令 $E=(e_1, e_2, \cdots, e_n)$ 是以协方差矩阵 $C_x=E\{xx^{\mathrm{T}}\}$ 的单位范数特征向量为列的矩阵，$D=\mathrm{diag}(d_1, d_2, \cdots, d_n)$ 是以 C_x的特征值为对角元素的对角矩阵，则有线性白化：

$$V=D^{-1/2}E^{T} \tag{3.13}$$

式中，V 是一个白化矩阵。

经过白化处理后形成一个新的正交矩阵。对普通矩阵进行 ICA 处理需要估计 n^2 个参数，对新形成的正交矩阵只需要估计 $n(n-1)/2$ 个参数即可，大大降低了参数估计量和数据的复杂性。尤其是在高维条件下，利用标准的 PCA 能够有效地消除一些较小的特征值，并通过滤去可能存在的噪声信息来降低高维数据的维数，从而有利于实现对独立成分的数目估计。

② 优化算法

A. Herault - Jutten 方法

对于两个线性混合信号的盲分离，Herault 和 Jutten 提出了利用电路反馈来解决。定义一个非对角元素为 m_{12} 和 m_{21}，对角元素为零的矩阵 M，于是网络的输入-输出映射为：

$$y = (I + M)^{-1} x \tag{3.14}$$

Herault 和 Jutten 给出的解法是修正反馈系数 m_{12} 和 m_{21}，使得 y_1 和 y_2 相互独立。并提出学习规则 $\Delta m_{12} = \mu f(y_1) g(y_2)$ 和 $\Delta m_{21} = \mu f(y_2) g(y_1)$。其中 μ 为学习速率，$f(.)$ 和 $g(.)$ 都是非线性奇函数，通常取 $f(y) = y^3$，$g(y) = \arctan(y)$。y_i 通过式(3.14)实现迭代计算。如果收敛，则右边的均值必须为零，于是有：

$$E\{f(y_1)g(y_2)\} = E\{f(y_2)g(y_1)\} = 0 \tag{3.15}$$

收敛后，即可得到独立分量 y_i。

虽然 Herault - Jutten 方法能够分离出独立成分，但是还存在一定的弊端，如该方法通常只存在局部稳定性，并不能保证其具有较好的全局收敛性质，以及对源信号的尺度差异比较敏感，当差异较大时，甚至导致不能分离出源信号。

B. Cichocki - Unbenauen 方法

在 Herault - Jutten 算法的基础上，Cichocki 和 Unbenauen 等提出了性能和可靠性较好的 Cichocki - Unbenauen 方法。该方法提出了一个具有权矩阵 B 的前馈网络，以混合向量 x 为输入，$y = Bx$ 为输出。矩阵 B 的学习方法为：

$$\Delta B = \mu[\Lambda - f(y)g(y^{\mathrm{T}})]B \tag{3.16}$$

式中，μ 是学习速率，Λ 为对角矩阵(通常选取为单位矩阵 I)，其元素决定 y 的各元素的幅值尺度，f 和 g 是两个非线性标量函数，$f(y)$为 $f(y_1)$，…，$f(y_n)$ 的列向量。

考虑到平稳性是收敛的必要条件，必须有：

$$\Lambda - E\{f(y)g(y^{\mathrm{T}})\} = 0 \tag{3.17}$$

对于非对角元素，这就意味着 $E\{f(y_i)g(y_i)\}=0$。对角元素满足以下条件：

$$E\{f(y_i)g(y_i)\}=\Lambda_{ii} \tag{3.18}$$

这表明矩阵 Λ 的对角元素 Λ_{ii} 只控制输出信号的幅度尺度。如果学习规则收敛到非零矩阵 B，则网络的输出分量必然非线性不相关，且是独立的。

C. 非线性 PCA 方法

非线性 PCA 方法是由 Oja 等人通过对神经 PCA 方法进行非线性扩展而得到的，其分级 PCA 学习规则如下所示：

$$\Delta w_i \propto g(y_i)x-g(y_i)\sum_{j=1}^{i}g(y_j)w_j \tag{3.19}$$

式中，$g(.)$通常为比较恰当的非线性标量函数。

在相同条件下，Oja 等人还对该算法学习规则中的并行计算过程也进行了非线性扩展研究。通常来说，非线性就意味着在学习中需要使用高阶统计信息。在经过数据白化处理后，如果选择较为合适的非线性标量函数，就能够实现独立成分分离。在实际应用中，通常选取双梯度算法。该方法通过采用更加简单的单元来代替学习规则中的反馈单元，学习规则如下所示：

$$W(t+1)=W(t)+\mu(t)g(W(t)x(t))x\,(t)^{\mathrm{T}}+\alpha(I-W(t)W\,(t)^{\mathrm{T}})W(t) \tag{3.20}$$

式中，$\mu(t)$为学习规则的步长函数，α 为常数且 $a\in[0.5,\ 1]$。

3.1.3 支持向量机

1. 概述

SVM 作为一种基于统计学习理论的机器学习方法，是近年来机器学习领域中的一个重大进展。其关键是引入了核函数，通过在高维空间中构建线性边界来处理输入特征向量集合中的非线性问题，并将优化问题转化为凸问题，避免了局部最小，进而达到全局最优化分类结果。

1）结构风险最小化原则

在机器学习的结构风险最小化原则中，要求训练样本趋于无穷大，但是在实际的训练过程中，样本数据往往有限，常规的利用经验风险最小化来代替期望风险最小化做法会造成较大的误差。

在结构风险最小化原则中，将函数集 $s=\{f(x, a), a\in\Lambda\}$ 分解成根据 VC 维（vapnik-chervonenkis dimension，VC）的大小进行排列函数子集序列 $[S_1\subset S_2\subset\cdots\subset S]$。结构风险最小化的基本思想就是随着子集复杂度的增加，子集的最小经验风险将减小，VC 维和置信范围增大。在子集中通过对经验风险和置信范围之间进行最佳折中达到最小的期望风险，此时该函数即为最优函数。其中，函数子集包括以下两个条件：VC 维是有限的，且满足 VC 维按照大小进行排列；所有的子集函数都为非负有界函数。通过结构风险最小化原则，即可完成恰当模型选择和参数计算。

结构风险最小化的实现思路主要有以下两种：

① 在每一个子集中计算经验风险最小，然后从中选择能够使最小经验风险和置信范围达到最佳折中的子集。该方法存在运算耗时较长，且子集数目无穷大时无法实现的问题。

② 首先构造出使每一个子集都能达到经验风险最小的函数集，随后从中选择出使置信范围最小的子集，则该子集中能够使经验风险最小的函数即为最优函数，具有结构简单、易于实现的特点。SVM 方法就是基于第二种实现思路构建而成的。

2）VC 维理论

VC 维是一种评价函数集学习性能的重要指标，应用广泛。通常来说，VC 维越大，机器学习就越复杂。对于函数集 s，如果存在 n 个样本能够被该函数集中的函数展开为全部可能的 2^k 种形式，则该函数集的 VC 维即为其能够分开的最大样本数 n。假设对于任何一个样本数，如果总能够找到一个样本集被这个函数集分开，则该函数集的 VC 维就无穷大。由于 VC 维与函数集和学习算法性能都有关，因此在实际应用中往往难以确定，目前仅仅只是对一些特殊的函数集进行简单计算，如实数空间中线性分类器和线性实函数的 VC 维公式为 $n+1$，还未形成一个统一的函数集 VC 维计算方法。

在SVM中，学习机器的复杂性与学习效果之间并不存在正相关关系。这是因为对于一些特定的有限训练样本问题，复杂学习机器的VC维越高，复杂性和置信范围就越大，并造成经验风险最小与期望风险最小之间的误差越大，引起学习能力和推广能力下降。在实际应用中，为了使未知样本数据获得较好的推广性，不但要使经验风险最小，而且还要使函数集的VC维尽可能地小，以便缩小置信范围和降低期望风险。目前，为了得到推广性较好的学习机器，通常采用固定结构复杂度不变、最小化经验风险和固定经验风险不变、最小化结构复杂度两种指导原则进行构建，例如，径向基神经网络和支持向量机就是分别采用以上两种不同的指导原则构建而成的。

3）支持向量机的最优分类超平面

最优分类超平面是指对于两类分类而言，位于分类超平面附近的两类样本点到分类超平面的距离之和最大。如果训练样本数据集为$[(x_1, y_1), (x_2, y_2), \cdots, (x_n, y_n)]$，$x \in \mathbf{R}^n$，$y \in \{-1, 1\}$能够被超平面$(w \cdot x) - b = 0$准确地分开，并且距离超平面最近的向量与该超平面$(w \cdot x) - b = 0$之间的距离最大，那么这个训练样本数据集被超平面分开。通常采用以下形式来描述最优分类超平面：

$$\begin{cases} w \cdot x_i - b \geqslant 1, y_i = 1 \\ w \cdot x_i - b \leqslant 1, y_i = -1 \end{cases} \tag{3.21}$$

在实际应用中，式(3.21)还经常表示为：

$$y_i[w \cdot x_i - b] \geqslant 1,\ i = 1,\ 2,\ \cdots,\ l \tag{3.22}$$

由上文分析可知，最优分类超平面就是满足式(3.20)且是最小化$\Phi = \| w \|^2$的分类超平面。

2. 支持向量机算法

图3.2为支持向量机的结构模型示意图。其中，$x_i (i = 1, 2, \cdots, n)$为数据样本集，$f(x)$为SVM的输出向量，$k(x \cdot x_i)$为样本数据集$x$与支持向量$x_i$的内积。

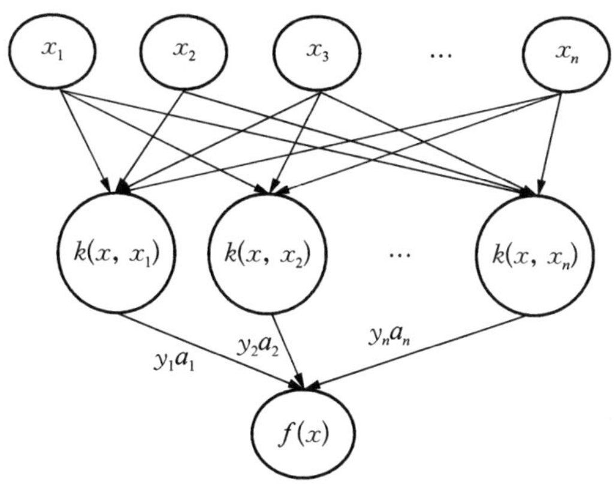

图 3.2　SVM 模型示意图

假设样本数据集 $\{(x_1, y_1), (x_2, y_2), \cdots, (x_n, y_n)\}$，$x_i \in \mathbf{R}^d$ 为输入模式，$i=1, 2, \cdots, N$，$y \in \{\pm 1\}$ 为目标输出。最优分类超平面为 $w^{\mathrm{T}}x_i+b=0$，w 为权值向量，b 为偏置，则 w 和 b 满足以下条件：

$$y_i(w^{\mathrm{T}}x_i+b) \geqslant 1-\xi_i \tag{3.23}$$

式中，ξ_i 为松弛变量。SVM 的目的就是找出一个使分类误差达到最小的最优分类超平面，于是可推导出如下优化公式：

$$\Phi(w, \xi)=\frac{1}{2}w^{\mathrm{T}}w+C\sum_{i=1}^{N}\xi_i \tag{3.24}$$

式中，C 为惩罚系数，$C \geqslant 0$，表示对错误分类的惩罚程度。

根据拉格朗日乘子方法，对最优分类超平面的求解就转换为具有约束条件 $\sum_{i=1}^{N}a_iy_i=0$，$a_i \geqslant 0(i=1, 2, \cdots, N)$ 的优化：

$$Q(a)=\sum_{i=1}^{N}a_i-\frac{1}{2}\sum_{i=1}^{N}\sum_{j=1}^{N}a_ia_jy_iy_jK(x_i, x_j) \tag{3.25}$$

式中，$\{a_i\}_{i=1}^{N}$ 为拉格朗日乘子，其中绝大多数的 $a_i=0$，只有当 $a_i \neq 0$ 时所对应的样本方为支持向量，$K(x_i, x_j)$ 是 SVM 中相应的核函数。常见的 SVM 核函数和参数如表 3.1 所示。

表 3.1 常见的核函数

核函数	定义	参数
径向基函数(radial basis function, RBF)	$K(x_i, x_j) = \exp(-\gamma \| x_i - x_j \|^2)$, $\gamma > 0$	C, γ
多项式函数(polynominal)	$K(x_i, x_j) = (\gamma x_i^{\mathrm{T}} x_j + r)p$, $\gamma > 0$	γ, r, p
线性函数(linear)	$K(x_i, x_j) = x_i^{\mathrm{T}} x_j$	—
S形函数(sigmoid)	$K(x_i, x_j) = \tan h(\gamma x_i^{\mathrm{T}} x_i + r)$	γ, r

3.1.4 变分贝叶斯 ICA 算法

1. 概述

ICA 通常假设无噪和非均方,虽然理论上能够从混合观测信号中有效地分离出源信号,但是实际混合观测信号中往往存在各种各样的噪声以及非均方情况(观测信号与源信号数目不相等),直接利用 ICA 模型进行分离不但会导致较大的误差,而且还有可能无法分离出源信号。近年来,ICA 建模方法以其强大的实用性迅速得到了广泛的应用。在该方法中,对于遥感数据而言,遥感传感器获取的不同波段被看作是观测信号,而构成观测信号的各类型地物成分(源信号)之间是相互独立的。在遥感数据 ICA 模型中,利用观测信号通过模型学习过程不断调整模型的结构参数。在学习过程中,选择使得观测信号的可能性(目标函数)最大的参数值来确定模型结构。当模型结构建立以后,包括混合矩阵和源信号在内的所有未知量都可以通过各自的参数运算得到求解。

2. 变分贝叶斯 ICA 模型

1) 变分贝叶斯 ICA 混合模型

通过在标准 ICA 模型中加入噪声信息,使之成为含有噪声的线性混合 ICA 模型中,其计算公式为:

$$x(t) = As(t) + \varepsilon(t) \tag{3.26}$$

式中,$x(t)$为一个具有 M 维的混合观测信号,$s(t)$为一个具有 L 维的源信号(隐藏变量),混合矩阵 A 为 $M \times L$ 维,$\varepsilon(t)$为高斯噪声,通常是逆方差为 Λ 且零均值的对角矩阵，同样是 M 维。

在含有噪声的线性混合 ICA 模型中，混合观测信号 $x(t)$ 的概率计算公式为：

$$p(x \mid s, A, \Lambda) = \left| \det\left(\frac{1}{2\pi}\Lambda\right) \right|^{\frac{1}{2}} \exp[-E_D] \tag{3.27}$$

式中，$E_D = \frac{1}{2}(x - As)^T \Lambda (x - As)$，det(.) 为行列式值。在模型中假设源信号是相互独立的，因此源信号 s 的概率分布计算公式可以表示为 $p(s) = \prod_{i=1}^{L} p(s_i)$。

在传统 ICA 模型中，理论上能够通过计算隐藏变量（源信号）的后验概率密度分布来尽可能的分离出源信号（隐藏变量），其计算公式为：

$$p(s \mid x, M) = \frac{p(x \mid s, M)p(s \mid M)}{p(x \mid M)} \tag{3.28}$$

式中，M 为学习过程中的具体模型，$p(s|M)$ 为源信号模型，有时又称为源信号 s 的先验概率密度函数，$p(x|M)$ 是归一化常数，为具体模型 M 的信度（边际概率）。

2）变分贝叶斯 ICA 源信号模型

在贝叶斯 ICA 学习中，选择具体源信号模型对于复杂分布至关重要。高斯混合模型（MOG）具有对复杂分布数据建模的能力和容易计算的优势，在实际应用中广泛采用。MOG 模型框架如图 3.3 所示，图中圆形节点为随机变量，正方形节点为假设，矩形节点为高斯成分。

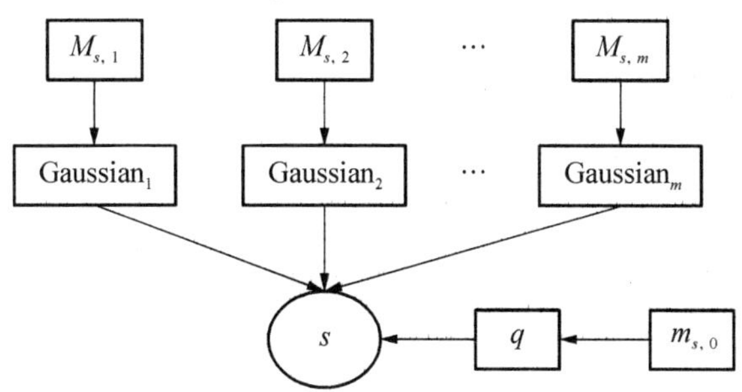

图 3.3　MOG 模型图

根据便于实现对源信号建模和计算的原则，本文也选取 MOG 模型作为具体的源信号模型 M。在 MOG 模型中，具有 t 个高斯成分，且每一个高斯成分都分别与相应的源信号所对应。于是，对于具有 L 个源信号的 ICA 模型而言，就会存在 L 个高斯混合模型 $\{t_1, t_2, \cdots, t_L\}$。其中，$s$ 的概率分布计算公式为：

$$p(s \mid q, \theta) = \prod_{i=1}^{L} \sum_{t=1}^{m_i} N(s_i^t; \mu_{i, qi}; \beta_{i, qi}) \tag{3.29}$$

式中，θ 是 s 的 MOG 模型参数 $\theta_i = [\pi_i, \mu_i, \beta_i]$，$\theta = [\theta_1, \theta_2, \cdots, \theta_L]$，其中 π_i 为不同成分的混合比例，$\mu_{i, qi}$ 为第 i 个源信号中第 q_i 个成分的期望值，$\beta_{i, qi}$ 为第 i 个源信号中第 q_i 个成分的精度值。

于是，s 的模型参数 θ 的先验概率分布可以进行如下定义：

$$p(\theta) = p(\pi)p(\mu)p(\beta) \tag{3.30}$$

式中，$\mu = (\mu_1, \mu_2, \cdots, \mu_L)$，$\beta = (\beta_1, \beta_2, \cdots, \beta_L)$。$p(\pi)$ 为不同成分混合比例因子的先验概率密度分布，通常定义为对称 Dirichlets 乘积 $p(\pi) = \prod_{i=1}^{L} D(\pi_i, \lambda_{i0})$。$p(\mu)$ 为不同成分期望 μ 的先验概率密度分布，通常定义为高斯分布乘积 $p(\mu) = \prod_{i=1}^{L} \prod_{q_i=1}^{m_i} N(\pi_{i, q_i}, m_{i0}, \tau_{i0})$。$P(\beta)$ 为不同成分精度 β 的先验概率密度分布，通常定义为 Gammas 分布乘积 $p(\beta) = \prod_{i=1}^{L} \prod_{q_i=1}^{m_i} G(\beta_{i, q_i}, b_{i0}, c_{i0})$。于是，可以得到贝叶斯 MOG 模型结构(图 3.4)。

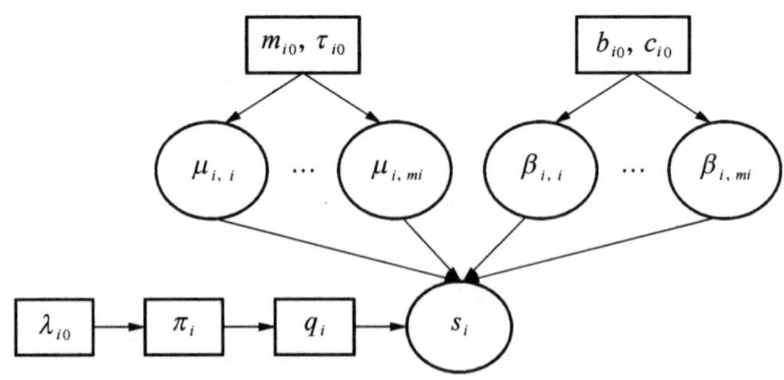

图 3.4　贝叶斯 MOG 模型结构图

此外，对于背景噪声而言，其精度矩阵 Λ 的先验概率密度分布通常可以定义为 Gammas 分布乘积 $p(\Lambda)=\prod_{j=1}^{L}G(\Lambda_j, b_{\Lambda_j}, c_{\Lambda_j})$，混合矩阵 A 的先验概率密度分布通常定义为高斯分布乘积 $p(A)=\prod_{i=1}^{L}\prod_{j=1}^{M}N(A_{ji}\mid 0, a_{ji})$。混合矩阵 A 和背景噪声精度矩阵 Λ 的控制参数生成模型结构如图 3.5 所示。

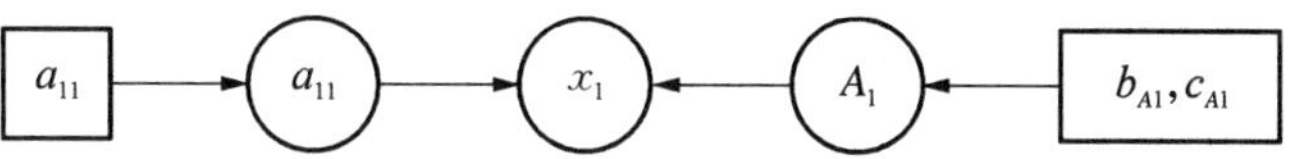

图 3.5　A 和 Λ 控制参数生成模型

最终，经过上述步骤和定义后，就可以构建起变分贝叶斯 ICA 模型(图 3.6)。

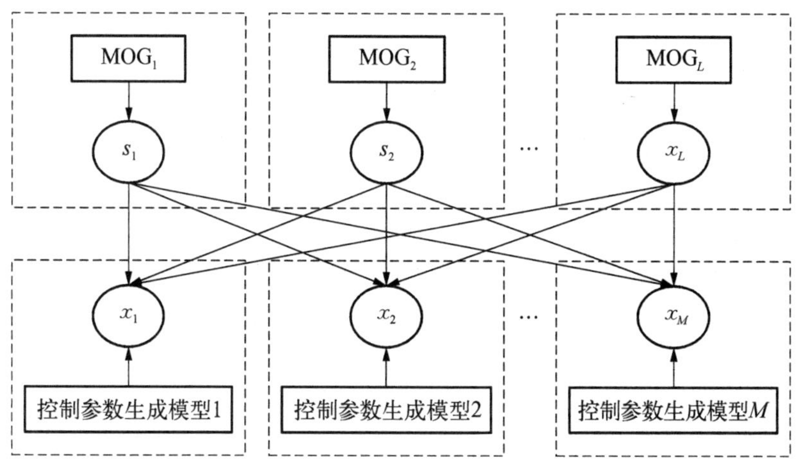

图 3.6　变分贝叶斯 ICA 模型

图 3.6 显示，在变分贝叶斯 ICA 模型中，一共有 L 个源信号 s，每一个 s 分别对应一个 MOG 模型，同理，一共有 L 个 MOG 模型与 s 一一对应。在混合观测信号下方的控制参数生成模型集中，分别包含负责生成背景噪声矩阵和混合矩阵的控制参数值。

当完成变分贝叶斯 ICA 建模之后，即可运用变分近似逼近算法对其模型进行相应的简化运算处理。

3. 变分贝叶斯 ICA 算法

当确定好变分贝叶斯 ICA 模型的先验概率分布以后，即可进行模型的学习和简化。在贝叶斯网络模型中，全部的模型参数和隐藏变量都用 W 来表示，即 $W=\{\Lambda, A, S, q, \theta\}$。此外，在贝叶斯推论中，后验概率分布 $p(W \mid x, M)$ 的计算是其核心。在变分贝叶斯 ICA 模型中，最大化负自由能 $F[x|\theta]$就是其模型的目标函数，表示如下：

$$F[x \mid \theta]=\langle\log p(x, W \mid M)\rangle_{p'(W|\theta)}+H[p'(W)] \tag{3.31}$$

假设式(3.31)中各个变量之间是相互独立的，那么可分别计算各个未知变量的最大偏导数。然而实际情况是变量之间并不满足独立性假设，通常难以直接进行计算。基于此，可以采用变分近似逼近的方法来进行近似计算并不断逼近真实值。在变分近似逼近方法中，通过忽略隐藏变量或模型参数之间的相关性，进而得到真实后验概率分布 $p(W|x, M)$的近似 $p'(W|\theta)$，可以通过不断调整参数来使近似值不断逼近后验概率分布 $p(W|x, M)$的真实值。而真实后验概率分布的近似 $p'(W|\theta)$还能够进一步简化并因式分解为 $p'(W \mid \theta)=\prod_i p'(W_i \mid \theta)$，以便于简化计算。

在变分贝叶斯 ICA 模型中，根据贝叶斯网络的条件独立性原则，分别利用真实后验概率分布的近似形式 $p'(W|\theta)$计算对各个参数的偏导数，并求出极大值，于是有：

$$p'(W_i \mid \theta)=\frac{1}{Z_i}\exp[\langle\log(x, W \mid M)\rangle_{\prod_{i\neq j} p'(W_{j\neq i}|\theta_{j\neq i})}] \tag{3.32}$$

式中，Z_i为规范因子，其值随变量不同而不同。

在变分贝叶斯 ICA 模型中，通过贝叶斯推论的条件独立性假设和源信号生成模型，可以选择真实后验概率分布的近似形式 $p'(W|\theta)$的概率分布为：

$$p'(W \mid \theta)=p'(\Lambda)p'(A)p'(s \mid q)p'(q)p'(\theta) \tag{3.33}$$

式中，$p'(\theta)=p'(\pi)p'(\mu)p'(\beta)$，$p'(s \mid q)$ 能够通过高斯混合模型得到。

根据变分贝叶斯 ICA 的源信号生成模型可以推出如下公式：

$$p(x \mid W) = p(x \mid A, \Lambda, s)p(s \mid q, \mu, \beta)p(q \mid \pi)p(\theta)p(A)p(\Lambda) \quad (3.34)$$

通过将真实后验概率分布的近似形式 $p'(W|\theta)$ 和式(3.30)分别代入最大负变自由能公式(3.31)中，再结合源信号模型中参数的先验分布定义和式(3.32)，就可以推导出源信号 s 的最佳近似真实后验概率分布参数，如下所示：

$$p(S \mid q) = \prod_{i=1}^{L} \prod_{t=1}^{T} N(S_i^t;\ \hat{\mu}_{i,q_i}^{(t)};\ \hat{\beta}_{i,q_i}^{(t)}) \quad (3.35)$$

同理，还可以连续地推导出变分贝叶斯 ICA 模型中其他模型参数和隐藏变量的真实后验概率分布，并且通过迭代方式不断逼近真实值直至收敛为止。

§3.2　综合变分贝叶斯 ICA 与 SVM 的火山灰云遥感监测算法

ICA 能够从多维统计数据中准确地分离出内部既相互独立又非高斯分布的各个分量。变分贝叶斯方法通过引入变分近似逼近方法对贝叶斯推论的计算过程进行简化，以便使简化结果尽可能地接近真实分布状态。SVM 是建立在结构风险最小化和 VC 维理论基础上，通过将输入特征空间的样本信息以非线性方式转换到高维核空间中进行线性分类提取。ICA、变分贝叶斯方法和 SVM 在火山灰云监测中都具有巨大的应用潜力。

3.2.1　综合变分贝叶斯 ICA 与 SVM 算法

1. 变分贝叶斯 ICA 模型预处理和初始参数选择

在完成变分贝叶斯 ICA 模型构建和学习的基础上，可以将变分贝叶斯 ICA 方法与具体的遥感图像相结合进行专题信息分离实验。首先，在获取遥感图像数据的基础上，进行包括图像预处理、中心化、白化处理等在内的预处理。其次，建立基于遥感图像的变分贝叶斯 ICA 模型，设定贝叶斯框架中的未知变量和参数范围，包括源信号产生模型、背景噪声和混合矩阵等，并对先验概率分布进行初始化。再次，利用贝叶斯推论对所有的独立成分(火山灰云信息)进行学习,并以迭代方式进行推导,直到收敛为止。最后,获得遥感图像中各个独立成分之间的真实后验概率分布,最终实现了不同独立成分的分离,即实现了从遥感图像中分离出火山灰云成分。

与 ICA 方法相似,有时变分贝叶斯 ICA 模型也会产生局部最优解。针对这一问题,在进行变分贝叶斯 ICA 模型学习之前,有必要根据混合观测数据的不同进行相应的预处理。目前,较为常用的预处理方法为随机法预处理,通过多次随机预处理,将具有最大负变自由能 F 的一次预处理作为最优结果。此外,为了减少变分贝叶斯 ICA 模型的学习时间,提高学习速度和效率,在进行预处理时,一般还伴随着对混合观测数据进行去方差和去均值处理等。

在变分贝叶斯 ICA 模型中,模型参数的初始化能够直接影响模型的学习过程和结果。对于变分贝叶斯 ICA 模型而言,不同的模型参数,其变化区间也相差很大。事实上,也只有在获得较大变化范围的前提下,变分贝叶斯 ICA 模型在学习的过程中方能获得较好的参数值,最终取得最佳的分离效果。例如,全部高斯分布的精度介于(10^{-6}, 10^{6})之间,全部 Dirichlets 分布的参数变化区间为(5, 5 000)。在 Gamma 分布中,对于主要的模型控制参数 b 和 c,参数变化区间均为(10^{-6}, 10^{6})。在变分贝叶斯 ICA 模型中,对于 Gamma 分布而言,模型的期望和方差分别由 bc 和 b^2c 所决定。只有当 b 介于[1, 1 000]且 bc 乘积等于 1 时,其分布方为 Gamma 分布。此时,Gamma 分布通过 bc 值的变化来控制变分贝叶斯 ICA 模型中参数的变化范围。

前文提到,初始参数的选择对变分贝叶斯 ICA 模型尤为重要,而在模型参数的初始化过程中,如何设定一个合适的初始值则是制约整个模型学习的关键。通常来说,参数初始值的设定与混合观测信号的个数有关,如假设 T 为混合观测信号的长度,则较为合适的参数初始值范围为[$0.01T$, $0.1T$]。对于高斯混合模型而言,其高斯分量个数的选择主要取决于不同的源信号模型对变分贝叶斯 ICA 模型的贡献。根据传统的经验,只需要在保证满足计算精度的前提下为模型指定一个合适的数值即可。例如,在大多数情况下,高斯分量个数一般不多于五个。而对于较为复杂的混合观测信号,则需要根据实际情况适当增加高斯分量个数。

2. 综合变分贝叶斯ICA和SVM的火山灰云遥感监测算法

在分析传统ICA方法基础上，提出了与遥感图像专题信息提取研究密切相关的变分贝叶斯ICA方法。利用变分贝叶斯ICA方法对遥感图像进行处理，大大降低了地物光谱分布的复杂性和异质性以及各个波段之间的相关性，增大了地物光谱分布差异和类间可分性。但是在遥感图像中，绝大多数地物分布都是非线性的，变分贝叶斯ICA并不能进行非线性分解。而SVM具有较好的非线性分解能力，通过引入核函数将低维空间中不易进行线性划分的信息映射到高维特征空间中，利用结构风险最小化原则，通过在模型复杂性和学习能力寻求最佳折中来实现非线性分类提取，与变分贝叶斯ICA方法具有很强的互补性。

在分析变分贝叶斯ICA和SVM方法的基础上，提出了综合变分贝叶斯ICA和SVM的遥感图像火山灰云信息提取方法。针对遥感图像特点，将变分贝叶斯ICA分离出的独立成分作为输入特征向量进行SVM学习，较好地实现了遥感图像火山灰云信息的提取。

具体的算法步骤如下所示：

1）将遥感图像以二维矩阵$x^{\mathrm{T}}=(X_1, X_2, \cdots, X_S^{\mathrm{T}})$的形式表示出来，其中$s$为遥感图像的光谱波段数目，$x_i$为遥感图像波段$b$的行向量($b \leqslant s$)。

2）初始化分离矩阵W，针对不同类型的遥感图像采用学习率$\mu(t)$函数来对迭代次数进行相应的调整。例如，在IKONOS遥感图像处理中，前500次迭代中的学习率为$\mu(t)=\mu(t-1)-\sigma/10$，其初始值$\mu(0)=0.8$，$\sigma=0.005$。在以后的迭代循环中，学习率为$\mu(t)=\mu(t-1)-\sigma$，$\mu(t)$随着迭代次数的增加而减小，直到减小到0.01时则不再减少。随后采用梯度下降法对分离矩阵进行求解，并设定迭代次数的上限为1 000次，亦即采用分离矩阵$W(1\,000)$来分离遥感图像中的各个独立成分分量。

3）将得到的获取的独立成分分量进行归一化处理，并作为SVM的输入特征向量参与火山灰云信息提取训练。在本节中，由于MODIS多光谱图像和HSI高光谱分辨率图像波段数目相差较大，可以直接利用获取的多个独立成分分量进行SVM训练。

4）选择SVM分类器的核函数和相应的参数。对于不同类型的遥感图像，所采用的 SVM 核函数和参数也并不完全相同。目前，虽然 SVM 实际应用较多，但是对于参数选择并没有形成一个统一的标准。大多数都是通过实验方法来确定选择的最佳参数。RBF 核函数核函数对低维、高维、小样本、大样本等情况都适用，具有较宽的收敛性，应用最为广泛。在本节中，MODIS 图像火山灰云信息提取中选用 RBF 核函数。经过多次试验，MODIS 图像中惩罚系数 C 设为 1 000，间隔系数 γ 设为 0.05。

5）利用训练好的 SVM 分类器进行遥感图像专题信息提取，最终得到火山灰云专题信息图。

3.2.2 火山灰云监测案例——以桑厄昂火山灰云为例

火山灰云作为遥感图像地物类型中的重要类别，受制于遥感数据特征和地物分布复杂性特征，传统的遥感图像专题信息提取方法并不能取得很好的识别效果。接下来，将以 MODIS 遥感图像为数据源，开展对典型的 2014 年 5 月 30 日印度尼西亚桑厄昂（Sangeang Api）火山灰云具体案例进行识别研究。鉴于近年来火山灰云对航空安全威胁日益增大这一背景，从遥感图像中提取出火山灰云信息，不但有利于实现对火山灰云的快速监测，为生态安全、防灾减灾和航空安全提供相应的预警和技术支持，而且在火山灰云信息提取中所采用的原理和技术流程对其他火山灰云信息提取和防灾减灾研究具有一定的借鉴意义。

1. MODIS 图像和预处理

本研究中采用的数据源是 MODIS 多光谱遥感图像。MODIS 具有 36 个波段，其中 1～19 波段和 26 波段为可见光、近红外波段，20～36 波段为红外波段（表 3.2），空间分辨率分别为 0.25 km、0.5 km 和 1 km，最大扫描宽度为 2 330 km。

表 3.2 MODIS 传感器波段和主要应用领域

波段号	主要应用领域	分辨率/km	波段宽度/μm	频谱强度	信噪比/dB
1	植被叶绿素吸收	0.25	0.620～0.670	21.9	128
2	云和植被覆盖变化	0.25	0.841～0.876	24.7	201

续　表

波段号	主要应用领域	分辨率/km	波段宽度/μm	频谱强度	信噪比/dB
3	土壤、植被差异	0.5	0.459～0.479	35.3	243
4	绿色植被	0.5	0.545～0.565	29.0	228
5	叶面、树冠差异	0.5	1.230～1.250	5.4	74
6	雪、云差异	0.5	1.628～1.652	7.3	275
7	陆地和云差异	0.5	2.105～2.155	1.0	110
8	叶绿素	1	0.405～0.420	44.9	880
9	叶绿素	1	0.438～0.448	41.9	838
10	叶绿素	1	0.483～0.493	32.1	802
11	叶绿素	1	0.526～0.536	27.9	754
12	沉淀物	1	0.546～0.556	21.0	750
13	沉淀物、大气层	1	0.662～0.672	9.5	910
14	叶绿素荧光	1	0.673～0.683	8.7	1 087
15	气溶胶	1	0.743～0.753	10.2	586
16	气溶胶、大气层	1	0.862～0.877	6.2	516
17	云、大气层	1	0.890～0.920	10.0	167
18	云、大气层	1	0.931～0.941	3.6	57
19	云、大气层	1	0.915～0.965	15.0	250
20	海面温度	1	3.660～3.840	0.45	0.05
21	森林火灾、火山	1	3.929～3.989	2.38	2.00
22	云、地表温度	1	3.929～3.989	0.67	0.07
23	云、地表温度	1	4.020～4.080	0.79	0.07
24	对流层温度、云	1	4.433～4.498	0.17	0.25
25	对流层温度、云	1	4.482～4.549	0.59	0.25
26	红外云探测	1	1.360～1.390	6.00	150
27	对流层中层湿度	1	6.535～6.895	1.16	0.25
28	对流层中层湿度	1	7.175～7.475	2.18	0.25

续 表

波段号	主要应用领域	分辨率/km	波段宽度/μm	频谱强度	信噪比/dB
29	表面温度	1	8.400～8.700	9.58	0.05
30	臭氧总量	1	9.580～9.880	3.69	0.25
31	云、表面温度	1	10.780～11.280	9.55	0.05
32	云高、表面温度	1	11.770～12.270	8.94	0.05
33	云层、云高	1	13.185～13.485	4.52	0.25
34	云层、云高	1	13.485～13.785	3.76	0.25
35	云层、云高	1	13.785～14.085	3.11	0.25
36	云层、云高	1	18.085～14.385	2.08	0.35

在进行火山灰云专题信息提取之前，需要对 MODIS 遥感图像进行预处理。由于 MODIS 传感器的观测视野几何特性、运行中的抖动和地形起伏等因素导致所获取的图像存在明显的几何畸变，尤其是扫描条带之间的错位现象（又称为双眼皮、蝴蝶结或弯弓）非常严重。随着传感器观测角度的增大，这种现象就逐渐变得严重起来。因此，针对 MODIS 图像的预处理主要包括几何校正和去条带处理。数据预处理主要是基于 ENVI 4.6 软件，其中，几何校正通过 Georeferences MODIS 模块来完成，去条带则通过 Perform Bow Tie Correction 模块来完成。

2. 桑厄昂火山灰云概况

桑厄昂火山，印度语为 Gunung Api，又名亚比火山，地理坐标为119.06°E、8.23°S，位于爪哇岛以东的印度洋和帝汶海之间，与爪哇岛、苏门答腊岛和加里曼丹岛等组成的大巽他群岛相对，属于印度尼西亚西努沙登加拉省小巽他群岛的一部分。桑厄昂火山是一座火山岛，由两个海拔高度分别为 1 949 m 和 1 795 m 的火山锥所组成的复式火山，也是东南亚地区最活跃的活火山之一。

2014 年 5 月 30 日桑厄昂火山突然喷发，喷发出大量的火山灰和气体，在火山口初速度作用下，火山灰快速进入空中并在 15～20 km 高度处形成火山灰云，随后不断向南移动，逐渐逼近澳洲西北部地区。为了保证航班安全，澳大利亚北部城市达尔文机场取消了 5 月 31 日所有的国内、国际航班。澳洲航空公司、维珍航空澳大利亚公司等主要航空公司也都相继发布了旅行警告。此次火山喷发形成大量火山灰云，影响了当地多个航班的正常运转，带来较大的经济损失。图 3.7 为 2014 年 5 月 30 日桑厄昂火山灰云和局部放大图像。预处理后的 2014 年 5 月 30 日的印度尼西亚桑厄昂火山灰云 MODIS 遥感图像校正结果如图 3.8 所示。

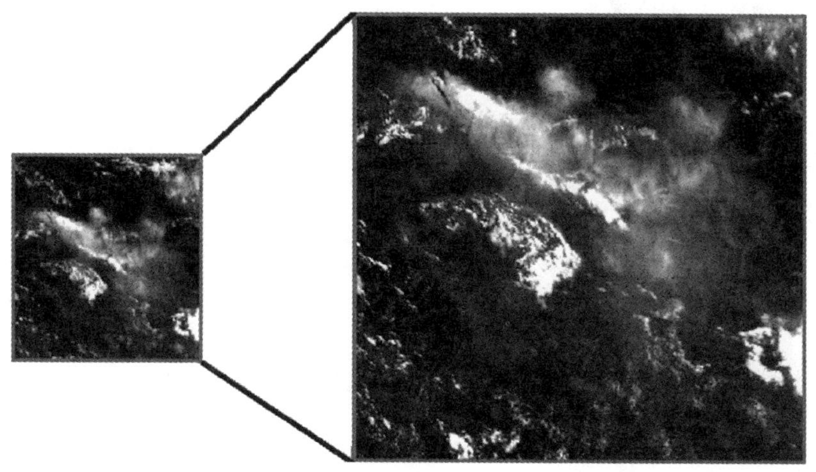

图 3.7　桑厄昂火山灰云 2014 年 5 月 30 日 MODIS 遥感图像的局部放大图

3. 桑厄昂火山灰云监测

1）主成分分析处理

由于 MODIS 遥感数据波段数目较多，在对 MODIS 遥感图像进行综合变分贝叶斯 ICA 与 SVM 方法处理之前需要对其进行主成分分析处理，进而得到主成分图像（principal component image，PCI）。

由主成分分析基本原理可知，主成分分析处理后得到的 PCI1 信息量最大，集中了大约 80%的火山灰云信息，PCI2 次之，随后主成分图像信息量依次递减。在本研究中，分别利用遥感图像处理软件 ENVI 4.6 对 2014 年 5 月 30 日桑厄昂火山灰云 MODIS 外波段数据进行 PCA 处理，依次输入 MODIS 传感器的 20～36 红外波段数据（第 26 波段除外），分别得到相应的主成分图像，结果如图 3.9 所示。

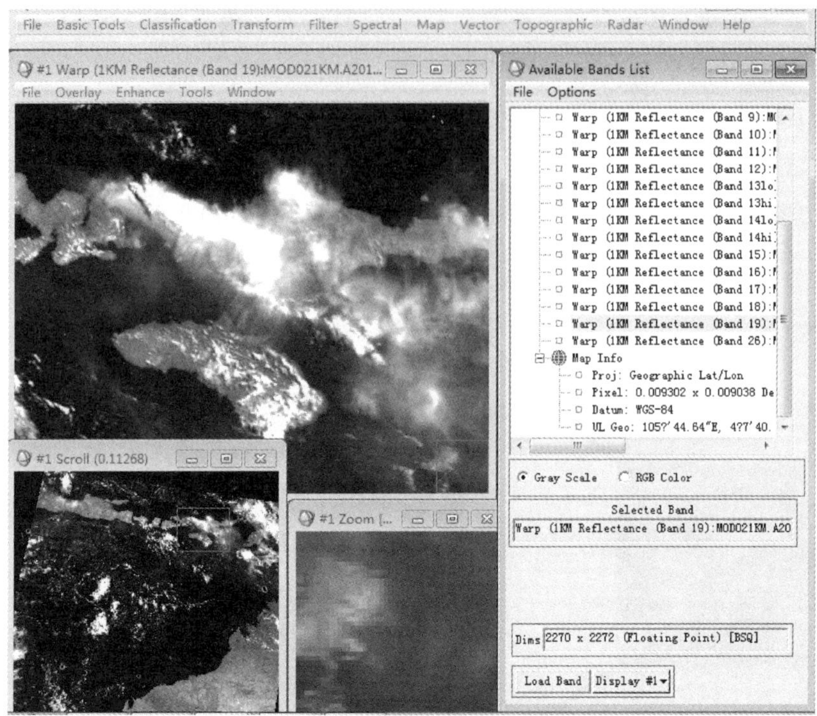

图 3.8　预处理后的桑厄昂火山灰云 MODIS 遥感图像校正信息

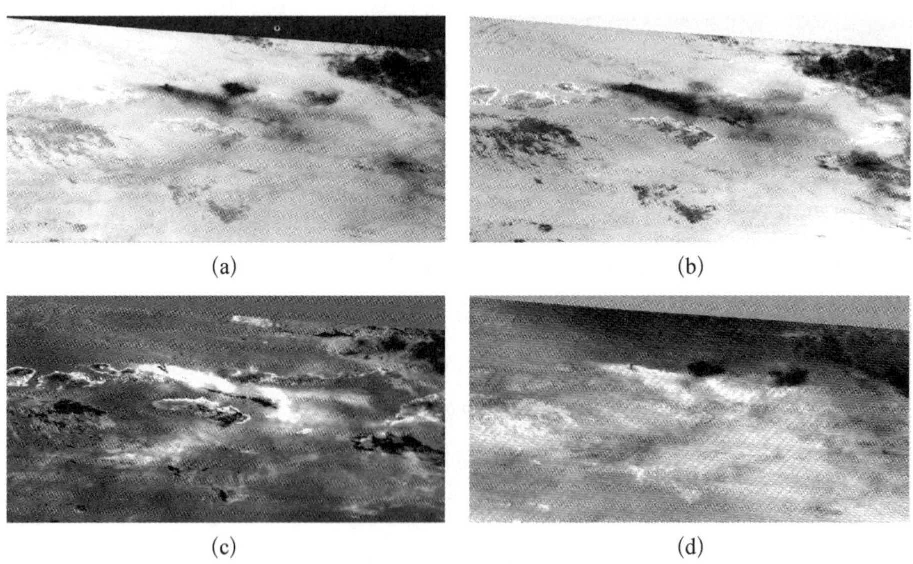

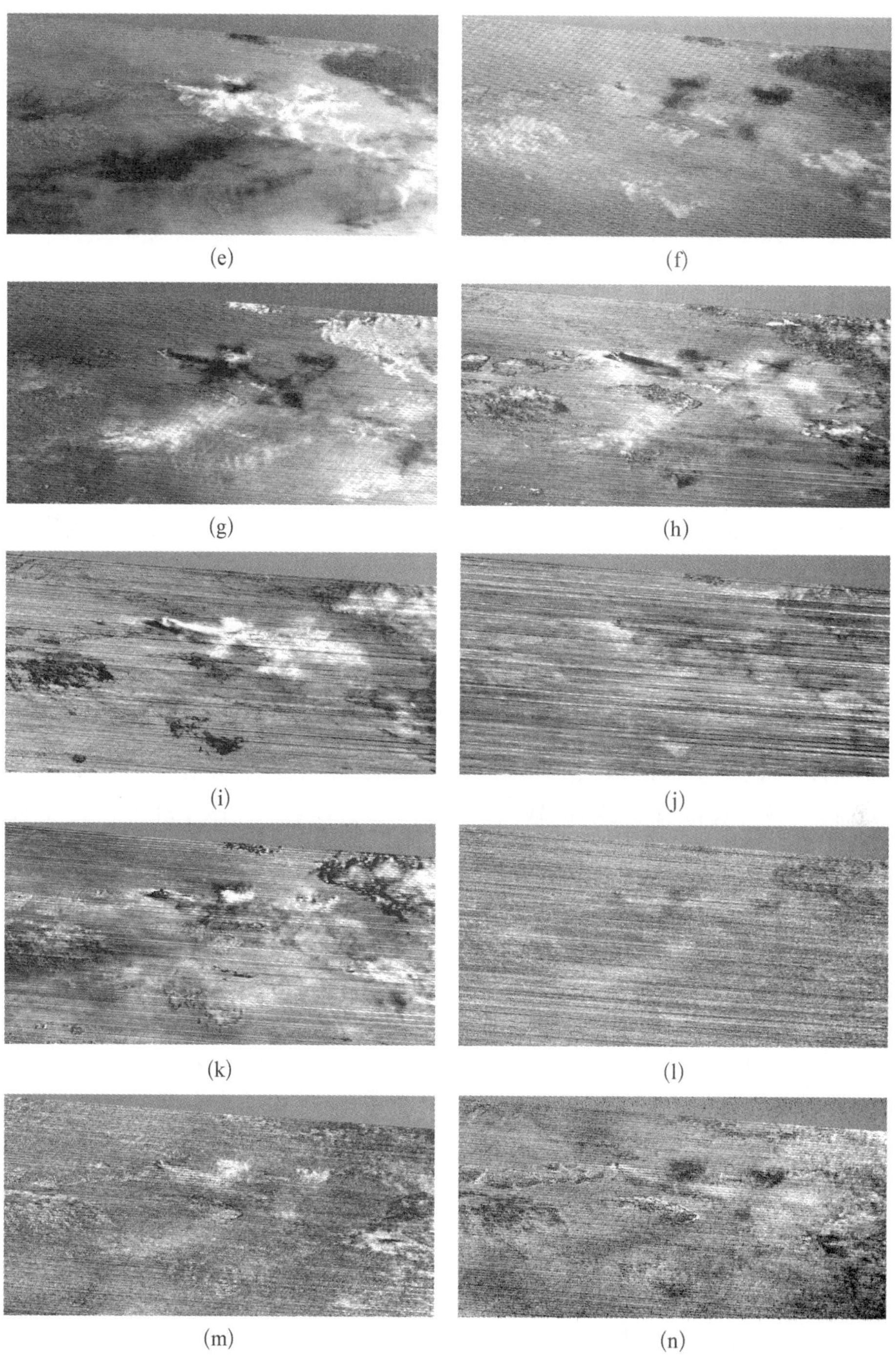

(e) (f) (g) (h) (i) (j) (k) (l) (m) (n)

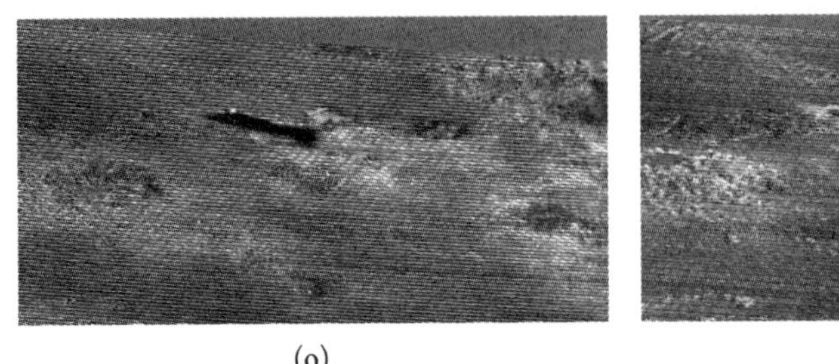

(o)

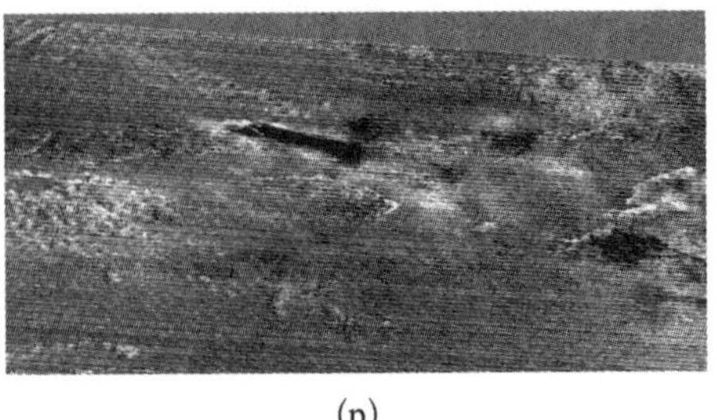

(p)

图 3.9　桑厄昂火山灰云的 MODIS 主成分图像,(a)～(p)分别为 PCI1～PCI16

从图 3.9 中看出,在 PCI1 中,火山灰云和气象云颜色较深,为灰黑色,海水和陆地的颜色则大都为灰白色,从整体上看火山灰云和气象云与陆地、海水等类型地物边界对比非常明显。其次是 PCI2,在从主成分图像中区分出火山灰云和气象云信息后,PCI2 也在一定程度上凸显了火山灰云东南方向的一部分碎片信息。PCI3 中,尽管将火山灰云信息与气象云、海水和陆地等区分开来,但是火山灰信息开始变得模糊且与一些岛屿裸露的海岸混淆严重。在 PCI4～PCI16 中,火山灰云对气象云和陆地的对比逐渐弱化,且越是处于后面出现的主成分图像,其噪声信息越大。据分析,主成分图像中主要背景包括气象云和海水、陆地等类型地物信息。对于气象云而言,云层高度越高,颜色越白,这是因为云层越高,其在红外波段范围内的亮度温度较低,颜色就越白;相反,当云层高度较低时,由于吸收大量的地面辐射热量,其在红外波段范围内亮度温度就越高,颜色也就越深。对于陆地而言,地表亮度温度逐渐随着从低到高的顺序而使颜色从浅灰色逐渐变成黑色。

总体而言,MODIS 红外波段数据经过主成分分析处理后,火山灰云、气象云、陆地和海水等不同类型地物信息得到了集聚,突出了火山灰云信息,这提高了火山灰云的可分离性。在一定程度上,有利于后续从主成分图像中识别火山灰云信息。

2) 综合变分贝叶斯 ICA 与 SVM 方法提取火山灰云信息

① 变分贝叶斯 ICA 处理

本节中,将主成分分析处理后得到的全部桑厄昂火山灰云主成分图像调入变分贝叶斯 ICA 模型中，进行不同类型地物成分信息的分离。图 3.10 为经过变分贝叶斯 ICA 处理后的桑厄昂火山灰云独立成分图像（independent component image，ICI）。

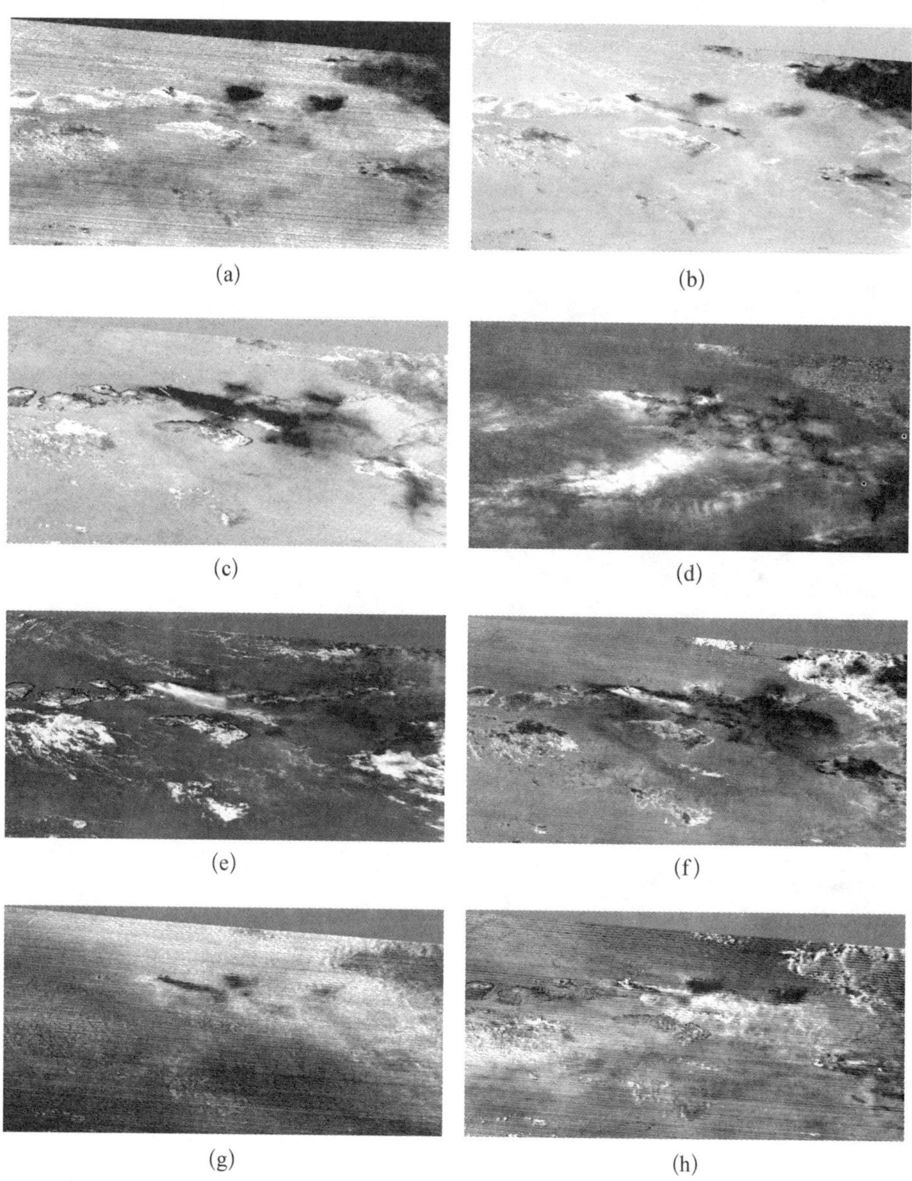

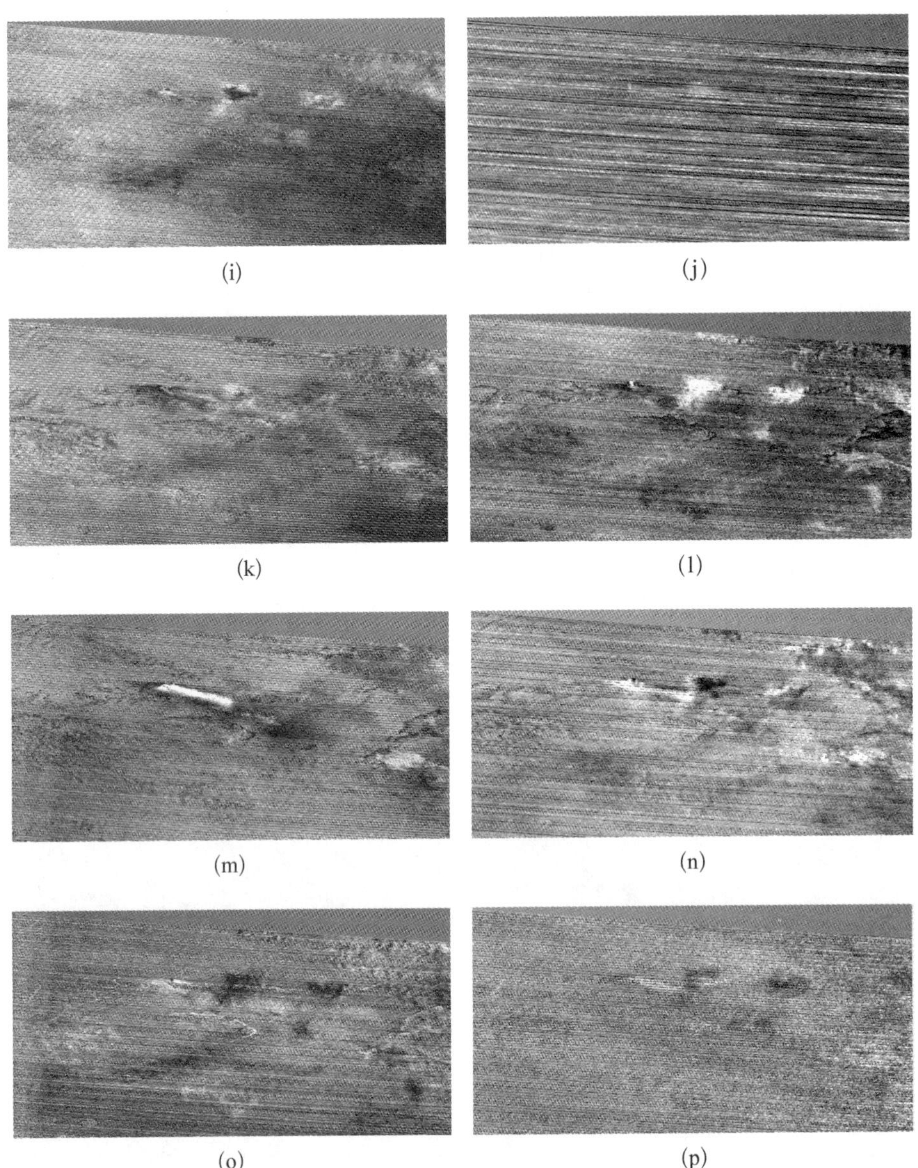

图 3.10　变分贝叶斯 ICA 获得的火山灰云独立成分图像，
(a)～(p)分别为 ICI1～ICI16

由变分贝叶斯 ICA 方法的基本原理可知，经变分贝叶斯 ICA 处理后得到的独立成分图像是随机产生的，并不是根据火山灰云信息量的大小依次排列。因此，图 3.10 中的 ICI1～ICI16 也是随机出现的。从图 3.10 中看出，经过变分贝叶斯 ICA 处理后的独立分量图像中，不同类型地物信息之间的差异被明显增大，亦即其不同地物类型之间的可分性被增大，有利于提高火山灰云专题信息的提取精度。根据目视判读可知，ICI3 中火山灰云信息量是最大的，且火山灰云信息与气象云、海水和陆地对比非常清晰，而其他独立成分图像不同成分之间对比并不明显，火山灰云信息误判现象较为严重。

为了更加详细地了解经过变分贝叶斯 ICA 方法处理后得到的独立成分图像质量，接下来，本节提出针对经过变分贝叶斯 ICA 方法处理得到的桑厄昂火山灰云独立成分图像，分别计算每个独立成分图像的颜色直方图。

通过对遥感数据进行分析可知，遥感数据中原始波段的颜色直方图分布比较相似，一般都呈现尖锐的锯齿状，灰度分布也比较集中，这表明遥感数据原始波段中地物光谱分布较为杂乱，不同波段之间存在着显著地内部相关性。与此相反，在颜色直方图中看出，经过变分贝叶斯 ICA 处理后的桑厄昂火山灰云独立成分图像的颜色直方图呈现出明显的峰值，灰度分布逐渐趋于均匀分布，且峰值分布也逐渐区域平缓，即使是噪声信息非常严重的独立成分图像中，其峰值分布也得到了一定程度的平缓。这表明经过处理后的独立成分图像中的地物光谱分布的复杂性趋于简单，波段相关性也得到降低，亦即经过变分贝叶斯 ICA 处理后的独立成分图像，火山灰云信息与独立成分图像中海水、陆地等背景地物之间的反差增大，其光谱分布也更加趋于均匀化，在一定程度上，增加了 MODIS 遥感图像中火山灰云专题信息的可分离性。

② 火山灰云信息识别

将使用变分贝叶斯 ICA 方法处理后得到的 16 个桑厄昂火山灰云独立成分图像作为输入特征向量，分别参与到 SVM 分类器的训练和学习。其中 SVM 分类器的核函数选择 RBF 核函数，惩罚系数 $C=800$，间隔系数 $\gamma=0.035$。最后，经过综合变分贝叶斯 ICA 与 SVM 相结合方法处理后，即可从 MODIS 遥感图像中识别出 2014 年 5 月 30 日桑厄昂火山灰云信息。结果如图 3.11 所示。

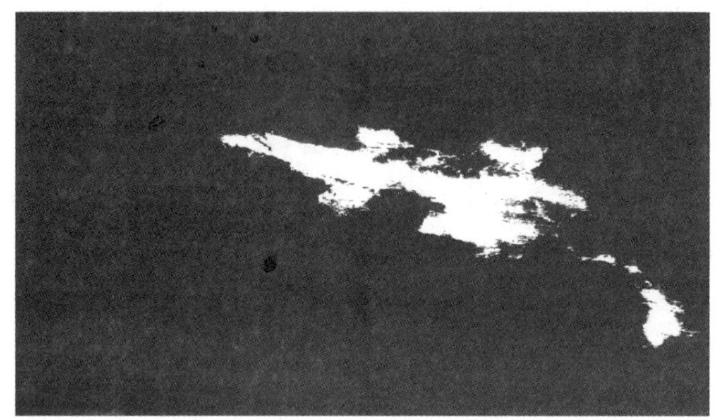

图 3.11　综合变分贝叶斯 ICA 与 SVM 方法获得的 2014 年 5 月 30 日桑厄昂火山灰云信息，白色部分为火山灰云

从图 3.11 中看出，综合变分贝叶斯 ICA 与 SVM 方法准确地识别出了 2014 年 5 月 30 日桑厄昂火山灰云信息，且识别出的火山灰云信息仅在东南方向出现少量的破碎图斑，图像质量较高，目视效果也相对较好。

§3.3　综合 PCA - ICA 加权与 SVM 的火山灰云遥感监测算法

3.3.1　综合 PCA - ICA 加权与 SVM 算法

1. PCA - ICA 加权方法

PCA 方法是沿着数据集方差最大方向寻找一些相互正交的轴（图 3.12(a)），与 PCA 不同，ICA 方法是沿着最大统计方向的轴，而不限制于这些轴是否正交（图 3.12(b)）。因此，利用 ICA 方法能够从遥感图像中求解出一组相互独立的基影像并构建一个子空间，进而利用待分类遥感图像在子空间上的投影系数进行分类。

PCA 作为一种线性特征提取方法，在二阶统计分析方面，不仅能够实现高维数据的维数压缩，而且还能最大限度地保留高维数据之间的结构分布。ICA 是 PCA 方法在高阶统计分析的延续，能够利用数据的高阶统计信息提取

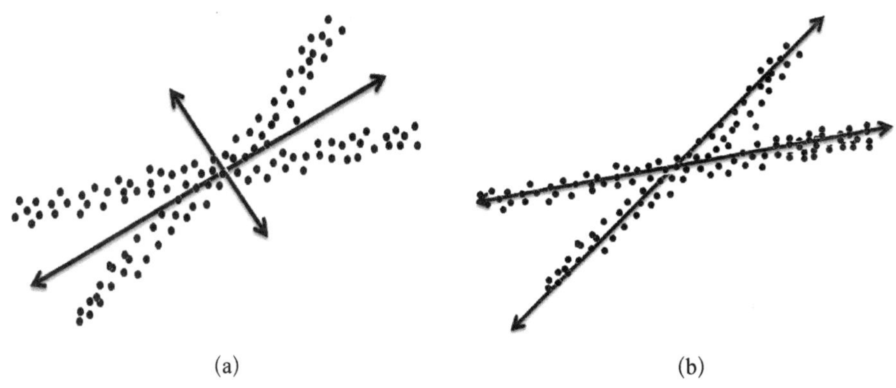

图 3. 12　PCA 和 ICA 投影轴在二维空间的关系

不同的独立特征,更加准确地表述数据的局部细节特征。这两类方法分别从不同的角度描述了数据的统计信息。在综合考虑 PCA 和 ICA 方法优缺点的基础上,提出了利用 PCA – ICA 加权的改进方法。

1）PCA – ICA 加权方法

具体的 PCA – ICA 加权方法如下所示：

① 特征加权

对于遥感图像 x,分别用 x_p 和 x_i 表示经 PCA 和 ICA 提取出的特征,y 表示 PCA 和 ICA 的加权特征，$y = wx_i + (1 - w)x_p$。假设存在 N 维遥感影像 x_1，x_2，x_3，…，x_N,则与之相对应的加权特征表示为 y_1，y_2，y_3，…，y_N。其中,对于提取出的主成分特征和独立成分特征的个数而言,可以通过计算贡献率和累计贡献率来确定。

贡献率的计算公式如下所示：

$$R = \lambda_j / \sum_{i=1}^{N} \lambda_i \tag{3.36}$$

式中,R 为贡献率,λ_i 为特征值,λ_j 为第 j 个特征值，i，$j = 1$，2，3，…，N。

累计贡献率的计算公式如下所示：

$$R = \sum_{j=1}^{m} \lambda_j / \sum_{i=1}^{N} \lambda_i \tag{3.37}$$

式中，$\sum R$ 为累计贡献率，m 为需要提取出的主成分特征和独立成分特征个数。一般而言，m 的选择标准是需要满足贡献率或累计贡献率属于[85%，95%]。在本试验中，其贡献率或累计贡献率设定为 90%。

② 相似性度量

本研究中采用距离法进行相似性度量。对于模式 u 和 v，两者之间的相似性度量表示为 $S(u, v)$，当 S 值越大，u 和 v 之间就越相似。

距离法相似性度量公式可以表示为 $d(u, v) = \| u-v \|^2$。对于待分类的遥感图像 y 来说，遥感图像 y 与不同波段影像 y_i 之间的距离计算公式可以表示为：$d(u, v) = \| y-y_i \|^2$，$i=1, 2, 3, \cdots, N$。于是相似性度量 S 可表示为：$S(y, y_i) = 1-\dfrac{d(y, y_i)-\min d(y, y_i)}{\max\limits_i d(y, y_i)-\min d(y, y_i)}$，$i=1, 2, 3, \cdots, N$。

③ 规则识别

对于待进行专题信息提取的遥感图像 y 来说，分别计算遥感图像 y 与不同波段影像 y_i 之间的相似性，并将其判别归纳为与其最相似的训练样本所对应的类别 j 中，类 j 的计算公式可以表示为 $j = Arg\ \max\limits_i\{S(y, y_i)\}$。

2）实验

① 实验环境

本节以高光谱成像仪 HSI 遥感图像为数据源，综合利用 ENVI 4.6 和 Matlab 7.0 软件编程实现整个处理过程。其中，计算机硬件环境为 Intel (R) Core (TM) i5 - 2400 CPU @ 3.10 GHz、2 G 内存、Windows 8.0 操作系统。HSI 高光谱成像仪搭载在环境与灾害监测预报小卫星（HJ - 1A）上，HSI 地面分辨率为 100 m，一共具有 115 个波段（图像数据集），光谱范围为 450～950 nm 之间。每一幅遥感图像数据中包括建筑用地、水体、绿地和农用地四类地物目标构成，研究区范围为 100 像元×100 像元。实验时分别从中选取前 40 幅遥感图像作为训练样本，余下的 75 幅遥感图像作为测试样本。训练集和测试集中分别有 160 个和 300 个地物样本。

② 实验过程

在本节中，成分分析和独立分量分析方法的加权系数用 ω 表示，$0 \leqslant \omega \leqslant 1$。

设定主成分分析方法的加权系数为 ω，则独立分量分析方法的加权系数为 $1-\omega$。单一利用主成分分析方法时，ω 为 0；单一利用独立分量分析方法时，ω 为 1。

当把所有的数据训练集进行训练，不但浪费大量的计算机内存资源、耗时较长，而且也并不一定能够达到最佳的效果。因此，我们可以通过计算贡献率和累计贡献率分析来确定最佳的特征向量个数。实验中训练集的贡献率和累计贡献率如图 3.13 所示。从图 3.13 中看出，对于贡献率而言，贡献率随着训练样本数目的增加而降低，当训练样本数目增加到一定数量时，贡献率基本上为零；同理，累计贡献率随着训练样本数目的增加而增加，当训练样本数目增加到一定数量时，贡献率基本上就不再发生变化。在本节中，当累计贡献率达到 90% 时，只需要 12 个特征向量就可以达到较好的训练效果。

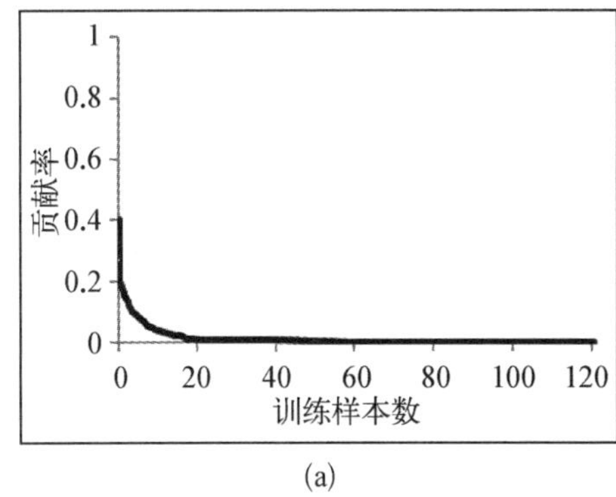

(a)

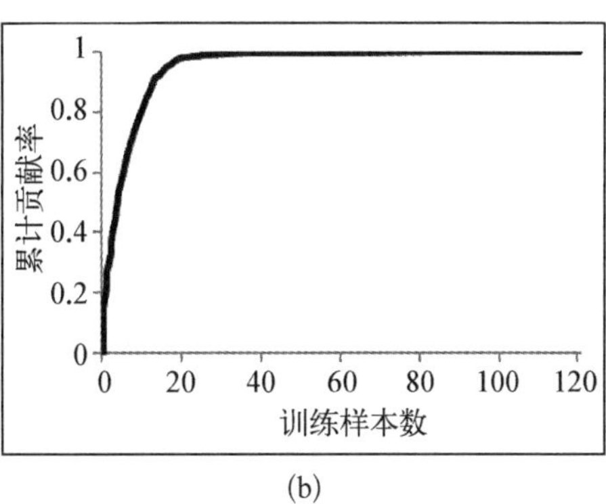

(b)

图 3.13　贡献率(a)和累计贡献率(b)

③ 实验结果

图 3.14 和图 3.15 分别是经过主成分分析和独立分量分析方法处理后得到效果相对较好的 12 个主成分特征图像和独立成分特征图像。从图 3.14 中看出，经过主成分分析方法处理后的主成分特征图像中，各正交基呈现出的地物类型形状较好地反映出了其各自的分布状况，保留了不同地物类型信息之间的拓扑关系。从图 3.15 中看出，经过独立分量分析方法处理后的独立成分特征图像中，突出了高光谱遥感图像中不同地物类型的局部轮廓特征和灰度信息，较好地体现了地物类型的细节状况。

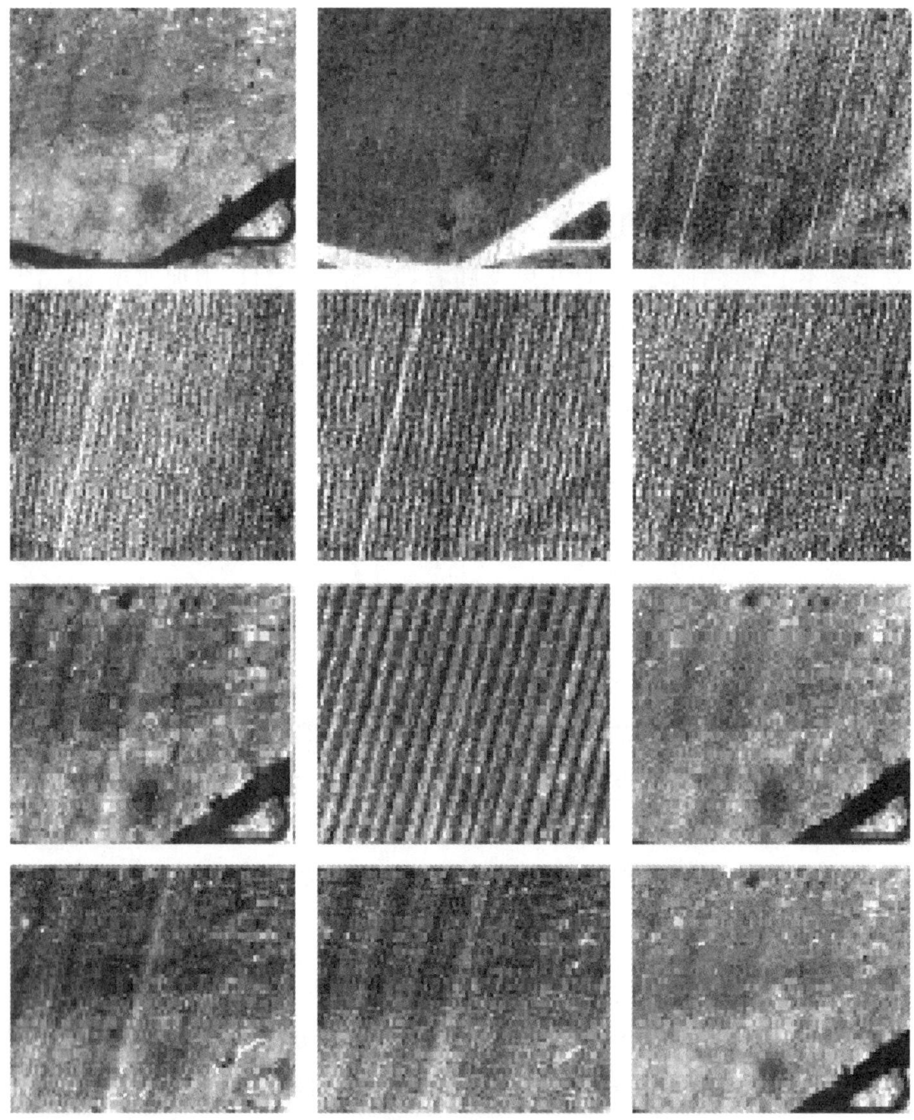

图 3.14　PCA 方法提取出效果较好的主成分图像

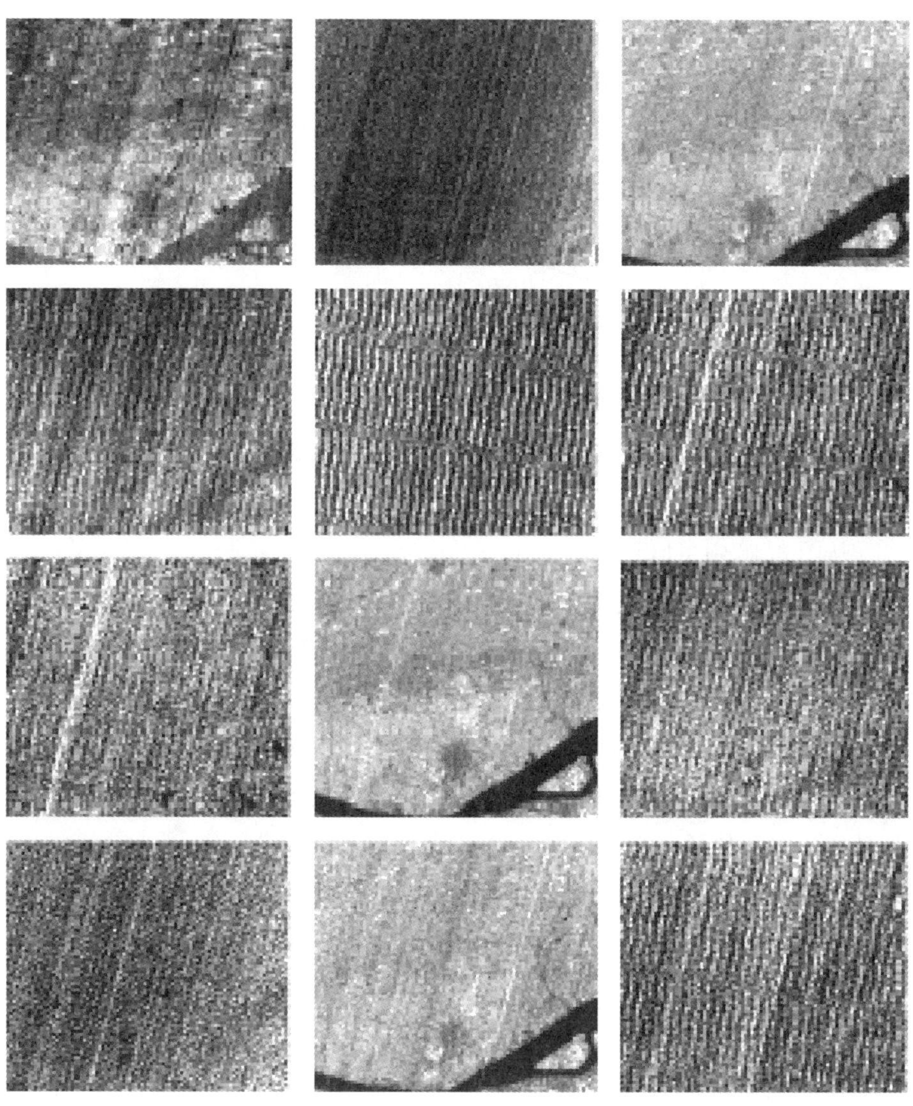

图 3.15　ICA 方法提取出效果较好的独立成分图像

图 3.16 为本节中由 PCA－ICA 加权得到的 HSI 高光谱遥感图像专题信息提取精度对比。

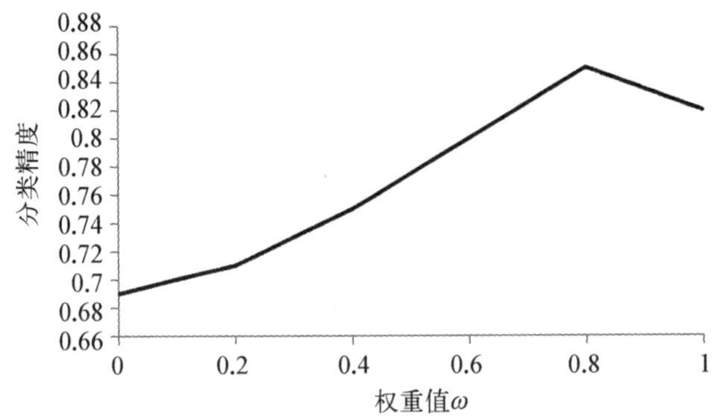

图 3.16　基于 PCA－ICA 加权的遥感图像专题信息提取精度对比

从图 3.16 中可以看出：

A. 用 PCA 方法进行遥感图像专题信息提取时，也就是从权重系数 $\omega=0$，距离相似性度量的 HSI 遥感图像专题信息提取精度约为 69%。

B. 用 ICA 方法进行遥感图像专题信息提取时，也就是从权重系数 $\omega=1$，距离相似性度量的 HSI 遥感图像专题信息提取精度约为 82%。

C. 从利用单一特征提取方法来说，ICA 方法的 HSI 遥感图像专题信息提取精度要优于 PCA 方法。

D. 当 PCA 和 ICA 的加权值 $\omega=0.8$ 时，本文提出的基于 PCA－ICA 加权的 HSI 遥感图像专题信息提取方法的最高精度达到了 85%，取得了较好的效果。

2. 综合 PCA－ICA 加权与 SVM 算法

1）综合 PCA－ICA 加权与 SVM 算法

具体的综合 PCA－ICA 加权与 SVM 的遥感图像专题信息提取方法如下所示：

① 特征加权

对于遥感图像 x，分别用 x_p 和 x_i 表示经主成分分析和独立分量分析方法提取出的特征，y 表示主成分分析和独立分量分析的加权特征，$y = wx_i + (1-w)x_p$。假设存在 N 维遥感图像 x_1，x_2，x_3，…，x_N，则与之相对应的加权特征表示为 y_1，y_2，y_3，…，y_N。

② 相似性度量

本研究中采用距离法和余弦法两种不同的标准进行相似性度量。模式 u 和 v 的相似性度量表示为 $S(u, v)$，当 S 值越大，u 和 v 之间就越相似。

A. 距离法相似性度量

距离法相似性度量公式可以表示为 $d(u, v) = \| u - v \|^2$。对于待分类的遥感图像 y 来说，遥感图像 y 与不同波段图像 y_i 之间的距离计算公式可以表示为：$d(u, v) = \| y - y_i \|^2$，$i = 1, 2, 3, \cdots, N$。于是相似性度量 S 可表示为：$S(y, y_i) = 1 - \dfrac{d(y, y_i) - \min d(y, y_i)}{\max\limits_i d(y, y_i) - \min d(y, y_i)}$，$i = 1, 2, 3, \cdots, N$。

B. 余弦法相似性度量

余弦法相似性度量公式可以表示为 $\cos(u, v) = \dfrac{u \cdot v}{\| u \| \cdot \| v \|}$。对于待分类的遥感图像 y 来说，同理，遥感图像 y 与不同波段图像 y_i 之间的余弦值可以表示为 $\cos(y, y_i)$，$i = 1, 2, 3, \cdots, N$。于是相似性度量 S 可表示为：$S(y, y_i) = \cos(y, y_i)$，$i = 1, 2, 3, \cdots, N$。

③ 识别规则

对于待分类的遥感图像 y 来说，分别计算遥感图像 y 与不同波段图像 y_i 之间的相似性，并将其判别归纳为与其最相似的训练样本所对应的类别 j 中，类 j 的计算公式可以表示为 $j = Arg \max\limits_i \{S(y, y_i)\}$。

④ SVM 专题信息提取

SVM 专题信息提取主要包括构建多类 SVM 分类和选择 SVM 核函数。首先需要根据样本类别数目构建 $n(n-1)/2$ 个分类器，将所有的测试样本数据全部进入二分器进行类别判断。接下来，采用与遥感图像类型相适应的核函数类型，如径向基核函数、S 型核函数和线性核函数等，进而构建出基于该核函数的分类器对遥感图像进行分类，最终实现遥感图像专题信息的提取。

2）实验

① 实验环境

本节仍以高光谱成像仪 HSI 遥感图像为数据源，综合利用 ENVI 4.6 和 Matlab 7.0 软件编程实现整个处理过程。其中，计算机硬件环境为 Intel (R) Core (TM) i5 - 2400 CPU @ 3.10 GHz、2 G 内存、Windows 8.0 操作系统。HSI 高光谱成像仪搭载在环境与灾害监测预报小卫星(HJ - 1A)上，HSI 地面分辨率为 100 m，一共具有 115 个波段(图像数据集)，光谱范围为 450～950 nm 之间，平均光谱分辨率为 5 nm。每一幅遥感图像覆盖范围为 100 像元×100 像元，含有建筑用地、水体、绿地和农用地等地物信息。实验时分别从中选取前 40 幅遥感图像作为训练样本，余下的 75 幅遥感图像作为测试样本。训练集和测试集中分别有 160 个和 300 个地物样本。

② 实验过程

在本节中，PCA 和 ICA 方法的加权方式如表 3.3 所示，一共有四种。ω 表示加权系数，$0\leqslant\omega\leqslant1$。设定 PCA 方法的加权系数为 ω，则 ICA 方法的加权系数为 $1-\omega$。接下来，将经过 PCA - ICA 加权组合后的地物特征全部参与到 SVM 分类器训练。根据遥感图像类型，SVM 分类器的核函数参数分别选取惩罚系数 $C=900$ 和间隔系数 $\gamma=0.05$，惩罚系数 $C=1\ 000$ 和间隔系数 $\gamma=0.06$，惩罚系数 $C=1\ 100$ 和间隔系数 $\gamma=0.07$。

表 3.3 加权方式组合

	方式一	方式二	方式三	方式四
PCA 方法	距离相似性度量	余弦法相似性度量	余弦法相似性度量	距离相似性度量
ICA 方法	距离相似性度量	余弦法相似性度量	距离相似性度量	余弦法相似性度量

③ 实验结果

图 3.17 为本节中提出的综合 PCA - ICA 加权与 SVM 的遥感图像专题信息提取方法在四类核函数参数条件下进行的 HSI 遥感图像分类结果对比，从中可以看出：

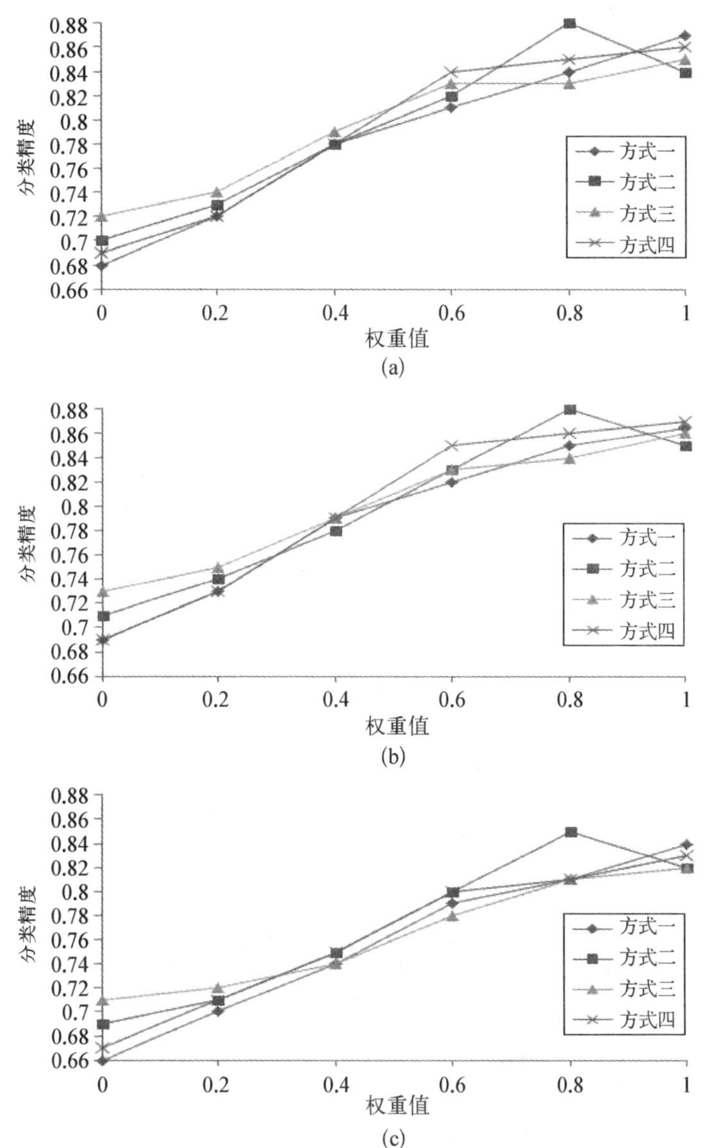

图 3.17　不同核函数下的遥感图像专题信息提取结果(a)、(b)、(c)分别为 C=900 和 γ=0.05、C=1 000 和 γ=0.06、C=1 100 和 γ=0.07

A. 用 PCA 和 SVM 相结合的方法进行遥感图像专题信息提取时，亦即 $\omega=0$，距离法相似性度量（方式一）的分类精度约为 68%、69%和 66%，余弦法相似性度量（方式二）的分类精度约为 70%、71%和 69%。

B. 用 ICA 和 SVM 相结合的方法进行遥感图像专题信息提取时，亦即 $\omega=1$，距离法相似性度量（方式一）的分类精度约为 87%、88%和 85%，余弦法相似性度量（方式二）的分类精度约为 84%、85%和 83%。

C. 从利用单一特征提取方法来说，无论是采用距离法相似性度量或余弦法相似性度量，ICA 和 SVM 相结合方法的遥感图像分类精度要优于主成分分析和支持向量机相结合方法。

D. 本文提出的综合 PCA - ICA 加权与 SVM 的遥感图像专题信息提取方法，当采用方式二和权重值 ω 为 0.8、0.81、0.78 时，提出方法的最高精度分别达到了 88%、87%和 85%，取得了较好的分类效果。

E. 支持向量机分类器中核函数参数的优化至关重要。实验中不同的核函数参数值直接决定着分类器的学习训练过程，进而影响到遥感图像的整体分类精度。因此，在实际应用中，需要根据实际情况和数据特征，有选择性地对支持向量机核函数参数进行优化，从中选出最适合数据特征的参数，以便达到最佳的分类效果。

3.3.2 火山灰云监测案例——以桑厄昂火山灰云为例

同理，在 ENVI 4.6 软件对 2014 年 5 月 30 日桑厄昂火山灰云 MODIS 图像进行预处理和假彩色合成后的结果如图 3.18 所示。

图 3.18 桑厄昂火山灰云假彩色合成图像

从图 3.18 中看出，火山灰云信息呈现出灰白色，与周围背景的海水和岛屿等类型地物信息区别较为明显。但是，火山灰云信息与气象云混淆则比较严重。

首先，MODIS 图像的波段 20～36(除波段 26)经过 PCA－ICA 加权处理后，得到 2014 年 5 月 30 日桑厄昂火山灰云的 16 个独立成分(图 3.19)。这些独立成分图像基本上包含了绝大多数火山灰云信息。

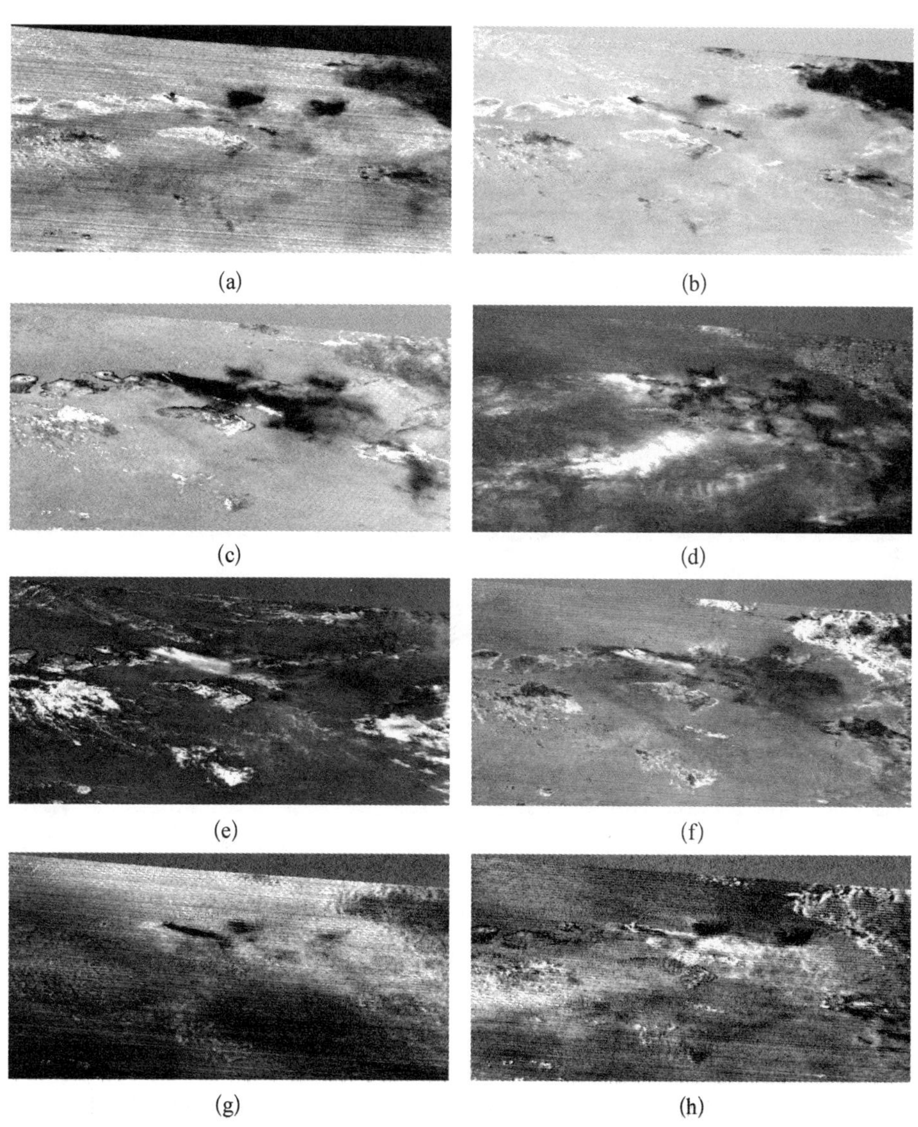

(a) (b) (c) (d) (e) (f) (g) (h)

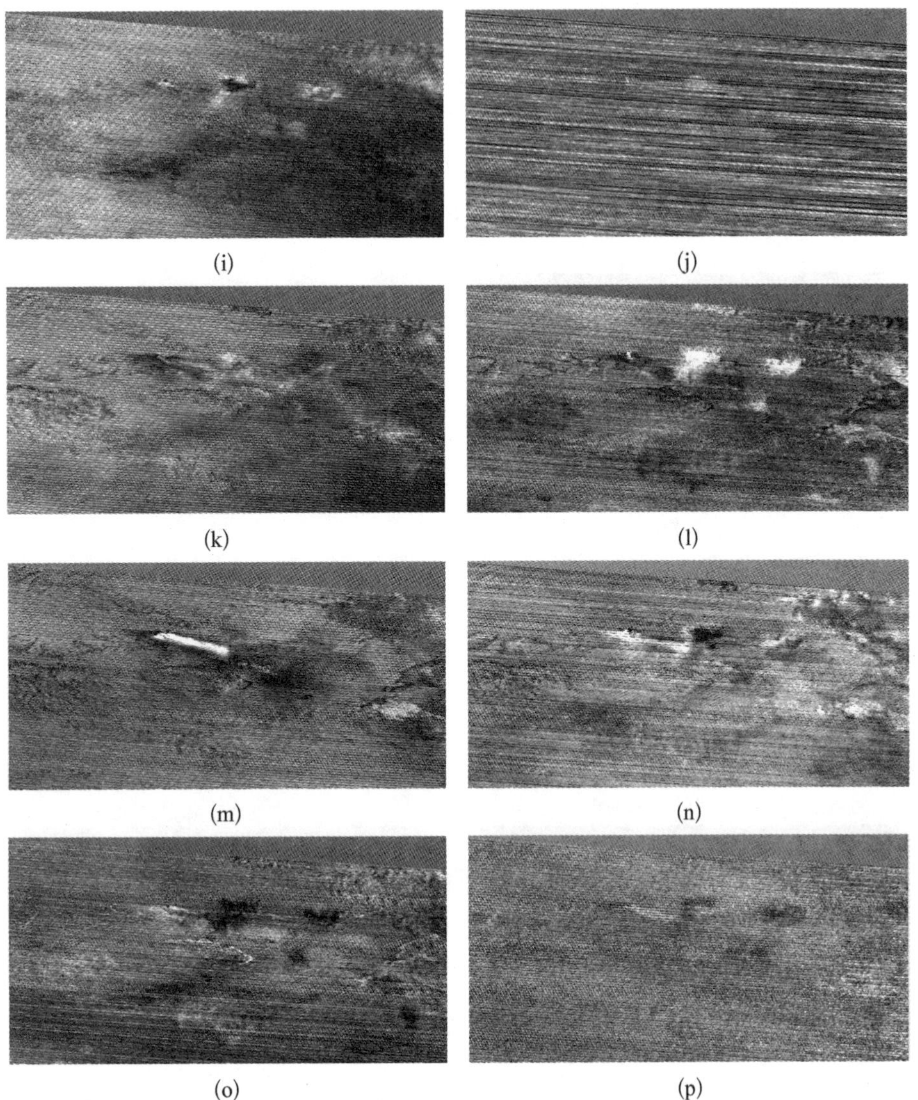

图 3.19 PCA－ICA 加权处理得到的独立成分图像，(a)～(p)分别为 ICI1～ICI16

从图 3.19 中看出，经过 PCA－ICA 加权方法处理后的独立成分图像，不同类型地物信息之间的差异被明显增大，亦即其不同地物类型之间的可分性被增大，有利于提高火山灰云专题信息的提取精度。

此外，为了更加详细地了解经过 PCA－ICA 加权方法处理后得到的独立成分图像质量，接下来，针对经过 PCA – ICA 加权方法处理得到的桑厄昂火山灰云独立成分图像，分别计算每个独立成分图像的颜色直方图。通过颜色直方图从中发现，经过 PCA – ICA 加权方法处理后的桑厄昂火山灰云独立成分图像的颜色直方图呈现出明显的峰值，灰度分布逐渐趋于均匀分布，且峰值分布也逐渐趋于平缓，即使是噪声信息非常严重的独立成分图像中，其峰值分布也得到了一定程度的平缓。这表明经过处理后的独立成分图像中的地物光谱分布的复杂性趋于简单，波段相关性也得到降低，亦即经过 PCA – ICA 加权方法处理后的独立成分图像中，火山灰云信息与独立成分图像中海水、陆地等背景地物之间的反差增大，其光谱分布也更加趋于均匀化，在一定程度上，增加了 MODIS 遥感图像中火山灰云专题信息的可分离性。

将使用 PCA – ICA 加权方法处理后得到的 16 个桑厄昂火山灰云独立成分图像作为输入特征向量，分别参与到 SVM 分类器的训练和学习。其中 SVM 分类器的核函数选择 RBF 核函数，惩罚系数 $C=800$，间隔系数 $\gamma=0.035$。最后，经过综合 PCA – ICA 加权与 SVM 方法处理后，即可从 MODIS 遥感图像中识别出 2014 年 5 月 30 日桑厄昂火山灰云信息。结果如图 3.20 所示。

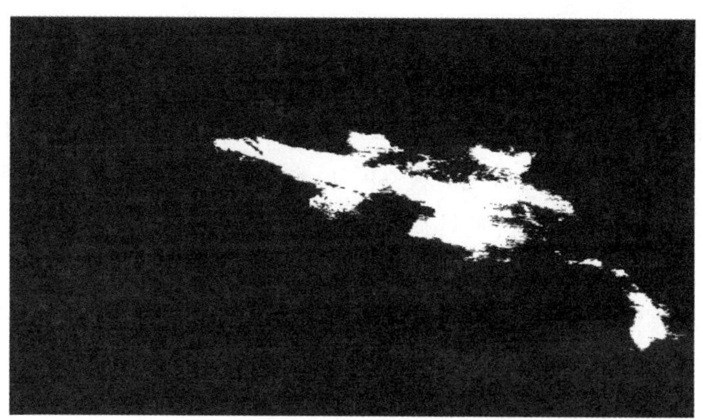

图 3.20　综合 PCA – ICA 加权与 SVM 方法获取的火山灰云信息，白色部分为火山灰云

从图 3.20 中看出，综合 PCA – ICA 加权与 SVM 方法准确地识别出了 2014 年 5 月 30 日桑厄昂火山灰云信息，且识别出的火山灰云信息破碎图斑很少，图像质量较高，目视效果也比较好。

§3.4 其他火山灰云遥感监测算法

3.4.1 火山灰云矿物成分及光谱特征

1. 火山灰云矿物成分

火山灰有狭义和广义之分。狭义的火山灰是指火山喷发时喷射到大气中的碎屑颗粒物(粒径小于 2 mm),包括火山岩石、矿物和火山玻璃碎屑等。广义的火山灰是指火山喷发时,喷射到空气中的不同粒径的各种空落火山碎屑物的总称。通常情况下,粒径大于 2 mm 的火山碎屑物会在火山爆发后几分钟至几天的时间内沉降下来,而粒径小于 2 mm 的细而轻的火山灰则一般要经过数小时至数月甚至是数年才能够沉降下来。尽管全球各地火山类型和火山灰碎屑外形、成分等不尽相同,但是绝大多数成分都为矿物质。

一般火山灰的分布状态可分为以下三种类型:

(1) 呈点状或局部聚合成小片状,分散在 0.5～1 cm 厚的范围内。

(2) 明显的致密层状态沉积物,厚约 1 cm。

(3) 黑色呈小团块或聚片状,分散在约 3 cm 厚的范围内。

火山灰的这种沉积特点在一定程度上反映出火山灰来源多少、沉降速率以及搬运距离的不同。黑色和褐色火山灰的粒径大小不等,一般介于 0.01～0.5 mm 之间。通过在扫描电子显微镜下观察可知,粒径在 0.1～0.4 mm 之间的颗粒多为不规则棱角状,少量颗粒则具有风蚀痕迹呈现出椭圆状或表面有气泡爆裂弧面、凹坑并且有白色充填物。火山灰的成分主要由玻屑、岩屑和晶屑等组成。其中,以黑色岩屑和黄色玻屑为主,约占 80%～90%;其次为包括长石、辉石、角闪石和磷灰石等的晶屑。

2. 火山灰云矿物光谱特征

火山灰中的矿物包括晶屑、岩屑以及玻屑中的微晶。晶屑矿物主要有辉石、长石、角闪石、橄榄石和金属氧化物等。微晶主要有橄榄石、辉石和长石。

1) 长石

长石在各层火山灰中均可见到,呈细板状或长条状,偶见聚片状双晶。其在岩屑中多数呈现细长条状。尽管火山灰中化学成分含量不同,但是总体来说长石的成分变化不大，余各层中钾含量基本上都介于 0.1%～0.24%之间。

2）辉石

辉石在岩屑中与斜长石、橄榄石共生，形成间粒结构。辉石晶屑呈现绿色的玻璃光泽、粒状、透明-半透明，大小在 0.03～0.3 mm 之间。薄片中具有多色性为绿-淡绿色。

3）橄榄石

在火山灰中很少见到新鲜的橄榄石，在岩屑中可见到新鲜的橄榄石和单斜辉石、斜长石共生等粒状。橄榄石中 Fe/Mg＋Fe 值的变化范围在 23～35 之间，Fo：68～77 属于镁质贵橄榄石。

4）角闪石和金属矿物

火山灰中的角闪石为墨绿色片状，具细裂纹。薄片中呈黄绿色-绿色的多色性。钛铁氧化物在火山喷发物中普遍作为副矿物存在。

5）玻屑和基质

火山灰中的玻屑和基质成分相当于基性玄武岩。火山玻璃的 FeO 和 MgO 偏低，Na_2O 和 TiO_2 较高，即玻璃熔体的成分相当于玄武岩浆中由于矿物析出后的残浆。

图 3.21 为火山灰云中的主要矿物成分在不同的波段范围的光谱反射特征。

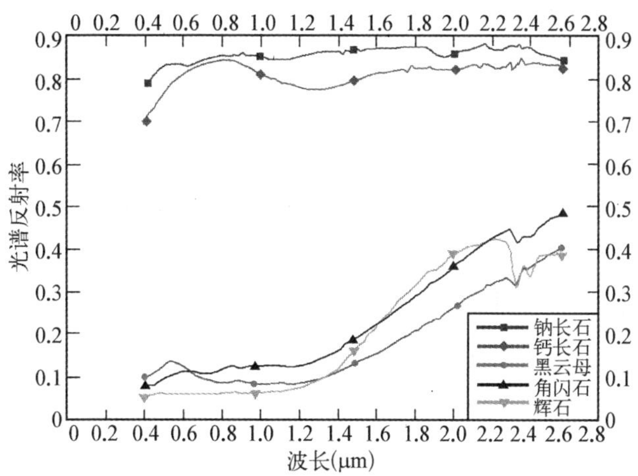

图 3.21　火山灰云中主要矿物成分的光谱反射特征

从图 3.21 中看出，不同的火山灰云矿物成分在不同波段范围内具有独特的光谱反射特征，其中钠长石和钙长石反射特征总体比较近似，黑云母、角闪石和辉石的光谱反射特征总体比较近似，但是具体到不同的光谱段内，不同的矿物反射特征又各有差异。这也就为遥感监测火山灰云提供了物理基础。目前，常被用来进行火山灰云监测的光谱波段范围有热红外波段、紫外波段、可见光波段等。

3.4.2 热红外差值法

1. 火山灰云亮度温度概述

亮度温度是指实际物体在某一波长下的光谱辐射度与绝对黑体在同一波长下的光谱辐射度相等时的黑体温度。火山灰云的亮度温度界定亦是如此，其数学表达式为：

$$\varepsilon(\lambda,\ T)\cdot\frac{c_1}{\pi}\lambda^{-5}\left[\exp\frac{c_2}{\lambda T}-1\right]^{-1}=\frac{c_1}{\pi}\lambda^{-5}\left[\exp\frac{c_2}{\lambda T_s}-1\right]^{-1} \tag{3.38}$$

式中，λ 为波长，单位是μm，$\varepsilon(\lambda,\ T)$为温度 T 时实际物体在波长 λ 下的光谱发射率，其值范围介于 0～1 之间，C_1为第一辐射常数，$C_1=3.741\,8\times10^{-16}\ \mathrm{W\cdot m^2}$，$C_2$为第二辐射常数，$C_2=1.438\times10^{-2}\ \mathrm{W\cdot k}$，$T$ 为实际物体的真实温度，单位为℃，T_s为绝对黑体的亮度温度，单位为 K。

通常利用热红外遥感数据来反演云顶、地表、海面的温度。大型火山灰云在喷发初期进入平流层时，携带了大量的热量、水汽和火山碎屑颗粒物等，使得其云顶亮度温度要高于周围的气象云团温度。目前，利用遥感技术仅能探测到火山灰云的云顶温度，其内部温度并不能够很好地被获取，往往需要借助航测飞机或其他手段去实地获取。

一般来说，自然界任何高于热力学温度的物体都不断向外发射电磁波。当温度增加时，总辐射能量增加，最大波长逐渐变短；反之亦然。

由普朗克定律可知，黑体辐射强度的计算公式为：

$$B_\lambda(T)=\frac{hc^2}{\lambda^5(e^{hc/\lambda kT}-1)} \tag{3.39}$$

式中，h 为普朗克常数，$h=6.6260693\times10^{-34}$ J·s，c 为光速，$c=3\times10^{8}$ m/s，k 为波尔兹曼常数，$k=1.3806505\times10^{-23}$ J/K，T 为热力学温度，单位为 k。

当温度已知后，即可获得地物的能量谱分布，进而推算出该地物的能量谱峰值的波长。反之，当知道地物的能量谱分布和辐射强度时，亦可以推导出该地物的实际温度。这就是火山灰云亮度温度的遥感反演理论基础。在实际应用中，进行火山灰云的亮温遥感反演时，通常采用的热红外通道的波长范围为 10.3～12.5 μm。

2. 火山灰云的热红外遥感反演方法

自从热红外遥感技术出现以来，研究人员就开始不断尝试利用热红外遥感数据进行地球表面的亮度温度反演。此后，随着遥感传感器技术的进步和应用研究的逐渐深入，在提出各种大气程辐射方程的假设和近似的基础上，相继出现了辐射传导方程法、单通道算法、热红外插值法、多角度算法以及一些改进型算法等方法。其中，热红外插值法中的分裂窗亮温差算法计算简单、精度较高，在实际应用中被广泛采用。

分裂窗亮温差算法是以遥感传感器获取的至少两个热红外波段的热辐射数据为基础，利用大气窗口(11～13 μm)在两个波段(11 μm和12 μm)附近的吸收率差异，尤其是大气中水汽吸收的差异来消除大气影响，并利用这两个波段的亮度温度的线性组合来计算温度（图 3.22）。通常适用于具有两个相邻热红外波段的传感器，如 MODIS、可见光红外扫描辐射仪和甚高分辨率辐射计等。

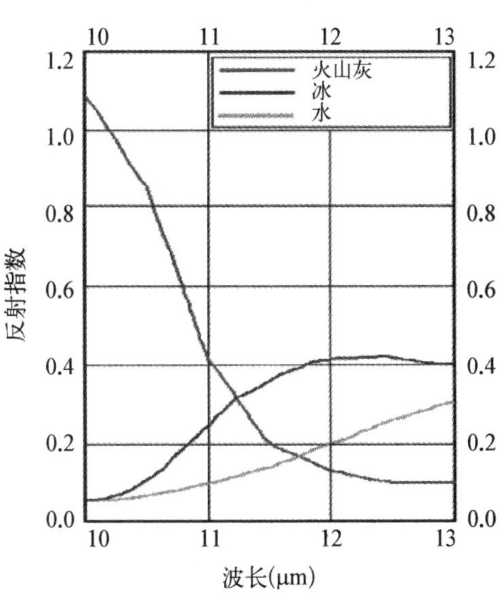

图 3.22　火山灰在热红外波段范围内的光谱特征

遥感传感器的热红外波段辐射传输方程为：

$$\begin{cases} T_{b1} = T_s(1-\tau_1) + K_1 \int_0^h \mathrm{d}z\rho T_a(z_T - z) \\ T_{b2} = T_s(1-\tau_2) + K_2 \int_0^h \mathrm{d}z\rho T_a(z_T - z) \end{cases} \tag{3.40}$$

通过将 $\tau_\lambda = K_\lambda \int_0^h \mathrm{d}z\rho(z)$ 代入式(3.40),即可得到:

$$T_s = T_{b1} + \frac{T_{b1} - T_{b2}}{K_2/K_1 - 1} \tag{3.41}$$

式中,T_{b1}和 T_{b2}分别为两个相邻热红外波段的亮度温度,τ_1和 τ_2分别为两个相邻热红外波段的光学厚度,h 为遥感传感器的飞行高度,ρ 为空气密度,K_1和 K_2分别为两个相邻热红外波段的辐射吸收常数,不同的遥感传感器选取的相邻波段也不同,T_a为空气温度,T_s为地面温度。

式(3.41)可以进一步化简为:

$$T_s = A_0 + A_1 T_{b1} + A_2 T_{b2} \tag{3.42}$$

在反演陆地表面温度时,需要事先知道地表比辐射率 ε 和 A_0、A_1、A_2的值,而 A_0、A_1、A_2的值则又由大气状况和地表比辐射率 ε 决定。还可以进一步化简为:

$$T_s = 1.274 + \frac{P(T_a - T_b)}{2} + \frac{M(T_a + T_b)}{2} \tag{3.43}$$

式中,$P = 1 + \frac{0.156(1-\varepsilon)}{\varepsilon} + 0.482\frac{\Delta\varepsilon}{\varepsilon^2}$,$M = 6.26 + \frac{3.98(1-\varepsilon)}{\varepsilon} + 38.33\frac{\Delta\varepsilon}{\varepsilon^2}$,$\varepsilon$ 为两个热红外波段的平均比辐射率,$\Delta\varepsilon$ 为两个热红外波段的平均比辐射率的差值。在实际计算过程中,只需要知道遥感传感器的两个热红外波段的平均比辐射率 ε 和其差值 $\Delta\varepsilon$,就可获得高精度的亮度温度反演结果。

3. 热红外插值法在火山灰云监测中的理论和实践

热红外插值法是目前为止应用最为广泛的地表亮度温度反演方法。自 1981

年 NOAA-7 卫星发射以来，热红外插值法就被用来分析NOAA/AVHRR遥感数据。研究人员通过对美国圣海伦斯火山和阿贡火山爆发产生的火山灰成分进行测量发现，火山灰的成分主要是硅酸物质，气体成分则主要是由水汽、二氧化硫等一些氧化物组成。从图 3.22 可知，火山灰云中的酸性成分在 10～12 μm波段范围内对光谱的吸收能力随着波长的增加而迅速减小，而水汽、冰雪等其他类型地物的光谱吸收能力则是随着波长的增加而增加。这就在理论上为利用火山灰在此范围内的光谱吸收能力进行识别提供了依据。此外，研究表明火山灰在 11 μm 处的光学发射率要比 12 μm 处小。与此相反，水汽和冰雪在 11 μm 处的发射率则要比在 12 μm 处大。

1989 年，热红外插值法第一次被提出，并应用到 AVHRR 遥感数据中进行火山灰监测尝试。甚高分辨率辐射计具有三个热辐射波段，分别是波段 3 的 3.5～3.9 μm、波段 4 的 10.3～11.3 μm 和波段 5 的 11.5～12.5 μm。研究表明火山灰在甚高分辨率辐射计的第 4 和 5 波段范围内的亮度温度差值(B4—B5)应该为负值，与此相反，气象云在甚高分辨率辐射计的第 4 和 5 波段范围内的亮度温度差值(B4—B5)应该为正值。分裂窗亮温差算法也从此被成功应用于火山灰云识别研究。而作为甚高分辨率辐射计卫星遥感器的升级产品，MODIS 遥感传感器上的第 31 热红外波段(10.78～11.28 μm)和第 32 热红外波段(11.77～12.27 μm)的亮温差是负值；对于冰和水，两个热红外通道的差值则是正值。因此，热红外插值法可以利用冰、水和火山灰云成分在 MODIS 传感器中相邻的 31、32 波段的光谱吸收特征差异进行火山灰云的识别。

4. 热红外插值法识别桑厄昂火山灰云

以 MODIS 遥感图像为数据源，利用热红外插值法对 2014 年 5 月 30 日桑厄昂火山灰云案例进行研究。识别出的桑厄昂火山灰云信息如图 3.23 所示。

从图 3.23 中看出，热红外插值法识别出的火山灰云信息效果并不理想，出现了大面积的误判情况。尽管热红外插值法在理论上能够有效地将气象云和冰雪区分出来，但是在实际识别火山灰云时，由于气象云的高度通常较高，其云顶亮度温度也都低于 250 K。此外，再结合桑厄昂火山的实际地理位置考虑，火山周围背景主要包括海水、一些岛屿和大量的气象云，且热红外插值法

图 3.23 热红外插值法识别出的桑厄昂火山灰云信息，白色部分为火山灰云

获得的火山灰云信息与气象云误判比较明显，大量的气象云也被误判为火山灰云信息。这也与前人的研究结果相一致(热红外插值法检测被冰雪覆盖的地表或高云以及非常冷的云团时效果较差，往往出现明显的误判)。因此，在实际的火山灰云监测应用中，仅仅利用单一的热红外插值法还是很难实现的，往往还需要与其他方法相结合方能达到满意的识别结果。

3.4.3 假彩色合成法

1. 概述

研究表明，人眼对黑白密度的分辨能力有限，一般只有十个灰度级，而对于彩色密度图像的分辨能力则要高出许多。在遥感图像专题信息提取中，为了充分利用色彩在遥感图像判读中的优势，人们发现通过对多个单波段的灰度图像进行彩色合成为彩色图像，往往更容易发现在灰度图像中难以发现的目标信息，这也成为遥感图像的假彩色合成。根据人眼的结构特征，所有颜色都可以看做是红(R)、绿(G)、蓝(B)三种基本原色按照一定比例混合而成。目前最常用的是 RGB 模型。

2. 假彩色合成法在火山灰云监测中的理论和实践

火山在喷发过程中，火山灰云由于携带大量的热量进入空中，其温度要高于常规的气象云，导致其光谱特征与周围地物像元的光谱特征区别比较明显。因为 MODIS 遥感数据缺少相应的 R、G、B 波段，所以可用中红外波段数据代替传统的 RGB 波段进行假彩色合成。在 MODIS 数据中，波段 1 和波段 2 位于中红外波段，这恰是 800 K(接近于草原和森林火灾区域的亮度温度值)目标物的辐射峰值区域，这在 MODIS 的近红外光波段 2 和红光波段 1 的吸收特征差异明显，能够很好地对火山灰云进行识别。

3. 假彩色合成法识别桑厄昂火山灰云

在上述分析的基础上，本节也采用 RGB 方式进行假彩色合成处理。虽然 250 m 分辨率的 MODIS 数据只有波段 1 和波段 2，但是本节中仍然可以采用波段 1(R)、波段 2(G)、波段 1(B)的方式进行假彩色合成。

从假彩色合成图中看出，火山灰云信息呈现出灰白色，与周围背景的海水和岛屿等类型地物信息区别较为明显。但是，火山灰云信息与气象云混淆则比较严重。此外，为了更加直观显示火山灰云信息，本文在经过多次尝试后，最终决定对假彩色合成图像进行饱和度拉伸，这样能够使不同地物类型信息显得更加丰富，进而通过密度分割的方法识别出火山灰云信息。假彩色合成法识别出的 2014 年 5 月 30 日桑厄昂火山灰云结果如图 3.24 所示。

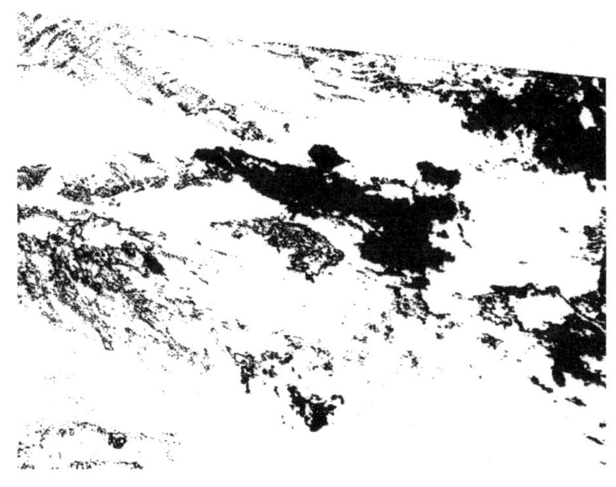

图 3.24　假彩色识别法获得的 2014 年 5 月 30 日桑厄昂火山灰云图像，黑色部分为火山灰云

从图 3.24 中看出，黑色部分为假彩色识别方识别出的火山灰云信息，其中大量气象云信息被误判为火山灰云，误判现象较为明显。而且该方法只是识别出了桑厄昂火山灰云信息的主体部分，对于主体部分东南方向的破碎火山灰云信息并未识别出来。此外，假彩色识别法获得的火山灰云信息大多是以破碎图斑的形式存在，图像目视效果也较差。据分析，这主要是由于高空气象云云顶的温度偏低造成的。

3.4.4 紫外吸收法

紫外吸收法是最早的火山灰云遥感监测方法之一。其基本原理为火山灰云气体成分中的 SO_2 光谱在 0.3～0.32 μm 处存在显著的吸收特征；火山灰云中的碎屑颗粒物光谱在 0.34～0.38 μm 处也存在明显的吸收特征（图 3.25 和图 3.26）。因为这些吸收特征出现在紫外波段范围内，故称为紫外吸收法。

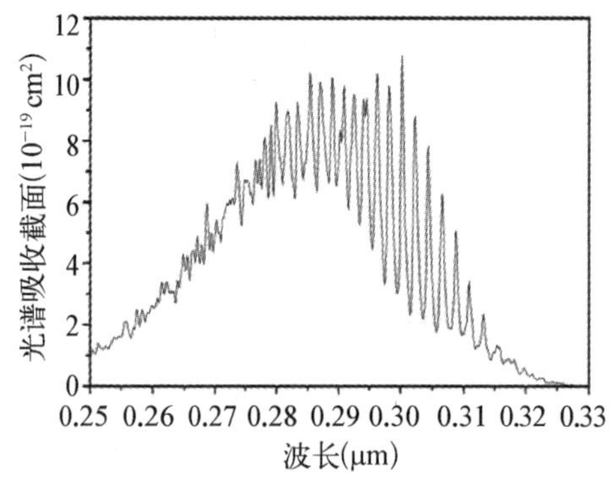

图 3.25　SO_2 光谱吸收截面（0.25～0.33 μm）

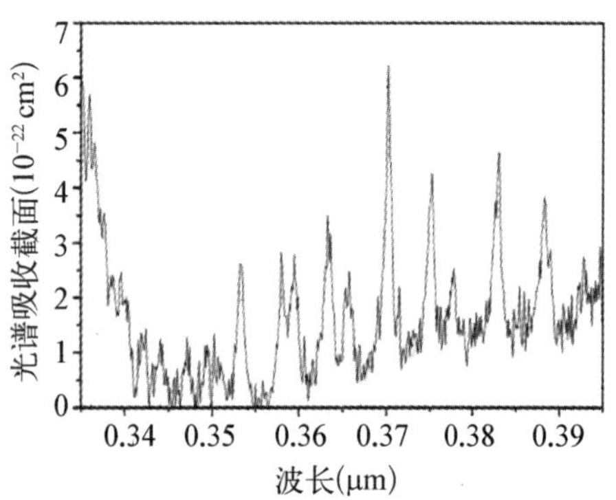

图 3.26　SO_2 光谱吸收截面（0.34～0.39 μm）

虽然在初期利用紫外吸收法进行火山灰云监测和变化扩散追踪研究时，取得了一定的效果，但该方法也存在着明显的限制因素。例如，广泛应用于火山灰云遥感监测研究的卫星传感器中，仅有臭氧总量制图光谱仪（total ozone mapping spectrometer，TOMS）覆盖了紫外波段范围，基本上能够监测火山灰云信息（图 3.27）。然而，臭氧总量制图光谱仪传感器的空间分辨率较低，大小为经纬度 1°(约 2 500 km^2),时间分辨率也较长,约为一天。因此,在后续的研究中,火山灰云成分在紫外波段范围内的显著吸收特征通常只被作为一个有效的辅助因素进行考虑。

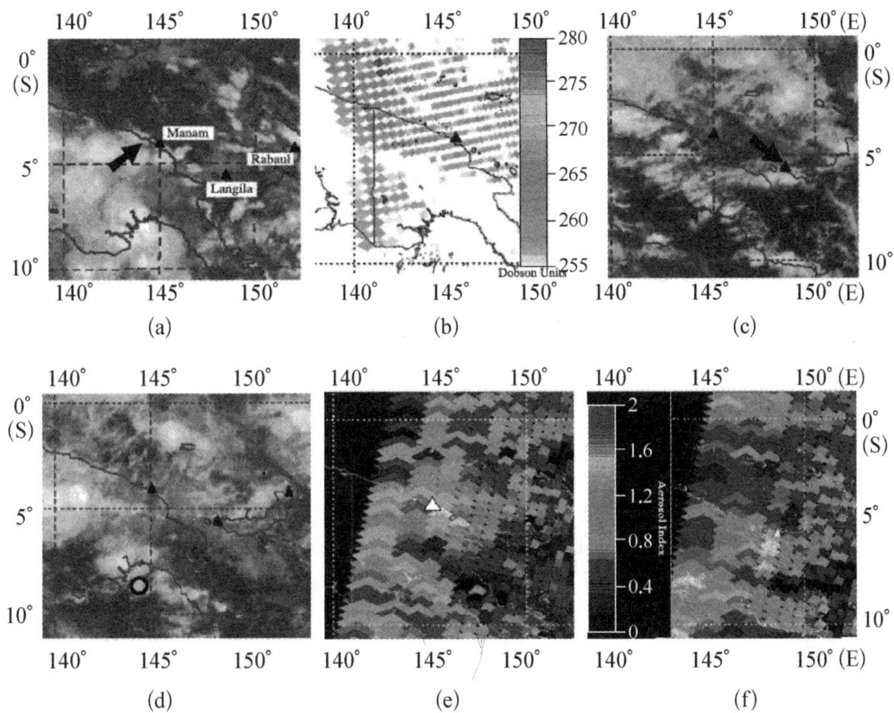

图 3.27 基于 TMOS 传感器紫外波段的 1997 年 2 月曼南姆火山灰云,(a)为 1997 年 2 月 8 日 14:45 UTC GMS-5/VISSR 遥感图像,(b)为 2 月 9 日 01:36 UTC TOMS 遥感图像,(c)为 2 月 10 日 00:20 UTC TOMS 火山灰云遥感图像,(d)为 2 月 12 日 06:45 UTC GMS-5/VISSR 遥感图像,(e)为 2 月 12 日 11:45 UTC GMS-5/VISSR 遥感图像,(f)为 2 月 14 日 00:14 UTC TOMS 火山灰云遥感图像

此外,火山灰云气体成分中绝大多数为 H_2O,尽管不同类型火山喷发形成的火山灰云成分有所区别,但是 H_2O 基本上都保持在 60%~90%的比例。目前,就这一特征而言,绝大多数火山灰云监测方法中基本上都没有涉及。事实上,H_2O 的监测与研究作为当前气象卫星监测云和大气水分含量的优势,其相关监测原理和成熟的方法在后续利用气象卫星进行火山灰云监测研究中具有极强的引导和借鉴意义。

3.4.5 可见光吸收法

可见光吸收法，有时又称为模式识别法，主要是指利用火山灰云成分在可见光波段的光谱反射特征要明显地弱于一般云团的特征，并结合火山灰云的扩散变化形态、风速、地形等因素将云团（包括火山灰云和一般云团）与地面其他地物类型区分出来；随后，将区分出的云团进行假彩色合成，通过设定合理的分割阀值识别出火山灰云。该方法具有快速、高效的特点，但是也存在一定的局限性。例如，在火山灰云的形成初期，由于火山灰云相对积聚，浓度也较高，利用模式识别法能够取得较好的效果。然而随着火山灰云的扩散，其浓度逐渐降低，火山灰云形态也逐渐趋于复杂，识别效果也就较差。而火山灰云与其他地物类型以及火山灰云和一般云团的分割阀值也存在较大的主观性，需要研究人员具有丰富的实践经验，且目前还没有一个科学、统一的分割标准。

3.4.6 改进型算法

虽然热红外差值法具有较好的亮温识别效果，在火山灰云监测研究中具有较好的应用，但是在针对一些特殊的应用要求时，则往往存在一定的不足。如传感器类型不合适、不能有效识别或识别精度较低等。于是，在此基础上，出现了一些针对具体应用或具体算法的针对性改进方法。例如，在热红外差值法基础上分别通过增加分割条件来细化识别规则；或对识别出的火山灰云结果进行修正；或借助多源遥感数据和地面验证数据，并引入人工神经网络等一些算法来改善火山灰云识别效果。这些算法在一定程度上也完善了热红外差值法。但是，这些改进的热红外差值法大多增大了计算复杂度，存在较大的主观性，难以大范围推广并形成实用化业务。

近年来，随着传感器技术的快速发展，还逐渐出现了一些新型的遥感传感器（表 3.4），并逐渐出现了一些与之相对应的专用算法。例如，针对 CBERS 数据的普适单窗算法；针对 ASTER 数据的 TES 算法、局地分裂窗算法、通用分裂窗算法等。我们相信在不久的将来，随着各种新型卫星传感器的出现，与之相匹配的火山灰云监测新算法也必将被提出和不断完善。

表 3.4　一些新型的热红外遥感传感器

传感器	Terra ASTER	HJ - 1B IRS	MODIS	FY - 3A	
				VIRR	MERSI
热红外波段号	10、11、12、13、14	8	31、32	4、5	5
光谱宽度(μm)	10：8.125～8.475 11：8.475～8.825 12：8.925～9.275 13：10.25～10.95 14：10.95～11.65	10.5～12.5	10.78～11.28 11.77～12.27	4：10.3～11.3 5：11.5～12.5	10.0～12.5
空间分辨率(m)	90	300	1 000	1 100	250
幅宽(km)	60	720	2 330	2 900	2 900
时间分辨率(d)	16	31	1～2	5	5

第4章

遥感技术在火山灰云经典案例中的应用 »»»

§4.1 FY-3A遥感数据在火山灰云监测中的应用

4.1.1 前言

位于冰岛南部地区的艾雅法拉火山于2010年3～4月期间接连两次喷发，尤其是4月14日凌晨1时(北京时间9时)的大喷发，释放出大量的火山灰碎屑颗粒物和气体等。此次喷发不仅对航空运输安全、自然环境、局地气候和人体健康等产生了深远影响，而且这也是近年来受到关注最多的火山喷发灾害事件之一。

基于此，各国研究人员分别利用不同的数据源和技术手段对其喷发原因、火山灰云扩散、火山灰碎屑颗粒物沉降等方面进行了探讨，研究成果也相对较多。大多数研究是利用航拍和卫星遥感技术对某一日的火山灰云状况进行监测，且主要集中在监测方法的研究上，而对此次喷发的持续过程并未过多涉及。此外，FY-3A卫星是我国自主设计和生产的气象卫星。该卫星携带了数十种不同类型的探测仪器，光谱范围覆盖了从紫外到微波的大部分范围，在火山灰云监测领域中的应用潜力非常巨大。

本节在归纳总结前人研究的基础上，尝试利用国产FY-3A卫星遥感数据对冰岛艾雅法拉火山2010年4月14日喷发、形成的火山灰云进行长时间、周期性的监测研究。

4.1.2 FY-3A卫星遥感数据概况

风云三号气象卫星01批A星，简称FY-3A卫星，是我国自主设计和生产的第二代极轨气象“卫星风云三号气象卫星”中的第一颗卫星。该星于 2008 年 5 月 27 日在我国太原卫星发射中心发射升空。FY－3A 卫星携带了 11 台遥感传感器，光谱波段数多达 100 多个，覆盖了紫外、可见光、近红外、红外和微波范围。其中，可见光红外扫描辐射计的热红外波段 4(10.3～11.3 μm)和波段 5(11.5～12.5 μm)分辨率为 1.1 km，中分辨率光谱成像仪的热红外波段 5(中心波长 11.25 μm，光谱带宽 2.5 μm)的分辨率为 0.25 km，紫外臭氧总量探测仪(total ozone ultraviolet spectrometer，TOU)的光谱范围为 0.3～0.36 μm，分辨率为 50 km。在卫星携带的所有探测仪中，只有空间环境监测器(space environment monitor，SEM)能获取卫星故障分析所需的空间环境参数，其余的探测仪都属于对地观测的传感器。

考虑到火山灰云的物理、化学特性，在理论上，FY－3A 卫星上携带的这些传感器都能够识别出火山灰云，在火山灰云监测研究中具有较好的应用前景。我国作为卫星发射和应用大国，卫星遥感技术已经在国民经济各个方面发挥了重要作用。但是由于特定原因，国产卫星遥感传感器在火山灰云监测中的应用较少，公开发表的成果也相对较少，这就迫切需要我们利用国产卫星遥感传感器对火山灰云监测进行尝试和探讨。

1. MERSI 遥感数据

中分辨率光谱成像仪采用多元探测器并扫技术，采用 45°扫描镜加消旋系统的光机扫描形式获取宽视场下的地物目标信息。该传感器通过采用分色片、滤光片或探测器的组合方式一共产生 20 个光谱波段，光谱覆盖范围从 0.4～12.5 μm，扫描范围在－55.4°～55.4°，地面分辨率为 15 km，主要用于海洋水色、气溶胶、水汽含量、云特性和地表特征及地表亮度温度的监测等领域。MERSI 传感器各波段的中心波长和空间分辨率见表 4.1。

表 4.1　MERSI 传感器的波段特性

特性指标	波段号									
	1	2	3	4	5	6	7	8	9	10
中心波长(μm)	0.47	0.55	0.65	0.865	11.25	1.64	2.13	0.412	0.443	0.49
空间分辨率(km)	0.25	0.25	0.25	0.25	0.25	1	1	1	1	1

续　表

特性指标	波段号									
	11	12	13	14	15	16	17	18	19	20
中心波长(μm)	0.52	0.565	0.65	0.685	0.765	0.865	0.905	0.94	0.98	1.03
空间分辨率(km)	1	1	1	1	1	1	1	1	1	1

火山灰云中硅酸盐矿物碎屑颗粒在 1.64 μm 和 2.13 μm 处存在明显的光谱反射特征差异，这恰是中分辨率光谱成像仪传感器波段 6 和波段 7 的中心波长所在的位置。中分辨率光谱成像仪传感器的波段 6 的中心波长为1.64 μm，波段 7 的中心波长为 2.13 μm。对于火山灰云而言，其在波段 6 的反射率要小于波段 7 的反射率，两者的差值为负。对于裸露地表和冰雪、气象云而言，其在波段 6 的反射率要大于波段 7 的反射率，两者的差值为正。因此，在火山灰云监测中，常常利用火山灰颗粒在这两个波段的光谱差异来进行识别。但该方法易受到海洋水体和高空气象云的影响而出现大范围的误判现象，在实际应用中需要结合其他的火山灰云特征进行识别研究。

2. VIRR 遥感数据

可见光红外扫描辐射计传感器一共具有十个波段，光谱覆盖范围为 0.69～15.0 μm，扫描范围为－55.4°～55.4°，地面分辨率为 1.1 km。该传感器能够根据地物的波谱特性，从覆盖的波段范围内选择透过率较高的大气窗口来计算不同对象的特征参数。目前可见光红外扫描辐射计传感器主要应用于云图、植被、泥沙、卷云及云相态、雪、冰、地表温度、海表温度和水汽总量等地球环境综合探测研究。可见光红外扫描辐射计传感器的波段和对应的波段范围如表 4.2 所示。

表 4.2　VIRR 传感器的波段和波段范围

特性指标	波段号									
	1	2	3	4	5	6	7	8	9	10
波长范围(μm)	0.58～0.68	0.84～0.89	3.55～3.93	10.3～11.3	11.5～12.5	1.55～1.64	0.43～0.48	0.48～0.53	0.53～0.58	1.325～1.395
对应波段	红	近红外	中红外	热红外	热红外	近红外	蓝	青-绿	绿	近红外

从表4.2中看出，可见光红外扫描辐射计含有两个热红外波段，分别是波段4和波段5，波长范围分别为10.3～11.3 μm和11.5～12.5 μm。这两个波段是分裂窗亮温差算法的计算理论基础。此外，可见光红外扫描辐射计传感器的中红外波段3覆盖范围为3.55～3.93 μm，恰好位于800 K目标地物的辐射峰值区域。该波段对于含有火点的像元以及以周围地物像元反差较大的像元有着极强的敏感性，适合于探测森林、草场等的高温着火点或过火区域。这一特征有时又被称为“热点像元”的中红外识别法。在理论上，能够有效地识别火山喷发后的火山口位置以及喷发初期形成含有大量热量的火山灰云信息。在实际研究中，这三个波段通常被用来进行火山灰云的识别。

4.1.3 FY－3A遥感数据在艾雅法拉火山灰云识别应用的探讨

通过对2010年4月14日凌晨喷发的冰岛艾雅法拉火山状态、相关参考文献及FY－3A卫星过境数据等进行归纳、总结和分析，本节最终选取体现此次火山灰云发展变化过程中2010年4月19日、2010年5月7日、2010年5月13日、2010年5月18日等日期的FY－3A遥感数据，分别采用应用最为广泛的分裂窗亮温差算法、假彩色识别法、中红外识别法等进行火山灰云识别研究。

1. 2010年4月19日

以2010年4月19日11:05(UTC)的FY－3A/VIRR图像为数据源，本节分别利用分裂窗亮温差算法、假彩色识别法和中红外识别法等对其进行处理，得到的当日艾雅法拉火山灰云信息如图4.1所示。

从图4.1中看出，分裂窗亮温差算法、假彩色识别法和中红外识别法都在不同程度上识别出了火山灰云信息，并较好地体现出了火山灰云信息的扩散方向。如图中清晰地显示出2010年4月19日艾雅法拉火山灰云主要是向东南方向扩散的。在火山喷发初期，火山灰云中含有大量的水汽成分，水汽含量越大，其对其他地物成分的吸收作用影响越大，对热红外波段的光谱特征影响也就越大，因此降低了火山灰云的识别精度。图4.1(a)中的火山灰云呈现出浅灰色，并与大片高空气象云混淆严重，识别效果并不理想。图4.1(c)中的火山灰云呈现亮白色，与周围海水和陆地背景区别明显，识别效果较好。经分析

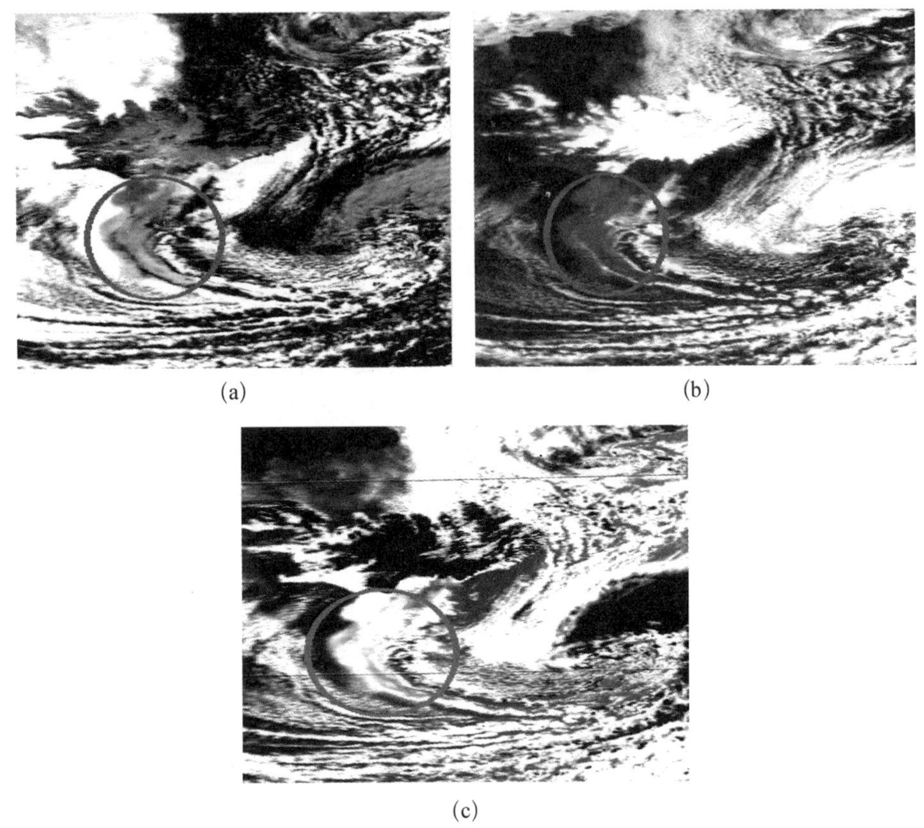

(a) (b)

(c)

图 4.1 识别出的 2010 年 4 月 19 日艾雅法拉火山灰云信息，(a)为分裂窗亮温差算法，(b)为假彩色识别法，(c)为中红外识别法，椭圆形区域内为火山灰云

可知，这主要是因为初期形成的火山灰云含有大量的热量，使得火山灰云整体亮度温度比一般气象云要高，而中红外波段不受水汽的影响，且对高温物体敏感，因此在火山灰云形成初期阶段，该方法的识别效果会更好一些。假彩色识别法得到的火山灰云图像质量一般，识别效果介于分裂窗亮温差算法和中红外识别法之间。

2. 2010 年 5 月 7 日

以 2010 年 5 月 7 日 12:05(UTC)的 FY－3A/VIRR 图像为数据源，分别利用分裂窗亮温差算法、假彩色识别法和中红外识别法等对其进行处理，得到的当日艾雅法拉火山灰云信息如图 4.2 所示。

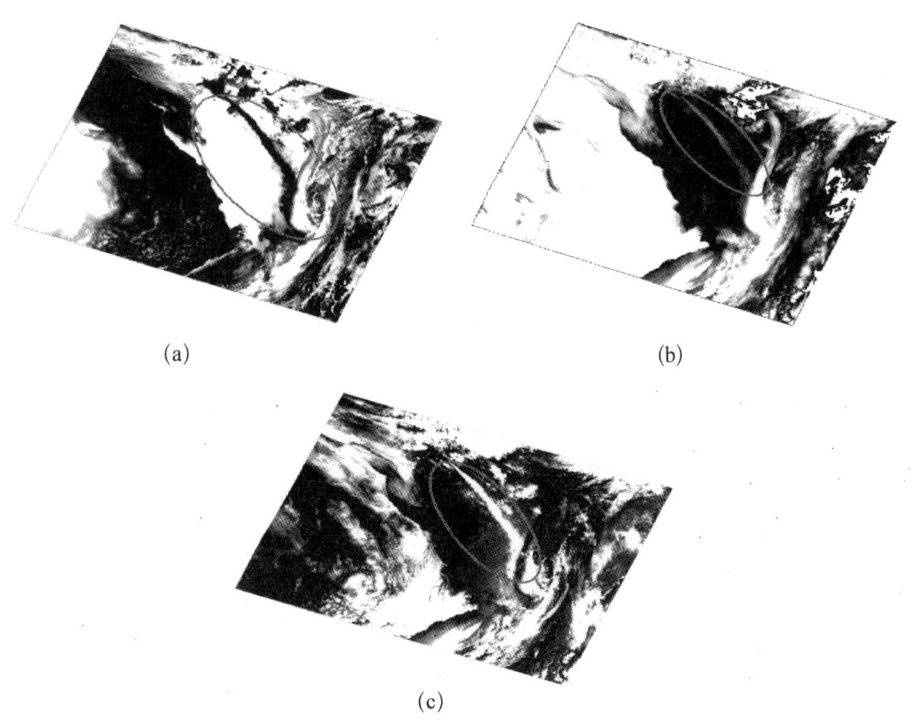

(a)　(b)　(c)

图 4.2　识别出的 2010 年 5 月 7 日艾雅法拉火山灰云信息，(a)为分裂窗亮温差算法，(b)为假彩色识别法，(c)为中红外识别法，椭圆形区域内为火山灰云

从图 4.2 中看出，分裂窗亮温差算法、假彩色识别法和中红外识别法等三种方法均清楚地识别出了火山灰云信息。此外，2010 年 5 月 7 日，艾雅法拉火山灰云在向东南方向扩散的同时转为向西南方向扩散(图 4.2 中椭圆形区域)。由于当日受周围背景地物信息影响较小，识别出的火山灰云信息以及火山灰云扩散方向和扩散转向趋势在图中非常清晰地展示出来。从图 4.1(a)中看出，由于分裂窗亮温差算法利用了热红外波段中火山灰云与气象云的差值关系，因而可以有效地消除气象云的影响，且能够准确地识别出火山灰云信息的边界。由此可以推断出，当火山灰云浓度较大时，分裂窗亮温差算法的识别效果是最好的。

此外，为了验证火山灰云信息的扩散方向是否正确，接下来，本节分别引入 SEVIRI 检索出的火山灰，从 GOME 遥感数据中获得的 SO_2浓度分布，以及欧洲中期天气预报中心 2010 年 5 月 7 日 12:00(UTC)在 500 hpa 高度的分析数据(图 4.3 和图 4.4)。

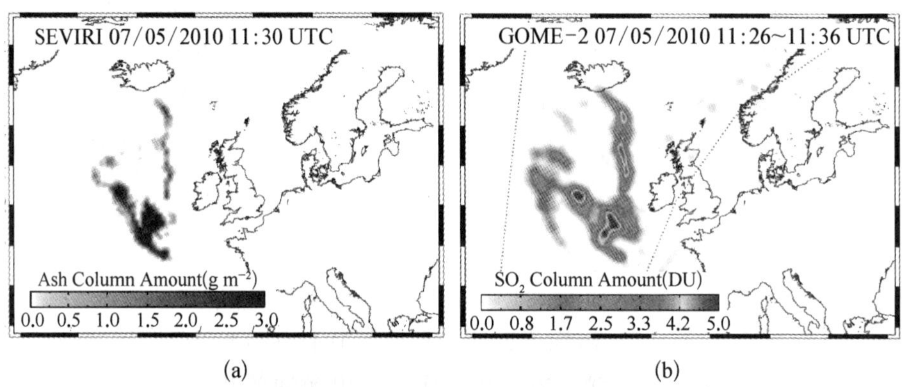

(a) (b)

图 4.3 SEVIRI 检索出的火山灰(a)和从 GOME 数据获得的 SO_2 分布(b)

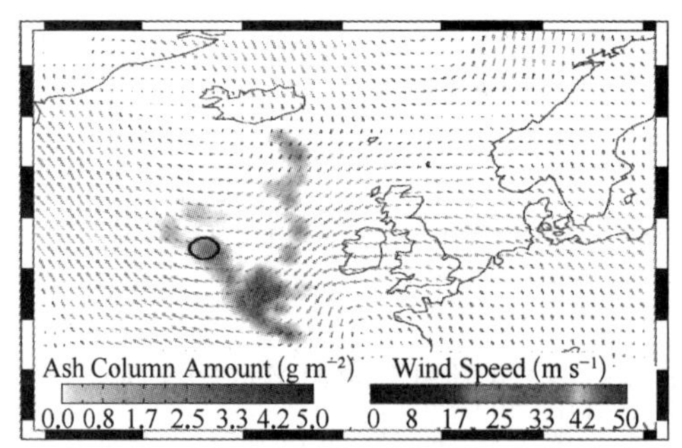

图 4.4 欧洲中期天气预报中心 2010 年 5 月 7 日 12:00(UTC)在 500 hpa 高度的分析数据

从图 4.4 中看出,灰色区域为 SEVIRI 检索出的 5 月 7 日艾雅法拉火山灰云信息和冰岛地区风场数据的放大图。火山灰云的扩散方向先是向东南方向扩散,随后转变为向西南方向扩散。这与图 4.3 中识别出的火山灰云扩散方向基本一致,从而表明了分裂窗亮温差算法、假彩色识别法、中红外识别法识别火山灰云的准确性。

3. 2010 年 5 月 13 日

由于分裂窗亮温差算法在火山灰云的发展中期具有较好的识别效果,因此本节利用分裂窗亮温差算法进行 2010 年 5 月 13 日艾雅法拉火山灰云识别研究,结果如图 4.5 所示。为了评价 2010 年 5 月 13 日火山灰云识别效果,接下来仍引入 SEVIRI 检索出的当日火山灰云分布进行对比。图 4.6 为 SEVIRI 检索出的 2010 年 5 月 13 日冰岛艾雅法拉火山灰云分布。

图 4.5　利用分裂窗亮温差算法识别出的 2010 年 5 月 13 日艾雅法拉火山灰云信息，椭圆形区域内为火山灰云

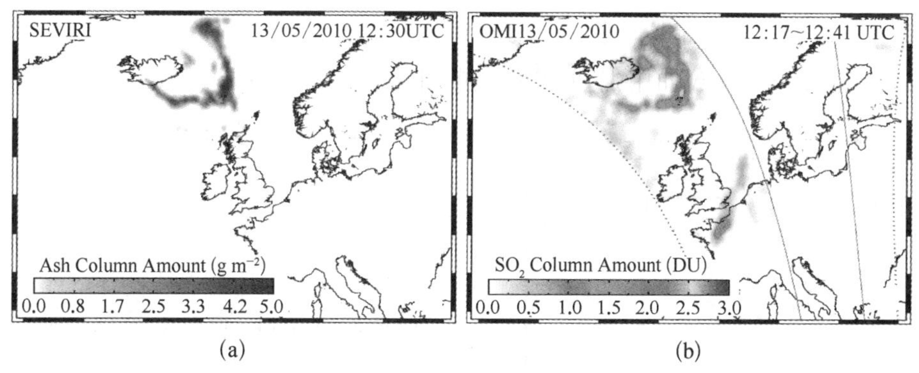

(a)　(b)

图 4.6　SEVIRI 检索出的 2010 年 5 月 13 日艾雅法拉火山灰云信息(a)和从 OMI 遥感数据中得到的 SO_2 分布(b)

由图 4.5 可知，分裂窗亮温差算法准确地识别出了 2010 年 5 月 13 日艾雅法拉火山灰云信息，且识别出的火山灰云与海水、气象云等其他地物背景区分明显；火山灰云主要是向东南方向扩散，随后火山灰云信息扩散转向西北方向。这与图 4.6 中 SEVIRI 检索出的 2010 年 5 月 13 日艾雅法拉火山灰云分布状况比较一致。

4. 2010 年 5 月 14 日

同样，本节利用分裂窗亮温差算法进行 2010 年 5 月 14 日艾雅法拉火山灰云识别研究，结果如图 4.7 所示。为了评价 2010 年 5 月 14 日火山灰云识别效果，引入 SEVIRI 检索出的当日火山灰云分布进行对比。图 4.8 为 SEVIRI 检索出的 2010 年 5 月 14 日冰岛艾雅法拉火山灰云分布。

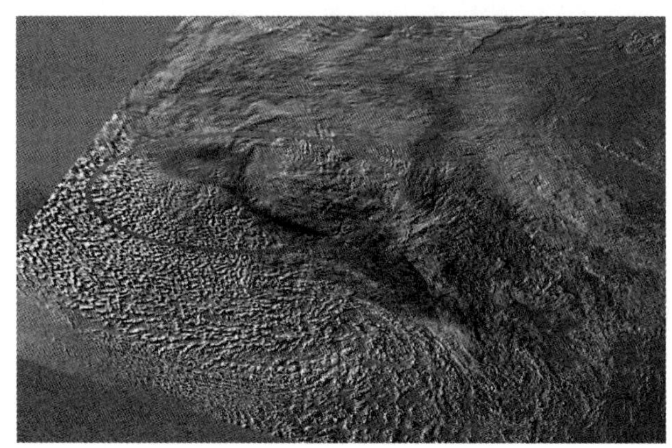

图 4.7 利用分裂窗亮温差算法识别出的 2010 年 5 月 14 日艾雅法拉火山灰云信息，椭圆形区域内为火山灰云

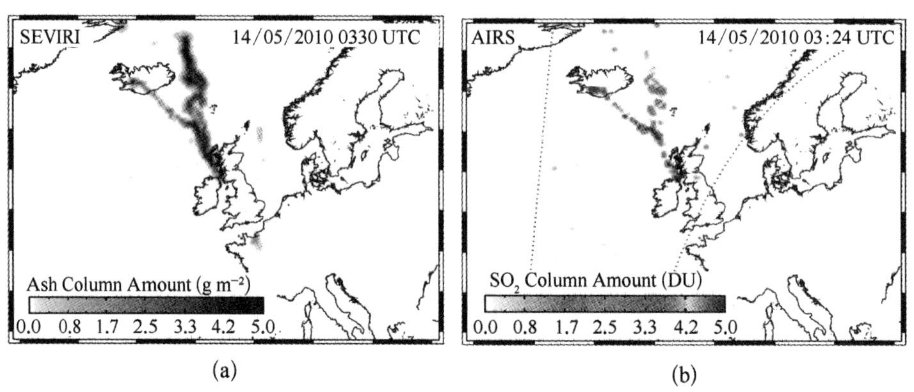

图 4.8 SEVIRI 检索出的 2010 年 5 月 14 日艾雅法拉火山灰云信息(a)和从 AIRS 遥感数据中得到的 SO_2 分布(b)

由图 4.7 可知，分裂窗亮温差算法能够识别出 2010 年 5 月 14 日艾雅法拉火山灰云信息。尽管分裂窗亮温差算法识别出的火山灰云信息与海水等地物背景区分明显，但也出现了比较明显的误判现象，部分气象云信息作为火山灰云被识别出来。从图 4.7 看出，2010 年 5 月 14 日火山灰云信息主要是向西北方向扩散。从图 4.8 中看出，SEVIRI 检索出的 2010 年 5 月 14 日艾雅法拉火山灰云分布不但扩散方向已转为西北方向，而且已经覆盖首都雷克雅未克并向冰岛内地扩散。

5. 2010 年 5 月 18 日

综合冰岛 2010 年 5 月 18 日气象数据可知，艾雅法拉火山于 2010 年 5 月 18 日产生持续性的喷发柱，高度约为 7 km，且此时冰岛地区上空盛行西南风。于是在风力作用下，火山灰云径直转为向东北方向扩散。本节以 2010 年 5 月 18 日 13:40(UTC)的 FY－3A/VIRR 图像为数据源，分别利用分裂窗亮温差算法、假彩色识别法和中红外识别法等对其进行处理。但是结果显示分裂窗亮温差算法和中红外识别法并未识别出火山灰云信息，只有假彩色合成法识别出非常模糊的图像(图 4.9)，其中火山灰云信息与背景地物信息混淆较为严重。

图 4.9　假彩色识别法识别出的 2010 年 5 月 18 日艾雅法拉火山灰云信息，椭圆形区域内为火山灰云

从图 4.9 中看出，假彩色识别法识别出的火山灰云信息颜色较浅，与周围气象云等地物背景信息难以区分。为了凸显火山灰云信息，改善图像的对比度，使识别出的火山灰云信息与背景信息区分更加清楚，需要对假彩色识别法获得的火山灰云信息进行去相关拉伸处理。结果如图 4.10 所示。

从图 4.10 中看出，经过去相关拉伸处理后的火山灰云信息，由于降低了遥感数据中不同波段之间的相关性而在一定程度上增强了火山灰云的对比度，能够清楚地将火山灰云信息与周围地物区分开。

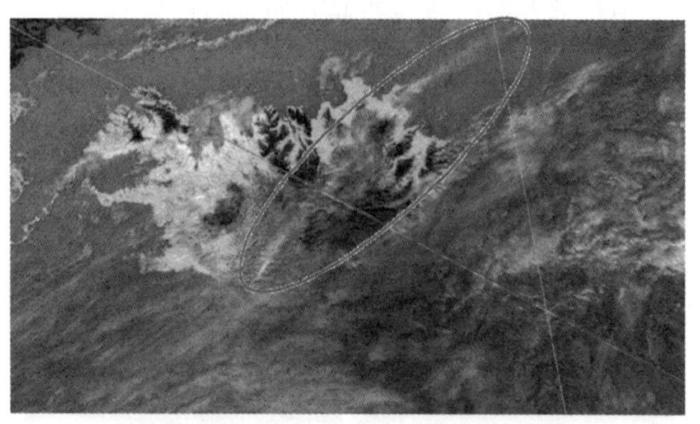

图4.10 利用假彩色识别法识别出的 2010 年 5 月 18 日艾雅法拉火山灰云信息，椭圆形区域内为火山灰云

本节利用 FY－3A/VIRR 遥感图像，针对 2010 年 4～5 月间的艾雅法拉火山灰云，分别尝试从分裂窗亮温差算法、假彩色识别法和中红外识别法等方面对其不同发展阶段进行分析，实验结果表明，在火山灰云发展初期，一方面，因为火山灰云携带大量的热量，使得中红外识别法能够取得较好的识别效果；另一方面，因为此时火山灰云往往因携带大量的水汽成分而影响热红外波段的光谱特征，导致分裂窗亮温差算法的识别效果较差。在火山灰云发展中期，分裂窗亮温差算法、假彩色识别法和中红外识别法都能较好地识别出火山灰云信息，但是分裂窗亮温差算法因其能够有效区分火山灰云和气象云信息，而使得其在火山灰云发展中期的识别效果更好。在火山灰云后期，由于火山灰云逐渐消散而变得非常稀薄，分裂窗亮温差算法和中红外识别法未能识别出火山灰云信息，尽管假彩色识别法可以识别出火山灰云信息，但是识别出的火山灰云与周围地物混淆严重，需要借助拉伸处理等进行图像增强方能突出火山灰云信息。

4.1.4 新方法在 FY－3A 遥感数据火山灰云识别应用中的探讨

针对火山灰云的影响、研究现状以及我国卫星传感器发展技术特点，接下来，本节以 2010 年 4 月 14 日凌晨开始喷发形成的艾雅法拉火山灰云为例，分别利用综合变分贝叶斯 ICA 与 SVM 方法和综合 PCA－ICA 加权与 SVM 方法对国产 FY－3A/VIRR 卫星获取的遥感数据进行处理，尝试从中对火山灰云信息的发展变化和应用潜力进行探讨。

通过分析可知，FY－3A/VIRR 数据具有 10 个波段，其中，中红外波段 3、热红外波段 4 和 5 在火山灰分识别研究中优势明显。于是，利用本研究中提出的综合变分贝叶斯 ICA 与 SVM 方法和综合 PCA－ICA 加权与 SVM 方法分别处理 FY－3A/VIRR 的中红外到热红外波段数据。此外，在火山灰云信息识别研究中，由于只采用了 VIRR 数据的三个波段，可能引起后续在 SVM 中因为输入特征向量较少而导致识别精度有所降低。尽管存在这样的问题，但是为了验证 FY－3A/VIRR 数据在火山灰云监测中的可适用性和应用潜力，在 SVM 分类器学习和训练中并不考虑添加其他的输入特征向量。随后，利用综合变分贝叶斯 ICA 与 SVM 方法和综合 PCA－ICA 加权与 SVM 方法，分别对 2010 年 4～5 月期间艾雅法拉火山灰云进行识别研究和探讨。图 4.11～4.16分别为利用综合变分贝叶斯 ICA 与 SVM 方法和综合 PCA－ICA 加权与 SVM 方法从 FY－3A/VIRR 遥感图像中识别出的 2010 年 4 月 15 日～5 月 18 日期间的艾雅法拉火山灰云信息。

图 4.11　从 FY－3A/VIRR 数据中识别出的 2010 年 4 月 15 日火山灰云，椭圆形区域内为火山灰云，(a)为综合变分贝叶斯 ICA 与 SVM 方法，(b)为综合 PCA－ICA 加权与 SVM 方法

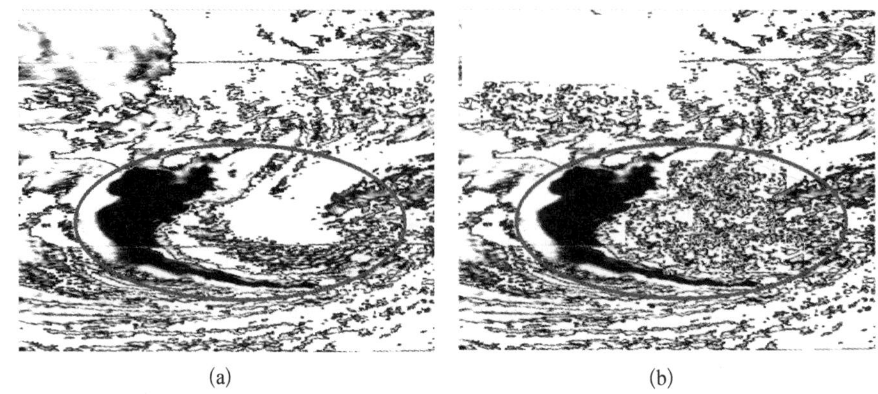

(a) (b)

图 4.12 从 FY-3A/VIRR 数据识别出的 2010 年 4 月 19 日火山灰云，椭圆形区域内为火山灰云，(a)为综合变分贝叶斯 ICA 与 SVM 方法，(b)为综合 PCA-ICA 加权与 SVM 方法

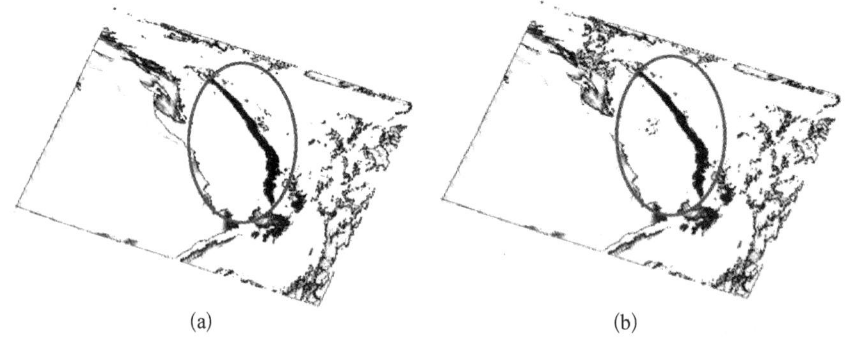

(a) (b)

图 4.13 从 FY-3A/VIRR 数据中识别出的 2010 年 5 月 7 日火山灰云，椭圆形区域内为火山灰云，(a)为综合变分贝叶斯 ICA 与 SVM 方法，(b)为综合 PCA-ICA 加权与 SVM 方法

(a) (b)

图 4.14 从 FY-3A/VIRR 数据中识别出的 2010 年 5 月 13 日火山灰云，椭圆形区域内为火山灰云，(a)为综合变分贝叶斯 ICA 与 SVM 方法，(b)为综合 PCA-ICA 加权与 SVM 方法

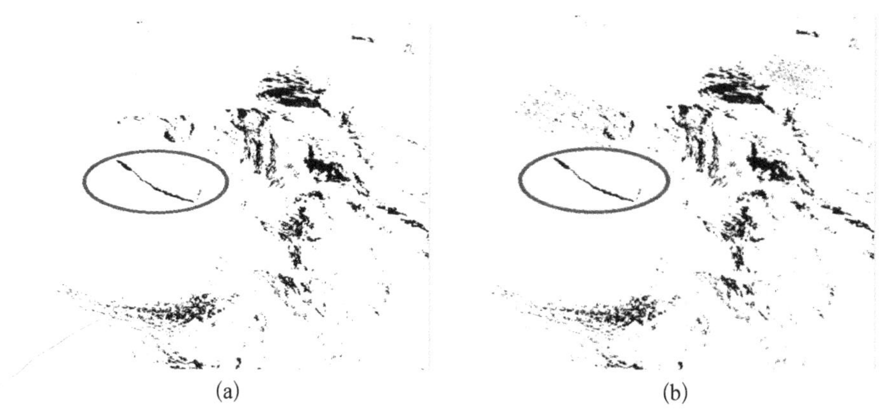

图 4.15　从 FY－3A/VIRR 数据中识别出的 2010 年 5 月 14 日火山灰云，椭圆形区域内为火山灰云，(a)为综合变分贝叶斯 ICA 与 SVM 方法，(b)为综合 PCA－ICA 加权与 SVM 方法

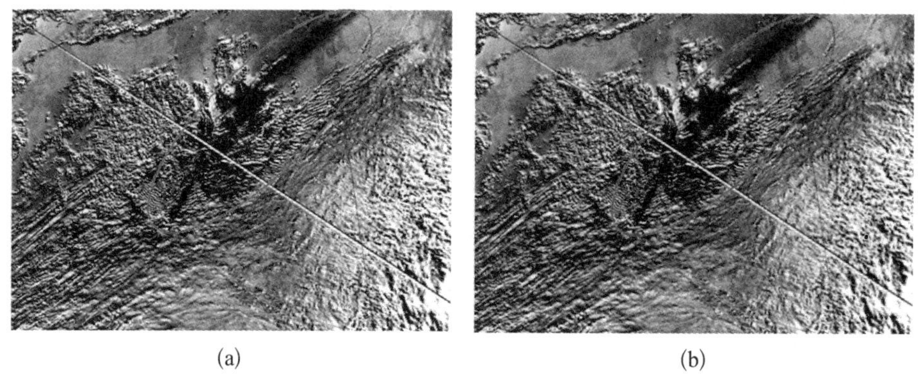

图 4.16　从 FY－3A/VIRR 数据中识别出的 2010 年 5 月 18 日火山灰云，椭圆形区域内为火山灰云，(a)为综合变分贝叶斯 ICA 与 SVM 方法，(b)为综合 PCA－ICA 加权与 SVM 方法

从图 4.11～4.16 中看出，利用综合变分贝叶斯 ICA 与 SVM 方法和综合 PCA－ICA 加权与 SVM 方法分别从 FY－3A/VIRR 数据中识别了 2010 年 4 月 15 日、4 月 19 日、5 月 7 日、5 月 13 日、5 月 14 日、5 月 18 日的艾雅法拉火山灰云信息。从火山灰云不同阶段发展变化情况来看，综合变分贝叶斯 ICA 与 SVM 方法和综合 PCA－ICA 加权与 SVM 方法在火山灰云初期(4 月 15 日)和末期的识别效果相对较差(5 月 18 日)，其余几日的识别效果明显优于初期和末期。

以上研究在一定程度上说明,利用 FY-3A 遥感数据能够对火山灰云不同阶段的发展变化进行识别具有一定的广泛性,克服了分裂窗亮温差算法、假彩色识别法和中红外识别法等传统方法分别要求对火山灰云不同发展阶段进行识别的弊端。但是总体而言,综合变分贝叶斯 ICA 与 SVM 方法和综合 PCA-ICA 加权与 SVM 方法从 FY-3A/VIRR 数据中识别火山灰云的质量没有其在 MODIS 中红外波段数据的识别效果好。这可能是由于这两种方法主要是基于波段特点的,进而导致其在分类器训练时输入特征参数过少所造成的。在综合变分贝叶斯 ICA 与 SVM 方法和综合 PCA-ICA 加权与 SVM 方法处理中,FY-3A/VIRR 数据在处理中却仅仅选用了中红外和热红外的三个波段,而 MODIS 数据选用了中红外和热红外的十多个波段,其分类器训练效果要明显优于基于FY-3A/VIRR数据的训练效果。

在实际应用中,能够从 FY-3A 卫星遥感数据中识别出火山灰云信息,这也证明了 FY-3A 遥感数据在火山灰云监测中应用的可行性。此外,尽管FY-3A/VIRR 遥感数据中红外和热红外波段数据较少,其整体识别精度受到一定限制,但是其在火山灰云监测领域仍然具有巨大的应用前景。

4.1.5 FY-3A 遥感数据火山灰云识别结果验证

1. 与 IMO 发布数据对比

鉴于 2010 年 4 月艾雅法拉火山喷发的巨大影响,冰岛气象局(icelandic meteorological office,IMO)根据当时火山喷发状态和天气条件,每隔 6 小时就做出一次火山灰云的动态扩散预测情况。图 4.17～4.21 分别为 IMO 根据当时火山喷发状态和天气条件,每隔一天做出的火山灰云 2010 年 4 月 19～23 日期间的持续喷发和影响范围。将数值模拟得到的火山灰的扩散方向及火山灰碎屑颗粒物沉降分布与之对比发现,两者之间具有很好的一致性。

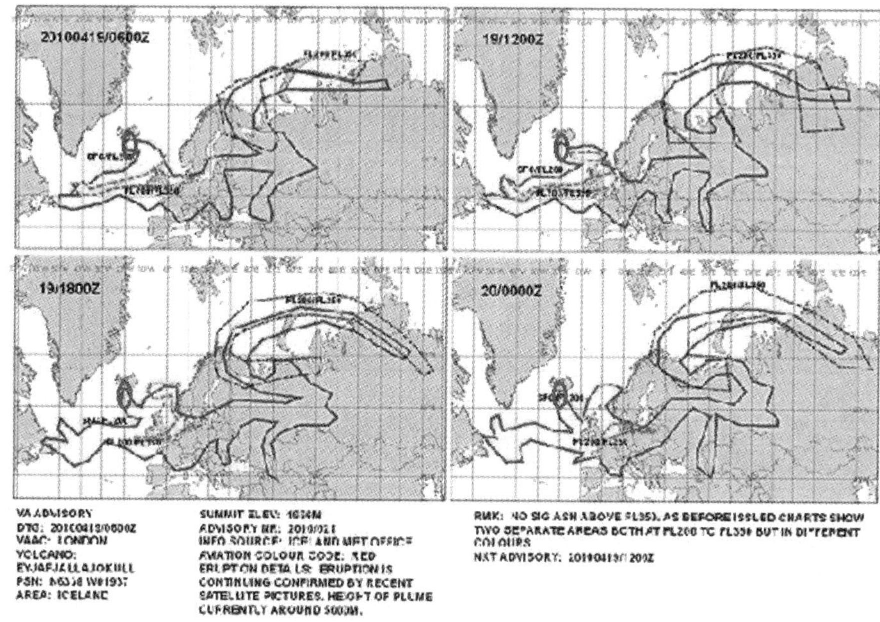

图 4.17　IMO 公布的 2010 年 4 月 19 日冰岛艾雅法拉火山灰云的影响范围

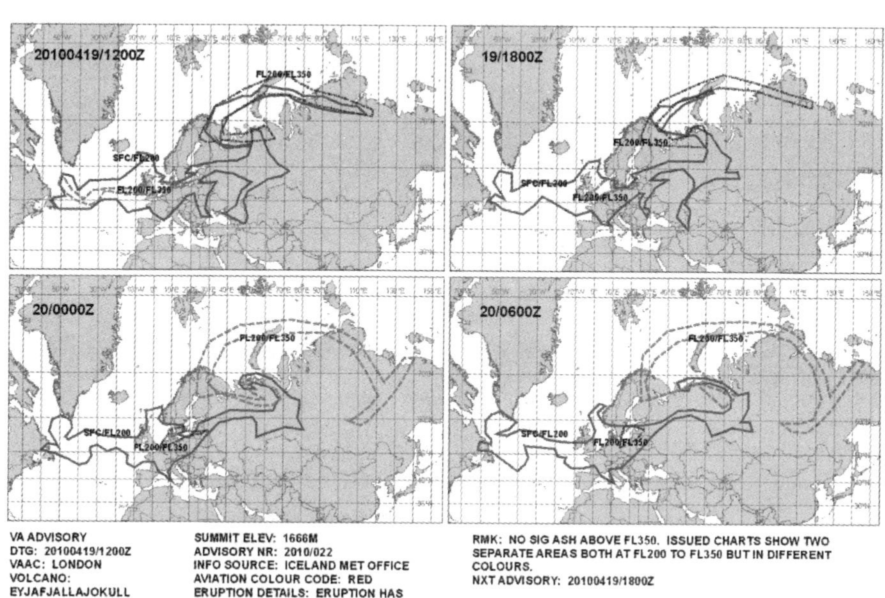

图 4.18　IMO 公布的 2010 年 4 月 20 日冰岛艾雅法拉火山灰云的影响范围

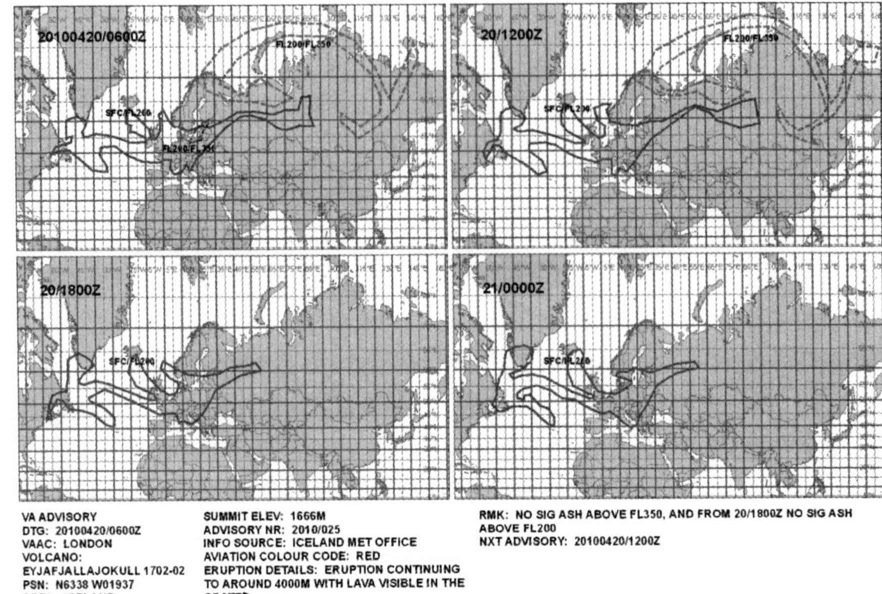

图 4.19　IMO 公布的 2010 年 4 月 21 日冰岛艾雅法拉火山灰云的影响范围

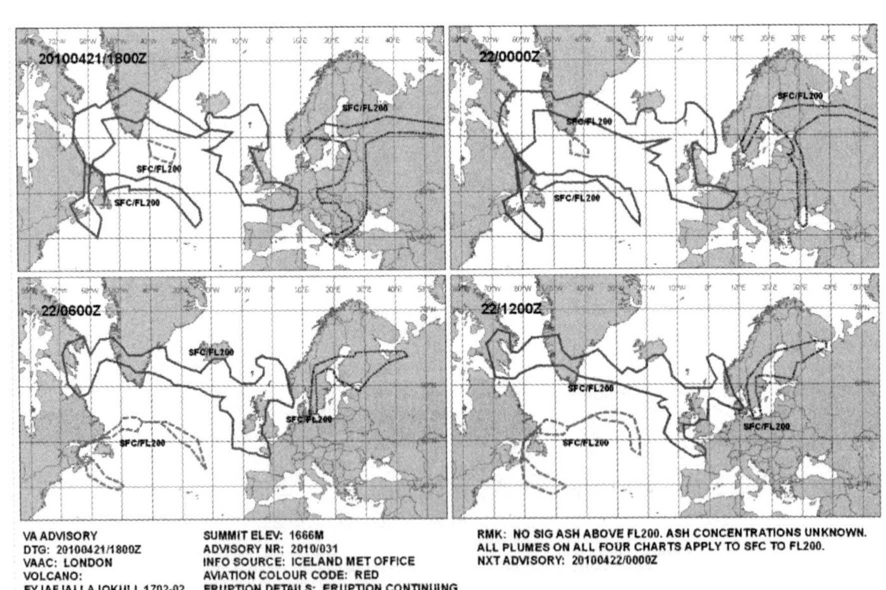

图 4.20　IMO 公布的 2010 年 4 月 22 日冰岛艾雅法拉火山灰云的影响范围

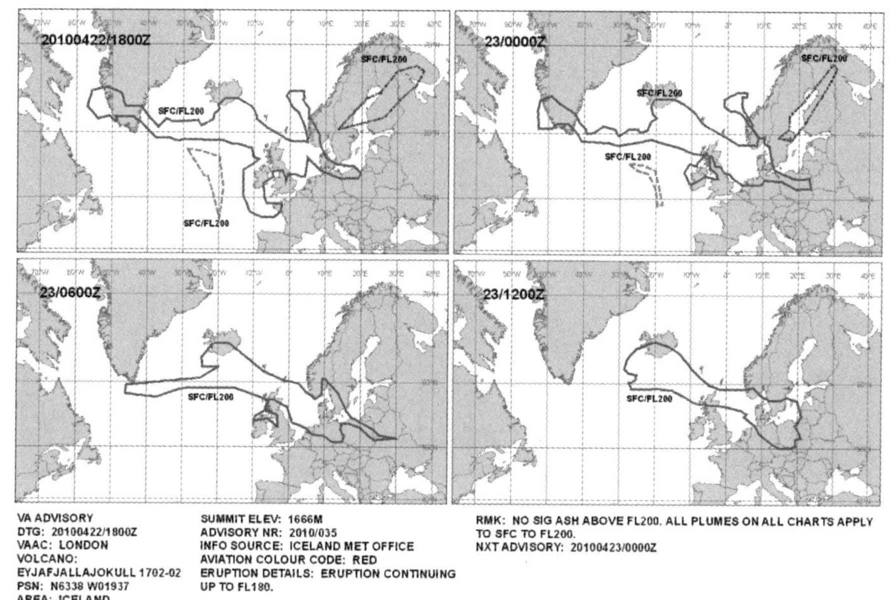

图 4.21　IMO 公布的 2010 年 4 月 23 日冰岛艾雅法拉火山灰云的影响范围

在考虑大西洋沿岸风速等气象条件的情况下，从图 4.17～4.21 中可以看出，火山灰空降碎屑的移动受风速和风向影响明显。每年 3～4 月份受高压气旋的影响，风速比较小。在冰岛艾雅法拉火山喷发前期，冰岛地区呈现为西、北方向的风。火山空降碎屑随着风向的变化，火山灰云被吹到冰岛的东部和南部地区，并飘浮到西欧地区，火山灰飘向英国和爱尔兰等地区，模拟方向和实际的火山灰扩散方向一致。在火山灰扩散的过程中，由于风力较小，火山灰云移动的速度慢，火山灰长期飘浮在空中，对西欧的航空系统造成很大的影响。从长白山天池火山和冰岛艾雅法拉火山两种数值模拟的结果可知，风速和风向对空降碎屑的分布具有很大的影响。此后随着时间的推移，火山灰云扩散范围逐渐减小，其影响范围也在不断地缩小，截至 4 月 26 日时，火山灰云对航空安全的威胁基本上已经消除。

2. 与 COSMO－MUSCAT 模型模拟结果对比

按火山喷发情况来看，2010 年 4 月 14 日冰岛艾雅法拉火山喷发属于中等程度的喷发。由于此次火山喷发处于巨大冰盖下方，因此在喷发第一天就引发了大洪水。这些融化的冰山和岩浆混合在一起形成强烈破碎玻璃状的火山灰微粒，并被斯堪纳维亚半岛流行的西北风风系带到欧洲中部。图 4.22 为 COSMO－MUSCAT 模型模拟显示的 2010 年 4 月 16～23 日冰岛艾雅法拉火山灰云分布状况。

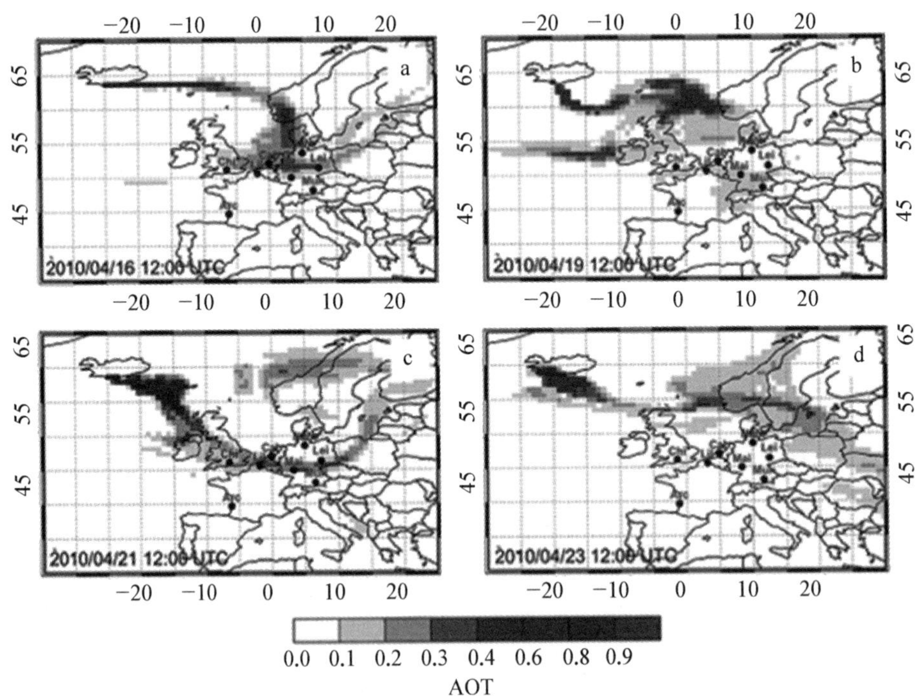

图 4.22　COSMO－MUSCAT 模型模拟显示 2010 年 4 月 16 日、19 日、21 日、23 日冰岛艾雅法拉火山灰云分布状况

从图 4.17～4.22 中看出，IMO 发布的 2010 年 4 月 19～23 日期间的艾雅法拉火山灰云分布状况与 COSMO－MUSCAT 模型模拟结果比较近似，基本上都反映出了火山灰云的移动方向，但是两种数据显示出的火山灰云分布的影响范围不尽相同。据分析，这主要是因为：

1）不同的模型和预测方法中所采用的系数和当时当地气象条件不相同，如喷发率、喷发高度、风向、风速、不同海拔高度灰云的释放及微粒的分布情况等。

2）不同模型对火山悬浮微粒聚集的化学变化考虑也不尽相同。如

COSMO - MUSCAT 模型和 Suzuki 模型中则仅仅考虑基本的火山灰云微粒，然而在实际观测中还存在更次一级的硫酸盐微粒化学反应等，这些在模型中都没有得到体现。

3）模型的验证主要参考了欧洲当地的测量结果，受制于观测点的数量和分布限制，不可能考虑整体研究区的情况，特别是有细小微粒的火山灰飘过欧洲大陆整体情况。

这在一定程度上再次表明，就目前的技术而言，无论在国内还是国外，高精确的火山灰云监测与预测研究都还处在探讨和摸索阶段，远未达到实用化的程度。这就需要各国相关研究人员不断收集、整理更多的火山灰云实例数据，不断地完善扩散模型，使其能够更加准确地模拟出火山喷发后火山灰云的移动方向和分布范围，为有关管理机构开展火山灰云防灾减灾工作提供技术支撑。

§4.2　CALIOP 遥感数据在火山灰云监测中的应用

4.2.1　数据和方法

目前，在全球大气研究中应用最广泛的激光雷达传感器是 CALIOP。该传感器是搭载在美国于 2006 年 4 月 28 日成功发射升空的星载激光雷达 CALIPSO 卫星上的，也是世界上第一个应用型的星载云-气溶胶激光雷达。CALIOP 是一台敏感于偏振光的双波长激光雷达，CALIOP 有三个接收通道，分别为 1 064 nm 后向散射信号接收通道、532 nm 垂直通道和 532 nm 平行通道。它以 30 m 的高分辨率提供气溶胶和云的垂直分布特性信息，两种波长之间的反向散射信号差别可被用来识别气溶胶的颗粒大小，而 532 nm 波段的正交偏振检测可被用来识别云的冰相和水相。

结合 CALIOP 传感器过境时间，根据冰岛艾雅法拉火山喷发时间和火山灰云不同发展阶段状态，本节最终选取 2010 年 4 月 15 日、5 月 6 日、5 月 8 日火山灰云作为研究对象，尝试利用 CALIOP 遥感数据对不同时期的艾雅法拉火山灰云垂直结构进行探讨和分析。

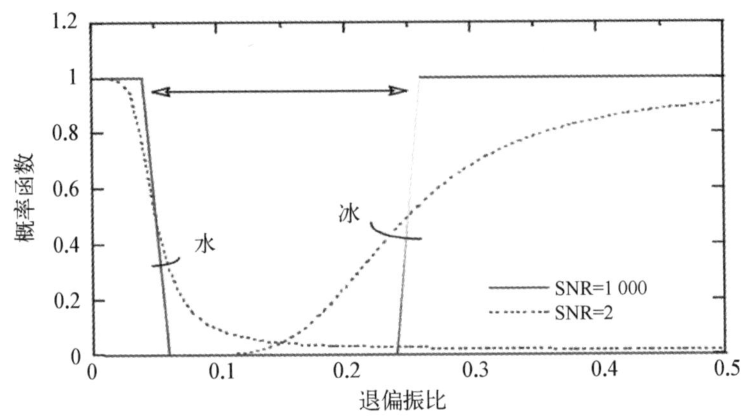

图 4.23　冰云和水云的退偏振比概率密度

图 4.23 为冰云和水云的退偏振比概率密度。从中看出，当信噪比(signal to noise ratio，SNR)较小时，如信噪比等于 2 时，冰云和水云之间是连续变化的，两者的差别并不显著；当信噪比较大时，如信噪比等于 1 000 时，存在一个明显的偏振比阈值区域，即阈值∈[0.05，0.25]，通过此区域可以有效地区分开水云和冰云。例如，当退偏振比值小于 0.05 时，表示该云层为水云；当退偏振比值大于 0.25 时，表示该云层为冰云。

CALIOP 传感器可以有效地识别出气溶胶和云，而火山灰云是气溶胶类型中的一种，理论上也就表明 CALIOP 传感器可以识别出火山灰云信息。CALIOP 遥感数据能够给出气溶胶和云的垂直剖面特征，既弥补了传统气象卫星只能识别出火山灰云的平面分布特征的不足，又显示出火山灰云的垂直剖面特征。

火山灰云中的火山灰碎屑颗粒物成分主要由石英、长石、辉石、角闪石、黑云母等矿物组成，粒径大多位于 1～50 μm 之间，且形状也不规则。CALIOP 遥感数据主要通过识别火山灰碎屑矿物成粉来识别火山灰云垂直分布结构。其基本原理如下所示：

1) 形状区别。由于火山灰碎屑颗粒物形状不规则，水滴则为规则的圆形，因此可以尝试利用 532 nm 的水平和垂直偏振比进行识别。这是因为圆形水滴的退偏振比不改变，而不规则形状的火山灰碎屑颗粒物的退偏振比是连续变化的。

2）温度区别。这是因为火山灰云的亮温比水温的温度低，因此可以利用 532 nm 的水平和垂直偏振比进行区分和识别。

3）粒子直径区别。火山灰碎屑颗粒直径通常要小于 50 μm，冰粒子的直径通常介于 2～9 500 μm。据此可以根据激光雷达不同波段的后向反射衰减系数进行火山灰和冰水的区分和识别。

4.2.2　CALIOP 遥感数据在艾雅法拉火山灰云识别应用的探讨

在经历了将近 200 年的休眠期之后，当地时间 2010 年 3 月 20 日晚上 11 点 30 分左右，位于冰岛南部的艾雅法拉火山开始爆发，冰岛随即宣布全国进入紧急状态。当地时间 2010 年 4 月 14 日，艾雅法拉火山时隔一个月后再度爆发。此次喷发更加猛烈，威力巨大，据统计此次喷发释放的能量要比上次高出 10～20 倍。火山剧烈喷发形成大片火山灰云飘向北大西洋和欧洲上空，造成来往北欧至全球的航空交通大瘫痪，数以千计的航班遭遇延误和停飞，由此带来巨大的经济损失。

1. 2010 年 4 月 15 日

IMO 报告显示，2010 年 4 月 15 日艾雅法拉火山喷发柱的最大高度达到 8 km。火山灰向东开始扩散，逐渐飘逸到英国和北欧的大部分地区。图 4.24 为 FY－3A/VIRR 观测到的火山灰云遥感图像，东北-西南向斜线为 CALIOP 传感器过境轨迹路线，其中覆盖火山灰云的过境时间分别为 3:52(UTC) 和 13:20(UTC)。

从图 4.25 中看出，方形区域位于后向衰减散射系数在 10^{-2}～10^{-1} 和双波长信号比为 1 附近的区域，根据 532 nm 后向衰减散射系数和双波长信号比，可以确认这一区域为云。图 4.26 为 4 月 15 日 3:52(UTC) 双波长信号比后向衰减散射系数。图 4.27 为 4 月 15 日 3:52(UTC) 退偏振比，从图 4.27 中看出，根据退偏振比在 0.4 附近时为形状不规则的碎屑颗粒物，由此可以确定图 4.26 中方形区域中不是水云。根据图 4.28 可知，这一区域被识别为冰云，但是明显看出此区域中夹杂有不可识别物质，所以可以确定方形区域即为火山灰云的分布范围。

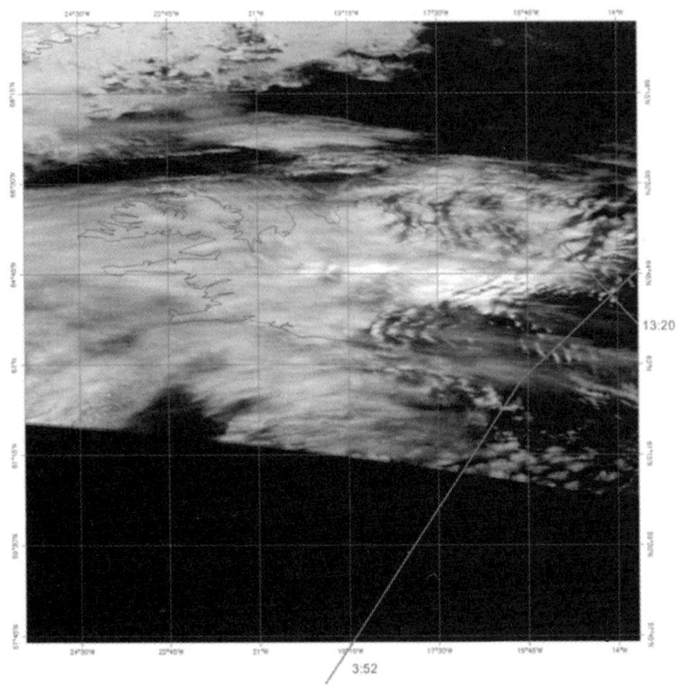

图 4.24　2010 年 4 月 15 日 VIRR 合成真彩色图(4:20(UTC))

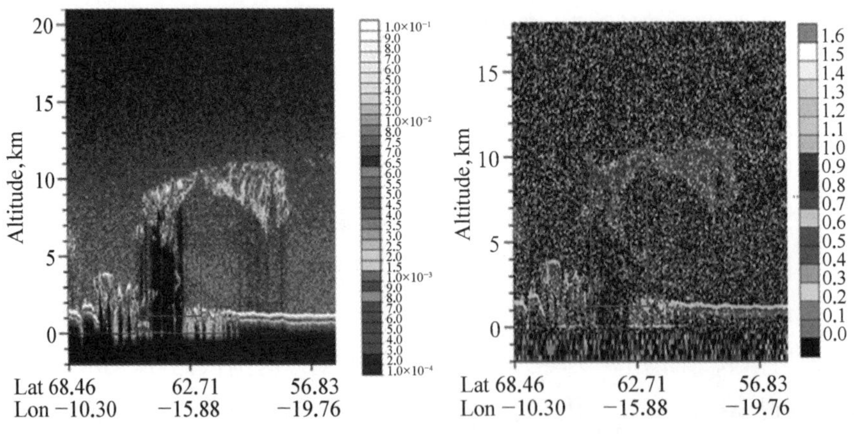

图 4.25　4 月 15 日 3:52(UTC)
532 nm

图 4.26　4 月 15 日 3:52(UTC)
后向衰减系数

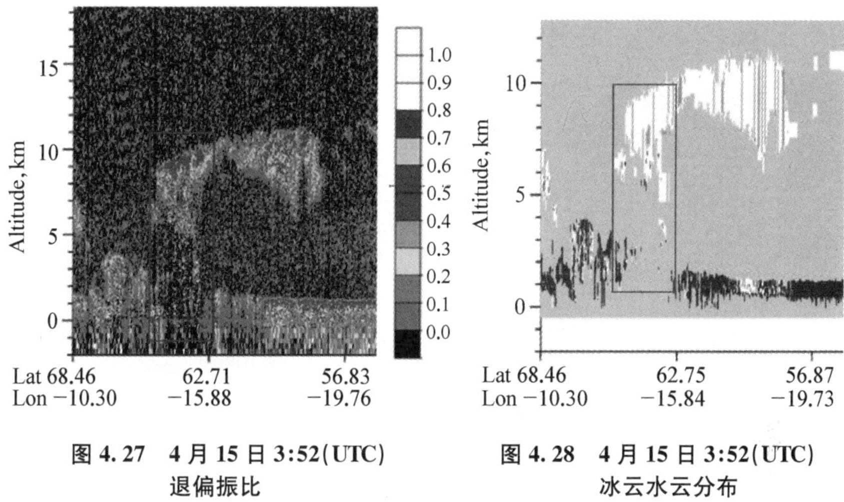

图 4.27 4 月 15 日 3:52(UTC) 退偏振比

图 4.28 4 月 15 日 3:52(UTC) 冰云水云分布

同理，根据后向衰减散射系数在 $10^{-2} \sim 10^{-1}$ 附近(图 4.29)和 13:20(UTC)双波长信号比后向衰减散射系数为 1 附近(图 4.30)，退偏振比在 0.4 附近(图 4.31)，结合冰云分布结果(图 4.32)中冰云中含有不可识别的碎屑颗粒物，基本上可以确定 4 月 15 日 13:20(UTC)轨迹中方形区域即为火山灰云分布范围。

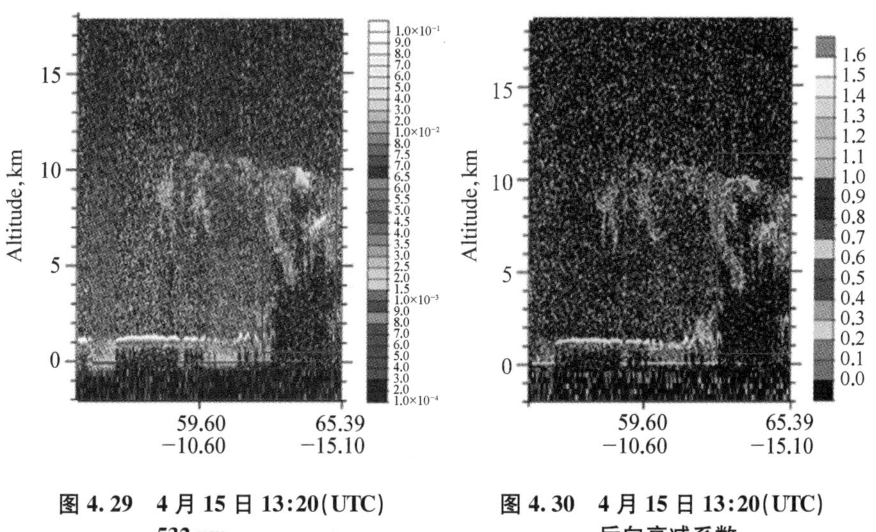

图 4.29 4 月 15 日 13:20(UTC) 532 nm

图 4.30 4 月 15 日 13:20(UTC) 后向衰减系数

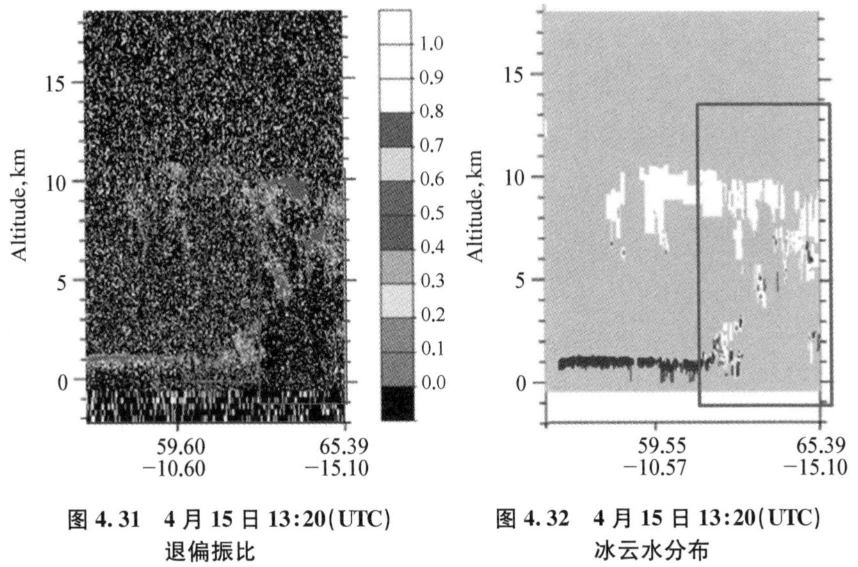

图 4.31　4 月 15 日 13:20(UTC) 退偏振比

图 4.32　4 月 15 日 13:20(UTC) 冰云水分布

4 月 15 日,CALIOP 传感器两个轨迹中的火山灰云团高度都在 10 km 左右,在 13:20(UTC)轨迹可以清晰地看到,火山灰云在扩散到欧洲大陆过程中出现了明显的火山灰碎屑颗粒沉降现象。通过 CALIOP 遥感数据反演的火山灰云分布范围和沉降结果与 IMO 的火山喷发报告基本相一致。

2. 2010 年 5 月 6 日

IMO 报告显示,5 月 6 日艾雅法拉火山喷发柱的高度为 9 km,扩散方向是大陆东南方向,随后在海上向南扩散。图 4.33 为 FY－3A/VIRR 传感器在 4:22(UTC)观测到的火山灰云图像,西北-东南向斜线为 CALIOP 传感器过境轨迹路线,其过境时间为 3:52(UTC)。

从图 4.34 中看出,方形区域位于后向衰减散射系数在 10^{-2}～10^{-1} 和双波长信号比为 1 附近的区域,根据 532 nm 后向衰减散射系数和双波长信号比,可以确认这一区域为云。根据退偏振比在 0.4 附近(图 4.35),结合冰云分布图(图 4.37)中冰云中含有不可识别物质,可以确定方形区域即为火山灰云分布范围。此外,根据 IMO 火山观测报告和 CALIPSO 激光雷达卫星飞行轨迹基本在火山口上方,可以确定,得到的火山灰垂直分布就是此次艾雅法拉火山喷发柱的垂直剖面结构。

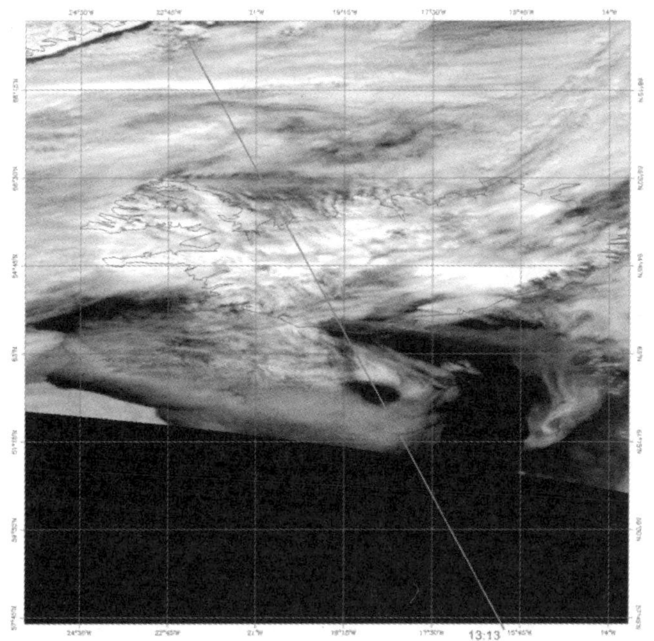

图 4.33　2010 年 5 月 6 日 VIRR 合成真彩色图(4:20(UTC))

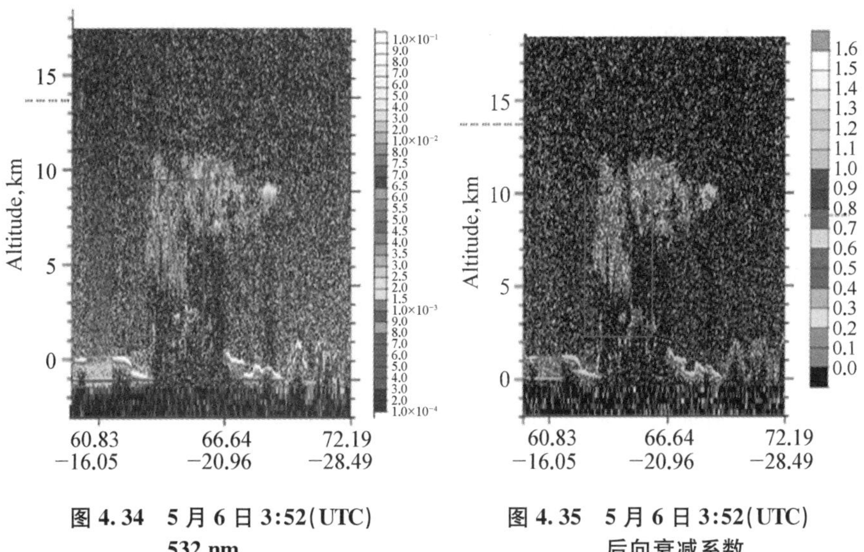

图 4.34　5 月 6 日 3:52(UTC) 532 nm

图 4.35　5 月 6 日 3:52(UTC) 后向衰减系数

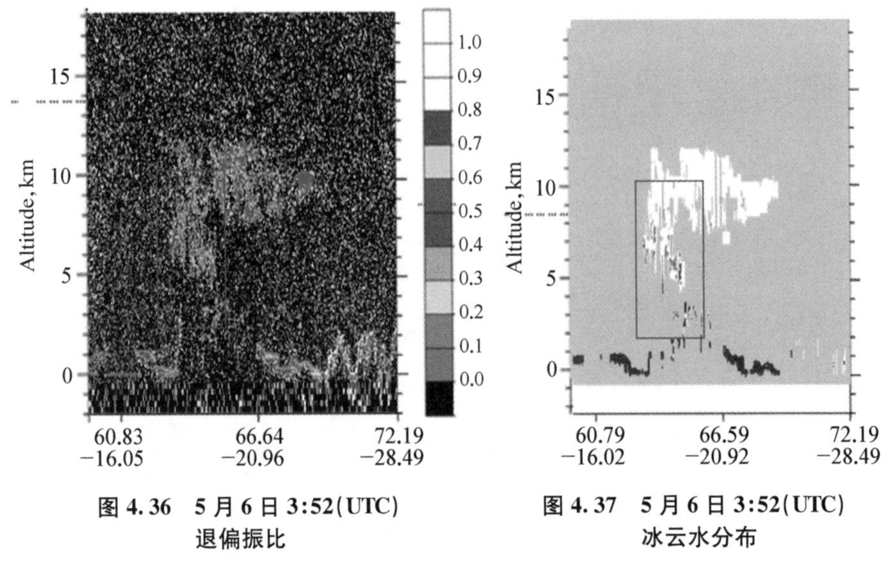

图 4.36　5 月 6 日 3:52(UTC) 退偏振比

图 4.37　5 月 6 日 3:52(UTC) 冰云水分布

3. 2010 年 5 月 8 日

IMO 报告显示，5 月 8 日火山喷发柱的高度为 5～6 km(UTC 8:00)和 4～5 km(UTC 12:00)，扩散方向为东南方向。图 4.38 为 FY－3A/VIRR 在 3:15(UTC)观测到的火山灰云图像，西北-东南向斜线为 CALIOP 传感器过境轨迹路线，过境时间分别为 3:08(UTC)和 13:01(UTC)，其中 13:01(UTC)的过境轨迹并没有覆盖火山灰云分布区域。

从图 4.39 中看出，方形区域位于后向衰减散射系数在 10^{-2}～10^{-1}和双波长信号比为 1 附近的区域，根据 532 nm 后向衰减散射系数和双波长信号比，可以确认这一区域为云。根据方形区域退偏振比在 0.4 附近(图 4.40)，结合冰云分布(图 4.42)中方形区域冰云中含有不可识别物质，可以确定该区域为火山灰云分布范围，且火山灰云团高度为 5～10 km，其余部分为通常意义上的气象云和气溶胶。据此得到 5 月 8 日 3:08(UTC)时火山灰云在扩散过程中的垂直剖面结构。

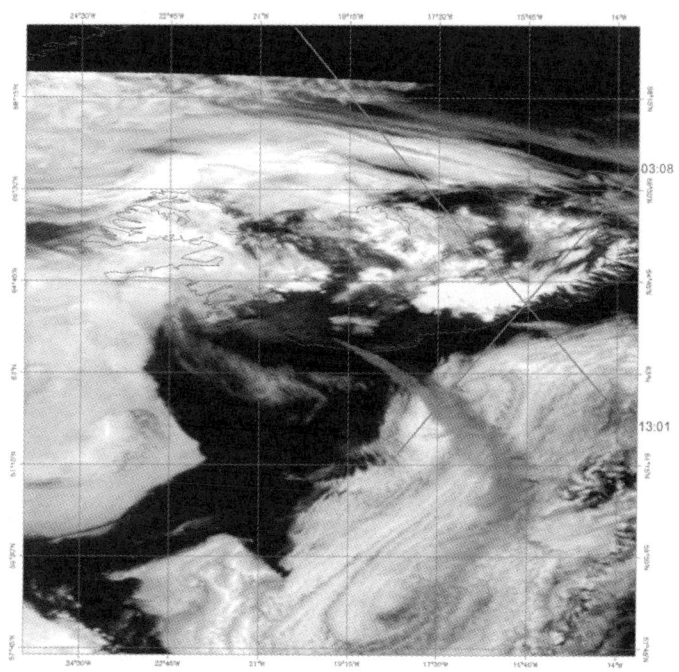

图 4.38　2010 年 5 月 8 日 VIRR 合成真彩色图(3:15(UTC))

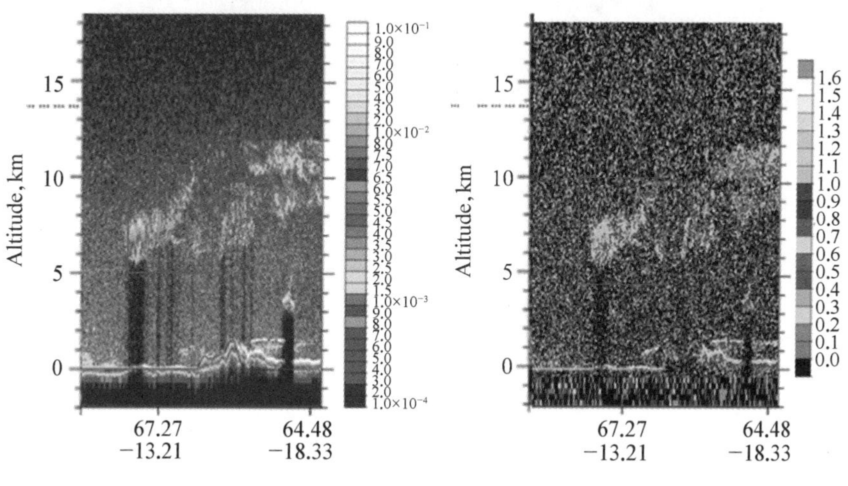

图 4.39　5 月 8 日 3:08(UTC) 532 nm

图 4.40　5 月 8 日 3:08(UTC) 后向衰减系数

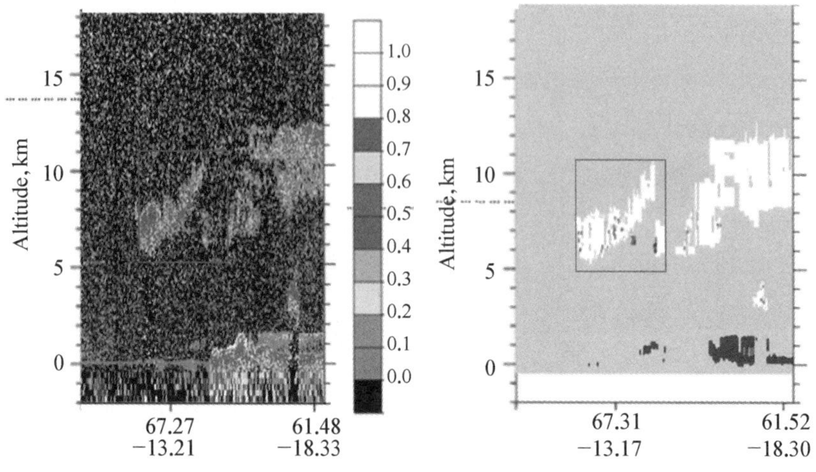

图 4.41　5 月 8 日 3:08(UTC)
退偏振比

图 4.42　5 月 8 日 3:08(UTC)
冰云水分布

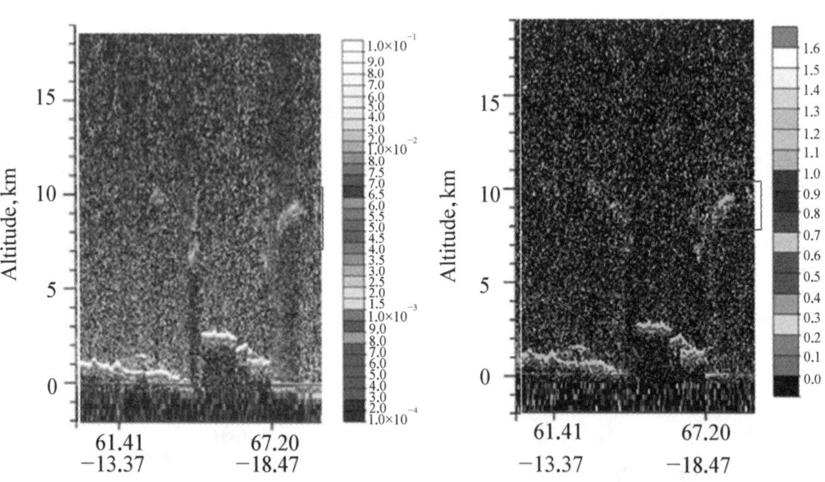

图 4.43　5 月 8 日 13:01(UTC)
532 nm

图 4.44　5 月 8 日 13:01(UTC)
后向衰减系数

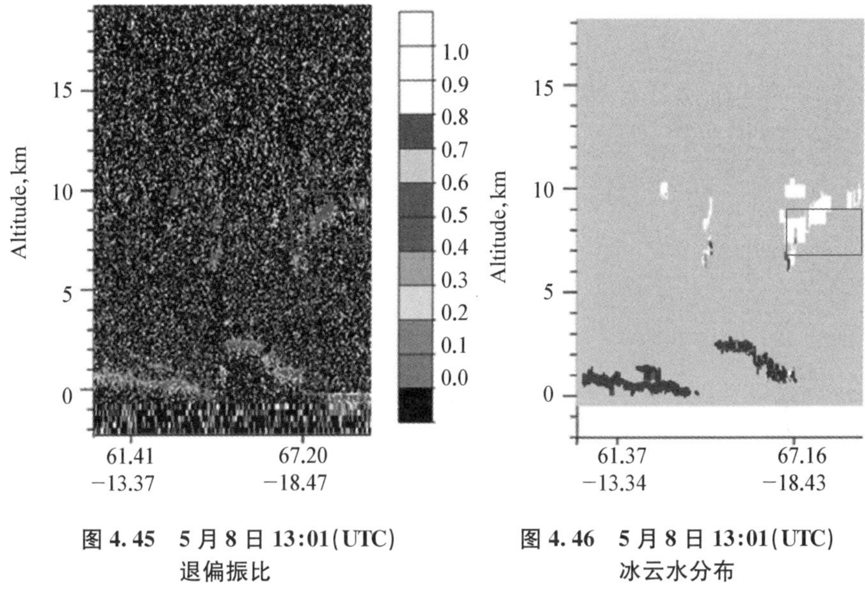

图 4.45 5月8日 13:01(UTC) 退偏振比

图 4.46 5月8日 13:01(UTC) 冰云水分布

从图 4.43 中可知，方形区域范围较小。根据 13:01(UTC)轨迹方形区域在 532 nm 总后向衰减散射系数(图 4.43) $10^{-2}\sim10^{-1}$、双波长信号比(图 4.43)为 1、退偏振比在 0.4 附近(图 4.44)特征，结合冰云分布(图 4.46)中冰云中也含有不可识别物质，可以确定方形区域即为火山灰云分布范围，且火山灰云高度为 8～9 km。因为此轨迹并未覆盖火山灰云分布范围，因此该区域并不属于 IMO 火山观测报告和 FY－3A 观测的火山灰云区域。据分析，这很可能是其他时段喷发未消散的火山灰云或其他物质成分等。

4.2.3 结论和讨论

根据火山灰云物理和化学特性，利用火山灰的双波长信号后向衰减散射系数、退偏振比和冰云水云分布等可以获得火山灰云垂直分布信息。通过和 FY－3A/VIRR 遥感数据获得的火山灰云分布和 IMO 火山观测报告进行对比，最终得到了火山灰在喷发、扩散和沉降等不同发展阶段中的火山灰云垂直剖面形态。CALIOP 激光雷达卫星遥感传感器的加入，推动了火山灰云遥感监测研究从二维水平方向向三维立体垂直监测方向转变，势必将更加准确地监视和预测火山灰云扩散路径。

但是，CALIOP 激光雷达传感器也存在一定的缺陷，例如 CALIOP 激光雷达属于线性扫描方式，不能覆盖全球范围，因此也并不能实现全球火山喷发和扩散的近实时监测。2010 年 4～5 月期间整个冰岛艾雅法拉火山爆发和扩散中仅找到了四条能够覆盖火山灰云的传感器过境轨迹也充分验证了这一点。此外，在进行监测和验证的过程中，还存在着诸如 CALIOP 激光雷达传感器和 FY－3A/VIRR 传感器过境时间不一致等问题。这些问题都在一定程度上制约着 CALIOP 激光雷达传感器在火山灰云监测领域中的应用。

第5章

火山灰沉降数值模拟与防灾减灾 »»»»

§5.1 火山灰沉降数值模拟基础理论

5.1.1 理论模型选择

进行火山灰碎屑颗粒物沉降数值模拟研究，既要在火山喷发后根据喷发状态、地形、气象等条件对火山碎屑物的沉降情况进行模拟，又要在火山喷发之前根据当地的气象、地形和既定喷发条件的情况，通过数值模拟，为有关部门做好火山附近地区的空降碎屑灾害防灾减灾提供理论依据和技术支撑，以便提前做好必要的应对预案。

自从遥感技术被引入火山喷发监测以来，有许多研究人员分别从火山灰云的扩散、追踪、火山灰碎屑颗粒物沉降等方面进行了探讨和分析。二维扩散理论方程因其计算简单、具有明确解析解等优势，在模拟火山灰碎屑颗粒物的扩散方面得到了广泛的应用，并取得了丰硕的研究成果。截至目前，已经出现了多个火山灰云扩散模型和火山灰碎屑沉降模型。这些模型各有优缺点。考虑到实际应用中还需要与地理信息系统技术相结合进行碎屑沉降的综合评估以及平面二维图的叠合等，于是从实用化的角度上来看，Suzuki 模型在火山灰碎屑众多沉降模型中优势非常明显。

5.1.2 Suzuki 模型方程和参数

1. Suzuki 模型方程

火山灰碎屑颗粒物二维扩散模型是指根据大气环流所形成的颗粒水平扩散和沉降等搭建而成。该模型中利用均匀风控制方程的基本扩散方程：

$$\frac{\partial \chi}{\partial t}=-\mu \frac{\partial \chi}{\partial x}+\frac{\partial}{\partial x}\left(K \frac{\partial \chi}{\partial x}\right)+\frac{\partial}{\partial y}\left(K \frac{\partial \chi}{\partial y}\right) \tag{5.1}$$

式中,K 为扩散物边界扩散系数,u 为当时的风速,x 为扩散物浓度。经过与大量观测数据对比和分析,Suzuki 提出当 $K=C \cdot t^{3/2}$、$C=400\ \mathrm{cm}^2/\mathrm{s}^{2/5}$ 时,扩散方程能够取得较好的效果。求解后即可得到空降碎屑灾害的沉积分布为:

$$\chi(x,\ y)=\frac{5q}{8\pi C t^{5/2}} e^{\left[-\frac{5\{(x-ut)^2+y^2\}}{8Ct^{5/2}}\right]} \tag{5.2}$$

式中,q 为扩散物颗粒质量,t 为扩散物颗粒的下降时间。

在经过对大量实测数据进行对比和分析后,Suzuki 最终给出了扩散物颗粒的降落速度和沉降时间公式,分别为:

$$V_0=\frac{\psi_p g d^2}{9\eta_a F^{-0.32}+\sqrt{81\eta_a^2 F^{-0.64}+\frac{3}{2}\Psi_a \Psi_p g d^3 \sqrt{1.07-F}}} \tag{5.3}$$

$$t=0.752 \times 10^6\left[\frac{1-\exp(-0.0625 z)}{V_0}\right]^{0.926} \tag{5.4}$$

式中,V_0为颗粒的最终降落速度,d 为近椭球状碎屑颗粒主轴的平均直径,t 为时间,单位为 s,z 为起始高度,单位为 km,g 为重力加速度,Ψ_p为颗粒密度,F 为颗粒的形状参数,Ψ_a、η_a分别为空气的黏度和密度。

2. Suzuki 模型参数

1) 碎屑颗粒物的质量分布

粒径大小不同的火山颗粒在降落时沉降速度不同,沉降时间也并不相同。为了简化计算复杂度,在式(5.1)中,颗粒平均沉降时间可以表示为不同时间(不同高度 H)上颗粒在空间的分布。输入扩散系统的质量为 q,是由颗粒的大小、分散度和火山喷发柱的扩散特性决定:

$$q(d,\ z)=\mathrm{d}qP(z)\mathrm{d}z \tag{5.5}$$

$P(z)$为扩散概率密度分布,定义为:

$$P(z)=Aye^{-y} \tag{5.6}$$

则有 $\int_0^{H_{\max}} P(z)\mathrm{d}z = 1$。

式(5.5)和式(5.6)中给出以下假设：

① $P(z)$为单位高度颗粒的质量。$q(d, z)$为高度为 $z \sim z + \mathrm{d}z$、直径为 $d_j \sim d_{j+1}$ 的火山喷发物的总质量，单位为 kg。

② $W(z)$为喷发柱的垂直速度，即 $W(z) = W_0(1 - Z/H)^{\lambda}$。式中 W_0为颗粒物下降时的初速度，λ 为常数，H 为喷发柱的垂直高度。

③ y 为喷发柱的扩散参数，同时还是颗粒高度 z 的函数 $(y_0 = y\,|_{z=0})$，即 $Y(z) = \dfrac{\beta[W(z) - V_0]}{V_0}$。式中 β 为常数，V_0为海平面上颗粒的最终降落速度。

④ $\mathrm{d}q$ 表示直径为 $d_j \sim d_{j+1}$ 喷发物的总质量，单位为 kg。$\mathrm{d}q$ 和 $P(z)$可分别表示为 $\mathrm{d}q = \dfrac{Q\lg(d_{j+1}/d_j)}{\sqrt{2\pi}\sigma_d} e^{\left[-\frac{(\lg d_j/d_m)^2}{2\sigma_d^2}\right]}$ 和 $P(z) = \dfrac{\beta W_0 y e^{-y}}{V_0 H[1 - (1 + y_0)e^{-y_0}]}$。其中 V_0为海平面沉降速度，W_0为火山喷口速度，H 为喷发柱高度，β 为控制颗粒的扩散值，是个常数，d_m为平均粒径，σ_d为粒径方差。

2）地表沉积质量分布

把碎屑颗粒物的质量带入式(5.6)中，于是对整个喷发柱高度积分得到落在地球表面上点(x, y)上的火山灰碎屑质量为：

$$\chi(x, y) = \int_{d=0}^{d=\infty}\int_{z=0}^{z=H} \frac{5P(z)}{8\pi C t^{5/2}} e^{\left\{-\frac{5[(x-ut)^2+y^2]}{8Ct^{5/2}}\right\}} \mathrm{d}q\mathrm{d}z \tag{5.7}$$

5.1.3　Suzuki 模型验证及改进

1. Suzuki 模型验证

根据式(5.2)分别对 t、x、y 进行偏微分计算，结果分别如下所示：

$$\frac{\partial \chi}{\partial t} = \frac{5q}{8\pi C}\exp\left[-\frac{5\{(x-ut)^2 + y^2\}}{8Ct^{\frac{5}{2}}}\right]\left\{-\frac{5}{2}t^{-\frac{7}{2}}\{(x-ut)^2 + y^2\} + t^{-\frac{5}{2}} \times 2(x-ut)(-u)\right\}$$

$$
\begin{aligned}
&= \frac{5q}{8\pi C}\exp\left[-\frac{5\{(x-ut)^2+y^2\}}{8Ct^{\frac{5}{2}}}\right]\left\{-\frac{5}{2}t^{-\frac{7}{2}}\right. \\
&\quad \left. + \frac{5}{4C}t^{-5}\left[\frac{5}{4t}\{(x-ut)^2+y^2\}+u(x-ut)\right]\right\} \\
&= \frac{25q}{32\pi C^2 t^5}\exp\left[-\frac{5\{(x-ut)^2+y^2\}}{8Ct^{\frac{5}{2}}}\right] \\
&\quad \left\{-2Ct^{\frac{3}{2}}+\left[\frac{5}{4t}\{(x-ut)^2+y^2\}+u(x-ut)\right]\right\}
\end{aligned} \tag{5.8}
$$

$$
\begin{aligned}
\frac{\partial \chi}{\partial x} &= \frac{5q}{8\pi Ct^{\frac{5}{2}}}\exp\left[-\frac{5\{(x-ut)^2+y^2\}}{8Ct^{\frac{5}{2}}}\right]\left\{-\frac{5\times 2(x-ut)}{8Ct^{\frac{5}{2}}}\right\} \\
&= \frac{25q}{32\pi C^2 t^5}\exp\left[-\frac{5\{(x-ut)^2+y^2\}}{8Ct^{\frac{5}{2}}}\right](x-ut)
\end{aligned} \tag{5.9}
$$

$$
\begin{aligned}
\frac{\partial \chi}{\partial y} &= \frac{5q}{8\pi Ct^{\frac{5}{2}}}\exp\left[-\frac{5\{(x-ut)^2+y^2\}}{8Ct^{\frac{5}{2}}}\right]\left\{-\frac{5\cdot 2y}{8Ct^{\frac{5}{2}}}\right\} \\
&= -\frac{25q}{32\pi C^2 t^5}\exp\left[-\frac{5\{(x-ut)^2+y^2\}}{8Ct^{\frac{5}{2}}}\right]\cdot y
\end{aligned} \tag{5.10}
$$

$$
\begin{aligned}
\frac{\partial^2 \chi}{\partial x^2} &= -\frac{25q}{32\pi C^2 t^5}\exp\left[-\frac{5\{(x-ut)^2+y^2\}}{8Ct^{\frac{5}{2}}}\right] \\
&\quad \left\{1-\frac{5\cdot 2(x-ut)}{8Ct^{\frac{5}{2}}}(x-ut)\right\} \\
&= \frac{25q}{32\pi C^2 t^{\frac{5}{2}}}\exp\left[-\frac{5\{(x-ut)^2+y^2\}}{8Ct^{\frac{5}{2}}}\right]\left\{\frac{5\,(x-ut)^2}{4Ct^{\frac{5}{2}}}-1\right\}
\end{aligned} \tag{5.11}
$$

$$
\begin{aligned}
\frac{\partial^2 \chi}{\partial y^2} &= -\frac{25q}{32\pi C^2 t^5}\exp\left[-\frac{5\{(x-ut)^2+y^2\}}{8Ct^{\frac{5}{2}}}\right]\left\{1-\frac{5\cdot 2y}{8Ct^{\frac{5}{2}}}y\right\} \\
&= \frac{25q}{32\pi C^2 t^5}\exp\left[-\frac{5\{(x-ut)^2+y^2\}}{8Ct^{\frac{5}{2}}}\right]\left\{\frac{5y^2}{4Ct^{\frac{5}{2}}}-1\right\}
\end{aligned} \tag{5.12}
$$

把上面的结果带入式(5.2)中，则式(5.2)的右边化简为

$$= -u\frac{\partial\chi}{\partial x} + k\left(\frac{\partial^2\chi}{\partial x^2} + \frac{\partial^2\chi}{\partial y^2}\right)$$

$$= \frac{25q}{32\pi C^2 t^5}\exp\left[-\frac{5\{(x-ut)^2+y^2\}}{8Ct^{\frac{5}{2}}}\right](x-ut)\cdot u$$

$$+ Ct^{\frac{3}{2}}\cdot\frac{25q}{32\pi C^2 t^5}\exp\left[-\frac{5\{(x-ut)^2+y^2\}}{8Ct^{\frac{5}{2}}}\right]\left\{\frac{5\{(x-ut)^2+y^2\}}{4Ct^{\frac{5}{2}}}-2\right\}$$

$$= \frac{25q}{32\pi C^2 t^5}\exp\left[-\frac{5\{(x-ut)^2+y^2\}}{8Ct^{\frac{5}{2}}}\right]\left\{-2Ct^{\frac{5}{2}}\right.$$

$$\left. + \left[\frac{5}{4t}\{(x-ut)^2+y^2\}+u(x-ut)\right]\right\} = \frac{\partial\chi}{\partial t}$$

这等于式(5.2)的左边。此解析解表明了 Suzuki 模型的正确性。

2. Suzuki 模型改进

针对 Suzuki 模型在计算过程中出现的问题，本节在经过大量统计和分析后提出了一些改进措施。具体如下所示：

1）喷发柱的扩散参数

从式 $Y(z) = \frac{\beta[W(z)-V_0]}{V_0}$ 中可知，扩散参数不会出现负值的情况。由于 $W(z) \geqslant 0$，由式 $W(z) = W_0(1-Z/H)^\lambda$ 可知，喷发柱的高度 $W(z)$ 是逐渐减小的，且颗粒沉降垂直初速度为 0。而当 $V_0 > 0$，所以计算 Y 时肯定会存在负值。为了保证 $Y > 0$，把 $Y(z)$ 方程修改为：

$$Y(z) = \frac{\beta W(z)}{V_0} \tag{5.13}$$

2）概率扩散浓度

首先，式 $Y_0 = \beta(W_0 - V_0)/V_0$ 中 W_0 的值要远大于 V_0，因此，在实际计算中 V_0 通常被忽略掉。其次，在计算中发现 $P(z)$ 大括号中的值都比较接近 1，于是在考虑计算效率时，可以在不影响结果精度的前提下，将概率扩散浓度公式进行如下修改：

$$P(z) = \frac{\beta W_0 Y\exp(-Y)}{V_0 H} \tag{5.14}$$

3）添加 y 轴风向后的扩散模型

添加 y 轴风向后的 Suzuki 二维扩散模型为：

$$\chi(x,\ y)=\frac{5q}{8\pi Ct^{5/2}}e^{\left[-\frac{5\{(x-ut)^2+(y-vt)^2\}}{8Ct^{5/2}}\right]} \tag{5.15}$$

式中，u、v 分别为 x 和 y 方向上的风速。

§5.2 火山灰沉降数值模拟

鉴于大型火山喷发能够对地球自然环境和人类日常生活造成严重的危害，科研人员不仅对火山灰碎屑颗粒物进行了定性研究，而且还从火山灰碎屑颗粒物沉降分布上对火山的爆发状况进行了大量的定量数值模拟研究。通过对影响火山喷发的动力学和物理参数进行分析研究，例如喷发柱的高度、风速、喷发物质颗粒的参数等，总结出不同参数的影响力度和影响范围，进而根据这些影响大小绘制出火山灾区防灾区划。

5.2.1 长白山天池火山灰沉降模拟

1. 算法验证

假设所有颗粒具有相同的沉降速度 V_0，则存在垂直气体速度与最终沉降速度相等的平衡面，则在计算碎屑质量时可以将喷发物总质量公式中的 dq 和 dz 分开进行积分。平均沉降时间 t 由下式给出：

$$t=0.752\times10^6\left(\frac{1-e^{-0.0625z}}{V_0}\right)^{0.926} \tag{5.16}$$

式中，z 为颗粒在喷发柱的高度。

图 5.1 风速为 0 时沉降密度分布等值线图，单位为 g/cm²

当假定颗粒以平均速度沉降后，将式(5.16)中的 t 代入到喷发物总质量公式中。当平均风速 $u=0$ 时，计算结果如图 5.1 所示。从图 5.1 中看出，碎屑沉降物在横坐标 $X=0$ 处达到最大值，随后开始快速下降。这在火山口附近地区形成非常明显的火山灰碎屑颗粒物环状沉降分布特征。与此同时，图 5.1 还再次验证了 Suzuki 二维扩散模型算法的正确性。

2. 长白山天池火山灰碎屑沉降数值模拟

长白山天池火山位于吉林省东南地区，横跨中朝边境，风景非常漂亮，是我国目前保存最为完好的中央式复合火山(图 5.2)。尽管天池火山目前是休眠火山，但还是存在一定的喷发可能。据相关历史文献记载，天池火山大约在 1215(±15)年曾剧烈爆发过，造成相当严重的破坏，当时爆发喷发出大量的火山灰，在风力作用下迅速扩散到日本地区上空。本节通过对已有长白山天池火山灰碎屑沉降数值模拟进行分析，估算出该火山该次喷发所形成的碎屑颗粒物沉降分布情况，并为后续的对比研究奠定基础。

图 5.2　天池火山风景

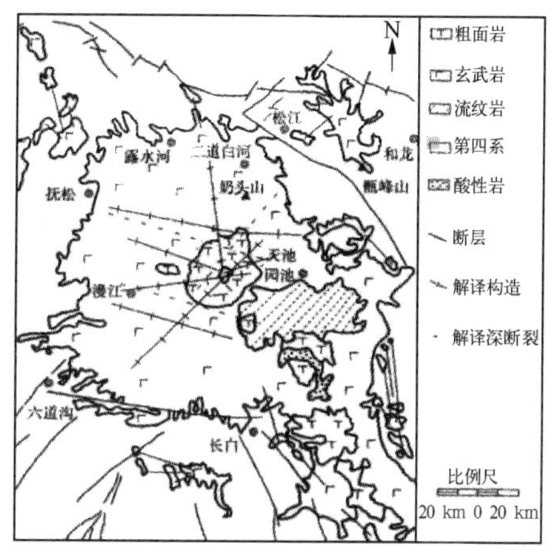

图 5.3　天池火山和周边断裂带地质构造

1) 天池火山概况

天池火山主要分布在黑龙江亚板块的长白山块体中，活动性与鸭绿江-挥春裂谷关系密切(图 5.3)。天池火山所在的长白山地区，地势特征呈现出中心高、四周低的分布状况，而天池火山锥体就是其最高的中心所在。天池火山锥

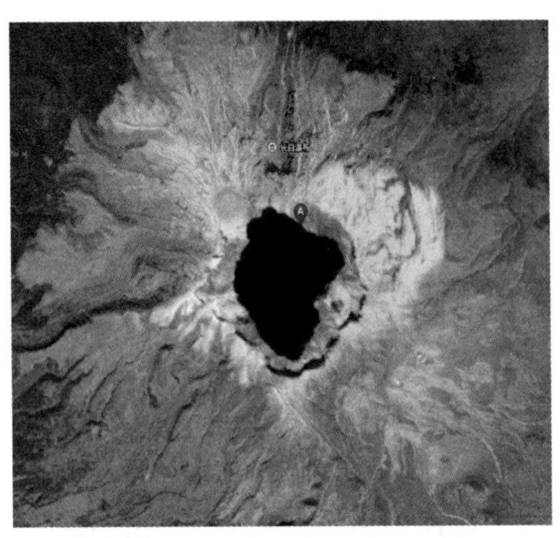

图 5.4 天池火山地形，A 为天池瀑布

体是一个复合式的火山锥体，位于海拔 1.7～2.7 km 处，西北-东南向长约 27 km，东北-西南向长约 15 km。天池火山锥体坡面呈现出明显的阶梯状分布，锥体上陡下缓，坡度逐渐从 5°增加到 30°以上。火山锥体顶部形成一个巨大的积水湖，这就是非常著名的天池(图 5.4)。天池为椭圆形分布，水深约为 0.37 km，平均海拔约为 2.2 km，总蓄水体积约为 $2.04 \times 10^9\ m^3$。

天池火山经历多个不同时期地质构造形成，包括造盾、造锥和喷发等三个阶段。据研究人员考证，在历史上天池火山曾多次喷发，其中 1215(±15)年、1668 年和 1702 年间喷发是有据可考的，尤其是 1215(±15)年间的天池火山喷发是近两千年来地球上最大的一次火山喷发，火山灰影响范围覆盖了整个东北亚地区。

2) 天池火山 1215(±15)年火山喷发类型和特征

天池火山在公元 1215(±15)年剧烈喷发，并形成浮岩流式堆积、空降式堆积、灰云浪式堆积等三类堆积物。

浮岩流式堆积是指火山喷发形成火山喷发柱，随后喷发柱塌陷而形成的堆积物，浮岩流式堆积富含浮岩成分。天池火山此次形成的浮岩流式堆积物主要出现在火山锥体的放射状沟谷中，其中最大厚度约为 0.1 km，分布半径约为 60 km，具有分选差和逃气管构造等特征。

空降式堆积是指火山喷发出的火山灰等成分降落到地面形成的堆积物。对于天池火山此次喷发形成的空降堆积物，根据火山灰碎屑颗粒粒径大小可将其划分为沉降火山灰堆积和沉降浮岩堆积两类。其中，沉降火山灰堆积碎屑粒径通常都不大于 2 mm，主要是由玻璃质气泡壁、浮岩、碱长石等构成，其覆盖了从天池火山地区向东到日本北部地区的范围，火山灰厚度从西向东逐渐增加。而沉降浮岩堆积碎屑颗粒粒径则都大于 2 mm，呈现出以火山口为中心的扇形分布状态，从西北向东南方向变化，其堆积物的厚度和粒度都逐渐变小，具有细粒亏损、分选好、近端不呈粒序、远端呈正粒序的特征。

灰云浪式堆积是指由火山灰碎屑流上部湍流所形成的堆积物。天池火山此次喷发所形成的灰云浪式堆积物呈现出明显的夹层状，并混杂在浮岩流式堆积物中。粒径厚度约为 1 m，大都是细粒径火山灰，具有交错层理、好分选等特点。

3) 公元 1215(±15)年天池火山喷发强度

目前，常被用来进行火山喷发强度描述的标准就是火山爆发指数(volcanic explosivity index，VEI)。火山爆发指数是一个定量量纲，可以准确地反映出不同火山喷发强度特征，其详细划分如表 5.1 所示。对于公元 1215(±15)年天池火山爆发而言，其喷发柱高度约为 29 km，喷发物的总体积约为 $1.20\times10^{11}\,m^3$，VEI 为 7，喷发持续时间超过 12 h，参考表 5.1 可知此次喷发强度属于布里尼式喷发。由此可见，此次天池火山喷发属于目前世界上最罕见的火山大喷发之一。

表 5.1　火山爆发指数

<table>
<tr><th>VEI</th><th>0</th><th>1</th><th>2</th><th>3</th><th>4</th><th>5</th><th>6</th><th>7</th><th>8</th></tr>
<tr><td>描　述</td><td>非爆炸性的</td><td>小</td><td>中</td><td>中-大</td><td>大</td><td>较大</td><td colspan="3">—</td></tr>
<tr><td>喷出物体积/m^3</td><td>$<10^{4}$</td><td>$10^{4}\sim10^{6}$</td><td>$10^{6}\sim10^{7}$</td><td>$10^{7}\sim10^{8}$</td><td>$10^{8}\sim10^{9}$</td><td>$10^{9}\sim10^{10}$</td><td>$10^{10}\sim10^{11}$</td><td>$10^{11}\sim10^{12}$</td><td>$>10^{12}$</td></tr>
<tr><td>喷发物高度/km</td><td><0.1</td><td>0.1～1</td><td>1～3</td><td>3～15</td><td>10～25</td><td>>25</td><td colspan="3">—</td></tr>
<tr><td rowspan="2">分　类</td><td colspan="3">斯通博利式</td><td colspan="6">布里尼式</td></tr>
<tr><td colspan="2">夏威夷式</td><td colspan="3">乌尔加诺式</td><td colspan="4">超布里尼式</td></tr>
<tr><td rowspan="3">持续时间/h</td><td colspan="4"><1</td><td colspan="5">>12</td></tr>
<tr><td colspan="2">—</td><td colspan="3">1～6</td><td colspan="4">—</td></tr>
<tr><td colspan="3">—</td><td colspan="3">6～12</td><td colspan="3">—</td></tr>
</table>

续　表

VEI	0	1	2	3	4	5	6	7	8
考虑对流层风	可忽略的	小	中	主要	—				
考虑平流层风	无	无	无	可能的	一定的	主要的	—		
喷发次数/目录中的总数	434	361	3 108	720	131	35	16	1	0

注：对于 VEI 为 0～2 级的火山喷发，设定喷发柱高度为火山口水平面之上的高度；对于 VEI 为 3～8 级的火山喷发，设定喷发柱高度为其所处的海拔高度。

从表 5.1 中看出，天池火山喷发强度非常大，火山喷发带来的破坏力也非常巨大。于是根据天池火山喷发特性和岩浆特性，研究人员分别对此次喷发中的各个参数进行了相应的估算。表 5.2 为统计得出的天池火山物理研究的 9 组喷发数据。

表 5.2　天池火山碎屑模拟相关参数表

数据编号	λ	β	C	最小粒径(cm)	最大粒径(cm)	平均粒径(cm)	恒定风速(m/s)	喷口速度(m/s)	喷射柱高(km)	喷发物总质量(g)
1	1	0.10	400	0.010	5	0.35	0	50	30	10^{15}
2	1	0.14	400	0.001	10	0.20	10	50	10	10^{15}
3	1	0.14	400	0.001	10	0.20	10	50	20	10^{15}
4	1	0.14	400	0.001	6	0.20	5	134	23	10^{15}
5	1	0.14	400	0.001	6	0.35	10	134	23	10^{15}
6	1	0.14	400	0.001	6	0.35	15	134	23	10^{15}
7	1	0.14	400	0.001	6	0.35	20	134	23	10^{15}
8	1	0.14	400	0.001	6	0.35	25	134	23	10^{15}
9	1	0.14	400	0.001	6	0.35	30	134	23	10^{15}

4) 参数选择

Suzuki 模型对参数取值范围的要求包括：平均粒径 d_m 取值范围为

0.01～10 cm，粒径方差为 0.1～2.0，喷发柱高度 H 为 3～10 km，水平风速为常量，取值范围为 5～30 m/s。

接下来，本节尝试参考长白山火山物理研究的喷发参数，通过调整平均风速和喷发高度等因素，来探索不同因素作用下的火山灰碎屑颗粒物沉降的形态分布。

① 不同喷发柱高度

利用 Suzuki 模型，分别对不同喷发柱高度条件下的天池火山灰颗粒物沉降分布情况进行模拟研究。图 5.5 为当喷发柱高度为 10 km 的天池火山灰碎屑颗粒物沉降分布，图 5.6 为当喷发柱高度为 30 km 的天池火山灰碎屑颗粒物沉降分布。

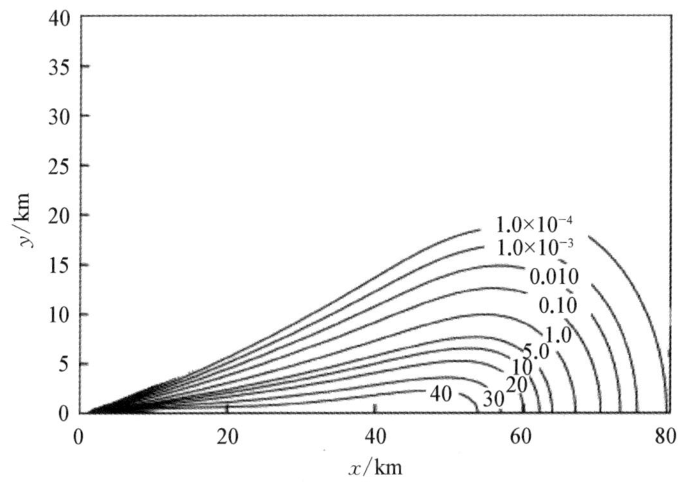

图 5.5　H=10 km 时天池火山沉降密度分布等值线图，单位为 g/cm²

从图 5.5 中可以看出，有一个非常明显的碎屑颗粒物沉降峰出现在 50～60 km处附近，但是并不能由此判断出火山口附近的碎屑颗粒物沉降分布特征。

从图 5.6 中看出，同样，在 50～60 km 处附近存在一个明显的沉降峰。这与图 5.5 相似，粒径大于 5 mm 的火山灰碎屑颗粒物是火山灰碎屑颗粒沉降堆积的主要来源。当火山喷发以后，由于碎屑颗粒的粒径较大，在重力作用下，还没有来得及进入对流区域就在重力作用下沉降到地面，因此该碎屑沉降分布不会距离火山口位置太远，通常都出现在火山口附近几公里的区域内。

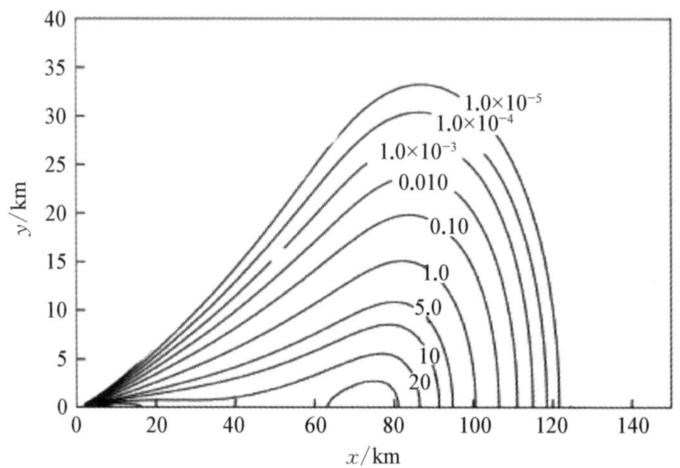

图 5.6 H=30 km 时天池火山沉降密度分布等值线图,单位为 g/cm²

② 不同风速条件

利用 Suzuki 模型,分别对不同风速条件下的火山灰碎屑颗粒物扩散情况进行模拟。图 5.7～5.9 分别为 β=0.5,水平风速为 5 m/s、20 m/s、35 m/s 时的长白山天池火山灰碎屑颗粒物扩散情况。

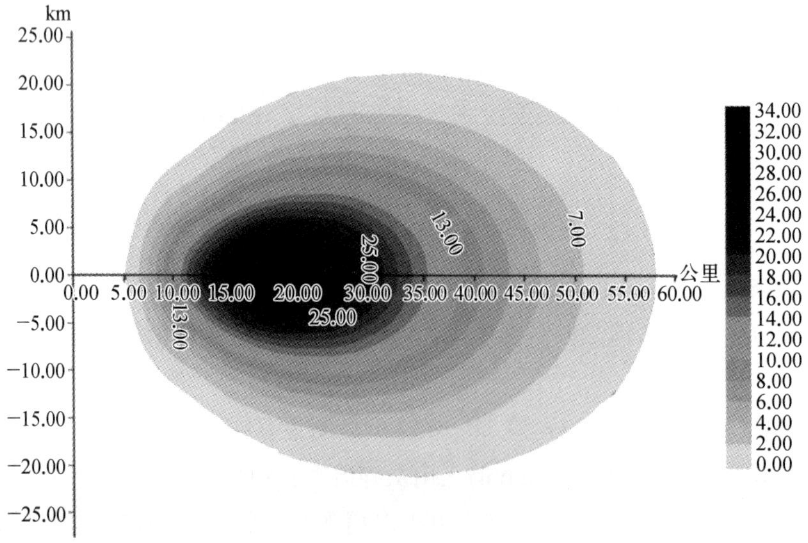

图 5.7 水平风速为 5 m/s,β=0.5 时火山灰碎屑颗粒物沉降密度分布等值线图,单位为 g/cm²

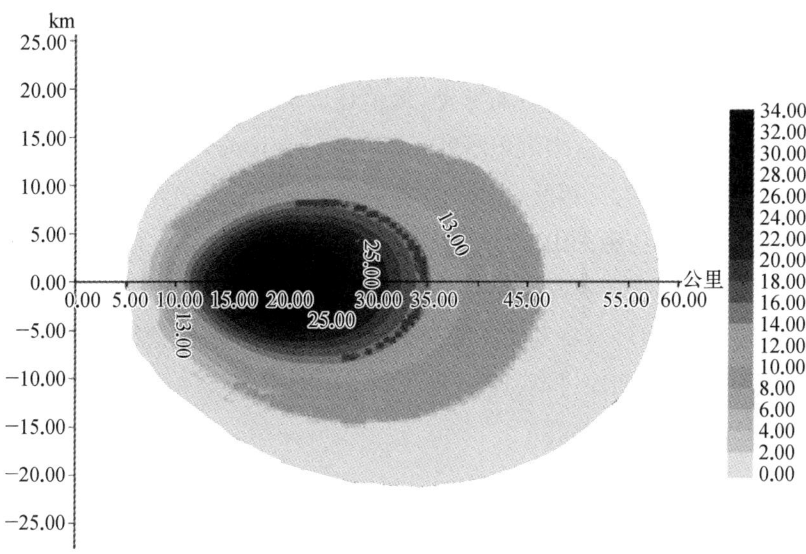

图 5.8　水平风速为 20 m/s, β=0.5 时火山灰碎屑颗粒物沉降密度分布等值线图,单位为 g/cm²

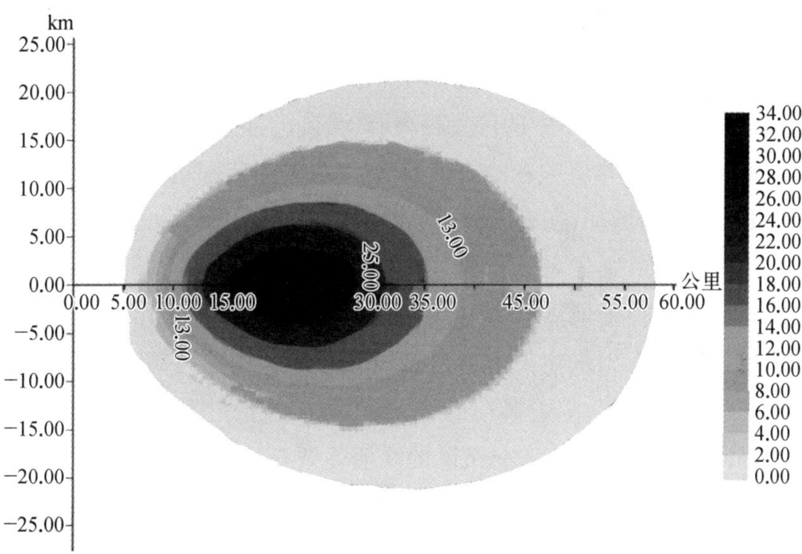

图 5.9　水平风速为 35 m/s, β=0.5 时火山灰碎屑颗粒物沉降密度分布等值线图,单位为 g/cm²

从图 5.7～5.9 中看出，火山灰碎屑颗粒沉降堆积物分布受到风速的显著影响。当风速增大时，火山灰碎屑颗粒物沉降峰位逐渐由近火山口位置向远离火山口的移动，且是顺风方向移动，峰值逐渐下降，沉降峰散开的幅度也逐渐开始变缓。也就是说，当沉积厚度逐渐变小和变薄时，其碎屑颗粒物沉降分布的范围就逐渐增大。相反，当风速减小时，火山口附近的碎屑颗粒物沉降峰逐渐开始增高，峰位距火山口位置越近，随风速的增大，火山口附近的沉降峰也逐渐开始降低，火山灰碎屑颗粒物沉降峰位逐渐向远离火山口位置的顺风方向移动。因此通过对喷发柱高度与风速对火山灰碎屑颗粒物沉降堆积物分布的关系进行分析和探讨，从理论上也再次证明火山灰碎屑颗粒物沉降情况与实际统计数据是一致的。

3. 讨论与分析

1）从等值线图来看

喷发柱高度比较低时，粒径比较大的颗粒在火山口附近沉积量比较大，这是由于粒径比较大的颗粒在扩散过程中的重力大于浮力，所以主要降落在火山口附近。在高空中粒径小的火山灰碎屑颗粒要比粒径大的碎屑颗粒更易于扩散，这是由于小粒径颗粒的火山灰碎屑颗粒物在高空中受到的浮力要远大于重力，于是在风力作用下可以推动小粒径的碎屑颗粒物上升到更高空间。小粒径碎屑颗粒物在高空中的位置越高，其受到的浮力和风速就越大，于是在水平风速的作用下，碎屑颗粒物在水平方向的沉降范围可达到 60 km 左右。随着喷发柱高度的增加，在火山口附近颗粒的沉降厚度减小，粒径较小的颗粒在高处的扩散加强，则最大沉积厚度偏离源区。

图 5.7～5.9 清晰地显示了同 β 但不同风速条件下的火山灰云扩散状态。当风速比较小时，火山灰在火山口的沉积分布密度比较大，并且沉降峰位高，即在高处的扩散加强。随着风速的增大，沉降峰位沿着顺风的方向成比例地向远离火山口的方向移动，于是沉降的峰值逐渐开始下降，沉降峰散开的幅度也逐渐开始变缓。也就是说，当沉降堆积物的厚度变小和变薄时，沉降的范围就逐渐变大；当高空风速越大时，火山口附近的沉降峰位也就越低。

2）存在的问题

① 此次模型中假定风速为同一方向，并没有考虑到不同高度上的风向是

有变化的。

② 计算用到的所有参数都是基于理论估计值，有些参数并不能根据实际的情况计算出来。

③ 在数值模拟研究中，喷发柱结构、颗粒形状及沉降扩散与火山口距离的估计等问题还未能得到有效解决。

④ 在计算时有些参数选择为常数，例如颗粒最终沉降速度不分等级、不论喷发柱的高度，统一采用同一常数，这与实际情况并不符合。

5.2.2　艾雅法拉火山灰沉降数值模拟

1. 艾雅法拉火山灰概况

1) 冰岛区位

冰岛，顾名思义，被冰雪覆盖的岛屿，其中，10%左右的国土面积被冰雪所覆盖。冰岛位于北大西洋中部(13°～25°W，63°30′～66°30′N)，紧贴北极圈，岛内冰川和火山广泛分布，有着"极圈火岛"的美誉。冰岛区位如图 5.10 所示。

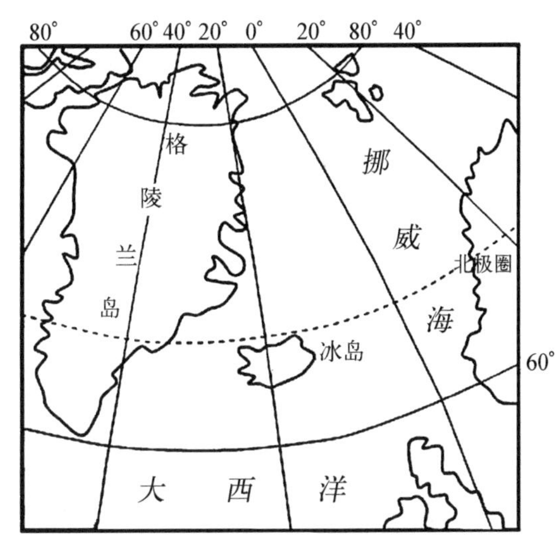

图 5.10　冰岛地理区位

冰岛是大西洋中脊上的一个洋岛，冰岛位于两大板块相互拉扯的中洋脊上，其本身就是由火山活动所产生的岛屿，海拔最高 2 009 m。其中，海拔在 400 m 以上的高原就占全国国土总面积的 75%。国内有 100 多座火山，其中活火山就有 30 多座，主要的火山如图 5.11 所示。

2) 艾雅法拉火山灰云

位于冰岛南部的艾雅法拉火山(17°37′W，63°37′N)是一个成层火山，火山喷发口直径约为 3～4 km，高度约为 1 666 m，是由多次火山喷发出的岩浆、火山灰

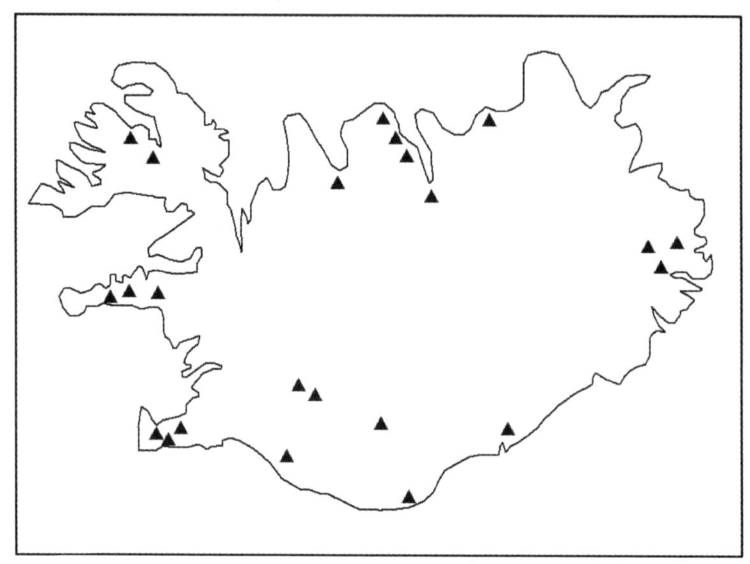

图 5.11　冰岛火山分布，▲为火山

及岩石等相互堆积而成，周围冰川覆盖地区的面积高达 100 km²。于 2010 年 3～4月接连两次爆发，火山喷发形成了一条长达 500 m 的裂缝，引发大量洪水和大量的火山灰及气体，此次喷发对欧洲航空运输、局地气候及人体健康等将产生深远影响。尤其是 2010 年 4 月 14 日的剧烈喷发，此次喷发形成了规模巨大、连片的火山灰云团(图 5.12)，对全球航空运输和局地环境造成巨大影响。

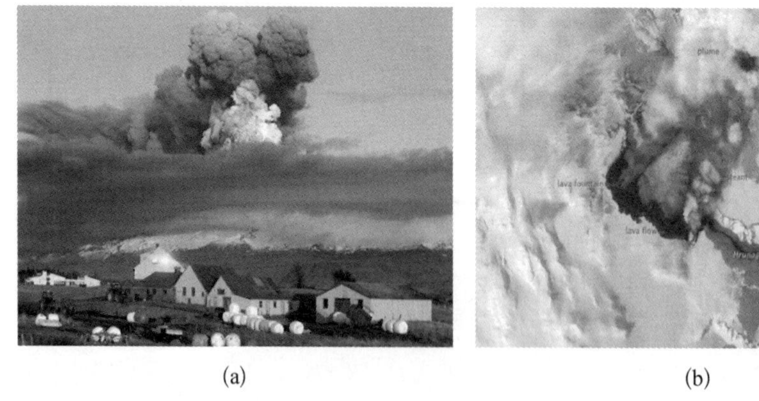

(a)　　　　(b)

图 5.12　不同角度下观测到的 2010 年 4 月 16 日冰岛艾雅法拉火山灰云，(a)为地面观测，(b)为空中观测

此次冰岛艾雅法拉火山在喷发出大量气体、固体碎屑和液体的同时，还往往会伴随着一些次生灾害出现，例如大量冰泥流的爆发引起大规模的洪水灾害，火山灰云在空中长期飘浮，所包含的有毒物质可能会进入平流层中，进而引起地球局部气温发生变化或气温异常现象等。于是单纯从灾害学的角度看，此次大喷发所带来的危害是显而易见的。

艾雅法拉火山喷发形成的火山灰云团在风力作用下迅速扩散到欧洲和北大西洋上空，大量的火山灰漂浮在冰岛、英国、德国、波兰等上空。由于欧洲和北大西洋地区上空是全球最为繁忙的航空运输区域之一，因此此次火山大爆发最终导致多个机场被关闭，数千个航班被取消，不但造成巨大的经济损失，而且还严重威胁着密集的欧洲及北大西洋地区繁忙的航空运输线路(图5.13)。基于此，从冰岛艾雅法拉火山喷发造成的巨大经济损失和影响范围来看，对火山灰云进行扩散追踪及火山灰碎屑颗粒物沉降数值模拟，可以从理论上为火山灰灾害的防灾减灾提供科学指导。

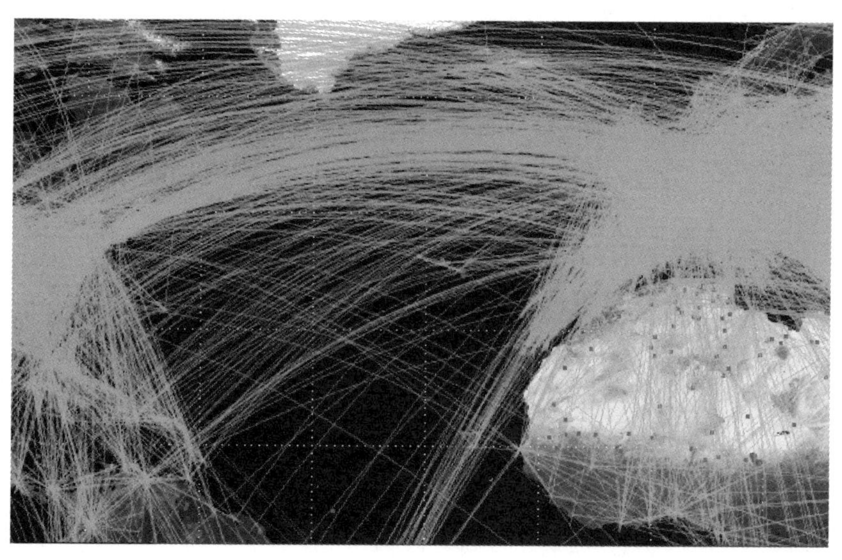

图 5.13　欧洲和北大西洋上空航线图

2. 数据准备

1) 喷发物总量

目前，喷发物总量的预测方法主要包括理论方法和经验方法两种，具体如下所示：

理论方法是指沉积与厚度等值线所围成面积的平方根成指数衰减关系。其中 h 为厚度，S 为厚度等值线的面积，h_0 为初始厚度，K 为剥蚀的衰减常数。如果设定火山灰碎屑颗粒沉降的体积为 V，则可以将 S 介于(0，∞)经验关系进行积分计算：

$$h(s) = h_0 \exp(-ks^{\frac{1}{2}}) = h_0 e^{-k\sqrt{s}} \tag{5.17}$$

$$V = 2\frac{h_0}{k^2} \tag{5.18}$$

假设测试火山灰碎屑颗粒物的平均密度(比重)为 ρ，于是火山灰总喷发量 $Q=V\cdot\rho$。

经验方法是指按喷发指数给出喷发总量的经验值。由于冰岛艾雅法拉火山喷发时间距离现在比较近，因此可以有效地参考美国圣海伦斯火山模拟数据，假定冰岛火山灰喷发总量约为10亿吨。

2）喷发柱高度

在同样的大气条件下，火山喷发柱包含 N_φ 粒子的稳定，其中径向平均方程为：

$$\frac{d}{\mathrm{d}z}(\pi r^2 \rho \hat{u}^2) = 2\pi r \rho_a u_e + \sum_{\varphi=1}^{N_\varphi} \frac{\mathrm{d}M_\varphi}{\mathrm{d}z} \tag{5.19}$$

$$\frac{d}{\mathrm{d}z}(\pi r^2 p \hat{u}^2) = \pi r^2 (\rho_a - \rho) g + \hat{u} \sum_{\varphi=1}^{N_\varphi} \frac{\mathrm{d}M_\varphi}{\mathrm{d}z} \tag{5.20}$$

$$\begin{aligned}&\frac{d}{\mathrm{d}z}\left[\pi r^2 \rho \hat{u}\left(C_v T + gz + \frac{\hat{u}^2}{2}\right)\right] \\ &= 2\pi r \rho_a u_e \left(C_a T_a + gz + \frac{\hat{u}^2}{2}\right) + \left(C_p T + gz + \frac{\hat{u}^2}{2}\right) \sum_{\varphi=1}^{N_\varphi} \frac{\mathrm{d}M_\varphi}{\mathrm{d}z}\end{aligned} \tag{5.21}$$

式中，r 为在一个给定高度 z 下轴对称型喷发柱的半径，ρ_a 和 ρ 分别对应周围空气密度和部分密度，$\hat{u}$ 是平均垂直速度，u_e 是摄入空气的速度，T 是温度，C_v 是在喷发柱中材料的体积热容，C_a 和 C_p 是空气和火山碎屑的比热，M_φ 是尺寸

为 φ 的粒子的质量(也就是 $dM_\varphi = dz$ 所给出的从喷发柱掉落的粒子质量)。

冰岛艾雅法拉火山分别于 2010 年 3 月 20 日和 4 月 14 日发生两次喷发。第一次喷发的时候,只有烟没有火,第二次喷发出浓烟和火焰,释放的能量是第一次的 10～20 倍,产生出大量的火山灰形成 7～10 km 的喷发柱高度(图 5.14),造成埃亚菲亚德拉冰川融化。火山喷发出的碎屑颗粒,由于粒径大小不等,其沉降的范围大小也各不相同,如小粒径的火山灰碎屑扩散的范围能够远到数百公里以外,而大粒径的火山灰碎屑扩散范围仅为火山口附近十几公里范围内。不过,随着火山喷发强度的减弱,火山灰漂浮的高度仅为 3～4 km 左右。本次火山灰碎屑颗粒物沉降模拟计算采用的火山喷发柱高度为 6 km。

(a)

(b)

图 5.14　艾雅法拉火山喷发形成的火山灰云喷发柱,(a)为早期形成的喷发柱,(b)为后期形成的喷发柱

3) 喷发类型

火山类型不同,其喷发时的温度和压力也各不相同,因此其喷发出的火山灰中矿物组成也有很大差别。尽管存在着较大的差异,但是总体来说,火山喷发碎屑颗粒的主要成分包括玄武岩质、流纹岩质、安山岩质和粗面岩质等。冰岛艾雅法拉火山喷发特征是没有强烈的爆炸喷发现象,在喷发过程中喷出大量易流动的玄武岩质熔岩,形成表面较平坦的熔岩台地。由于这种喷发现象一般出现在大洋中脊处,而在陆地上只有冰岛会出现此类火山喷发现象,因此,艾雅法拉火山属于典型的冰岛型火山。

4）大气风向因素的影响

大气风向因素可以通过以下两种方式来确定：

① 插值法。本书作者从美国国家气象中心得到了 1958～1997 年全球大气精确的轨道参数，该数据垂直分辨率为将大气从地球表面到同温层分成 17 层，水平分辨率为 2.5°×2.5°/点位数据，每月每层每点都提供 1 个 SN 向、EW 向风速的均值，总数据量达到了 2.4 G，该中心提供了一个 wgrkb.exe 检索软件，每执行一次只能检索一年中一个月一层中的风速。通过计算 40 年间的连续观测数据，最终得到全球每个观测点的风资料数据，并根据龙格—库塔算法对获得的观测数据进行内插，最终得到全球任意点的风资料数据。

② 经验统计法。根据一个地区的气象信息统计，虽然每年的风速情况不是完全相同的，但是都有一定的规律，不会相差特别大。基于这个基础，对欧洲地区的风速状况进行分析总结，得出冰岛的年平均风速。

图 5.15 是全球陆上年平均风速分布图。从中看出，欧洲和大西洋沿海地区风资源非常丰富，风速很大，基本上都在 9 m/s 以上。此外，从风速大小的角度出发，可以将该地区风速划分为大风速区域和小风速区域两类。其中大风速区域是指风速在 6～7 m/s 以上的区域，主要有下面这几个大的区域：南美洲中部的东海岸、南亚次大陆沿海以及东南亚沿海。小风速区域是指风速在 5 m/s 以下的区域，主要分布于赤道地区的大陆沿海、中美洲的西海岸、非洲中部的大西洋沿海以及印度尼西亚沿海。

火山爆发期间，西欧地区受大西洋高压气旋的控制，风速比较小。风向主要是向东和向南的方向。根据当时世界气象组织预测，火山爆发期间会出现一股大西洋低气压，将引起火山灰云的移动方向向东南方向转移，且随着降雨过程有可能引起火山灰云漂浮高度降低，进而减缓其对航空运输的影响。因此，本次数值模拟采用的风资料主要分为两个不同的方向，即高压气旋影响下的向东和向南两个方向。

5）碎屑颗粒的沉降速度

火山灰碎屑颗粒物沉降速度在任何的火山灰传播模型中都是一个重要问题。通常，大气层粒子沉降速度是一个复式函数，包括尺寸 d_j，圆球度 Ψ（具有同样粒子体积的粒子表面积的比值），密度 ρ_{pj} 以及空气黏度 η_a。然而，存在一

图 5.15　全球陆上年平均风速分布图

个半经验表达式，假定粒子以极限速度降落，表达式为：

$$v_{sj}(z)=\sqrt{\frac{4d_j\rho_{pj}}{3C_D\rho_a}} \tag{5.22}$$

式中，C_D是基于雷诺常数R_e和圆球度 Ψ 的粒子阻力系数。

沉降速度只能依靠后者依赖阻力进行半经验评估。大量的实验空气动力学数据对于常规形态是可用的，但现实中对于火山灰沉降粒子的测量则非常少。本节采用的阻力表达式为：

$$C_D=\frac{24}{\mathrm{Re}Ki}\{1+0.1118[\mathrm{Re}(K_1K_2)]^{0.6567}\}+\frac{0.4305K_2}{1+\frac{0.4305}{\mathrm{Re}K_1K_2}} \tag{5.23}$$

式中，$\mathrm{Re}=\rho_a v_s d/\eta_a$ 为雷诺兹常数，d 为等效球体直径，$K_1=3/(1+2\psi^{-0.5})$ 和 $K_2=10^{1.84148(-\mathrm{Log}\psi)0.5743}$ 为形状系数。

此外，火山灰碎屑颗粒的沉降速度受碎屑颗粒的尺寸和密度的影响，而碎屑颗粒密度则又随着颗粒类型和大小不同而不同。通常布里尼式和亚布里尼式火山喷发物主要是以浮岩和岩屑为主。其中,浮岩含有较多的气泡,密度也较低。其次,浮岩的密度还与其颗粒大小有关。对于浮岩,一般而言,小颗粒的密度要比大颗粒的大。岩屑通常不会含有气泡,密度相对浮岩也较大。为了探讨不同的碎屑颗粒密度与沉降速度的关系,本节根据碎屑颗粒粒径大小将其划分为 7 个组,每 1 个组分别赋予 1 个相应的密度值。不同分组碎屑颗粒最终的沉降速度和沉降时间计算结果如表 5.3 所示。

表 5.3 颗粒分组及沉降速度表

颗粒直径 (d/cm)	2～1	1～0.5	0.5～0.1	0.1～0.05	0.05～0.01	0.01～0.005	0.005～0.001
中间直径 (d_m/cm)	1.5	0.75	0.25	0.075	0.025	0.007 5	0.002 5
密度 (ψ_p/kg. m^{-3})	800	800	800	1 101	1 438	1 807	2 143
沉降速度 (m/s)	8.95	6.32	3.60	2.18	1.10	0.23	0.03
沉降时间 (s)	1 117	1 543	2 594	4 140	7 799	32 643	201 758

从表 5.3 中看出,不同分组碎屑颗粒的沉降速度差别很大,直径大的碎屑颗粒的最终沉降速度大,在火山灰碎屑扩散过程中首先沉降下来。因此,距离火山口位置越近,沉降的碎屑颗粒直径也相对越大,这也与火山灰碎屑颗粒沉降分布的实际情况相一致。

3. 艾雅法拉火山灰沉降数值模拟

经过各种统计和分析,本研究中最终要采用的模拟参数如表 5.4 所示。

表 5.4 艾雅法拉火山灰碎屑颗粒物数值模拟的主要参数

参数名称	参数数值	参数单位
喷口高度	0.01	km
喷发柱高	6	km

续　表

参数名称	参数数值	参数单位
X 轴最大风速	1 500	cm/s
Y 轴最大风速	900	cm/s
火山口风速	300	cm/s
喷口速度	5 000	cm/s
最小粒径	0.01	cm
最大粒径	2	cm
粒径方差	0.3	cm
λ 参数	1	
β 参数	0.5	
C 参数	400	
喷出物总质量	10^{15}	g

数值模拟得到的冰岛艾雅法拉火山灰碎屑颗粒物沉降分布如图 5.16 所示。

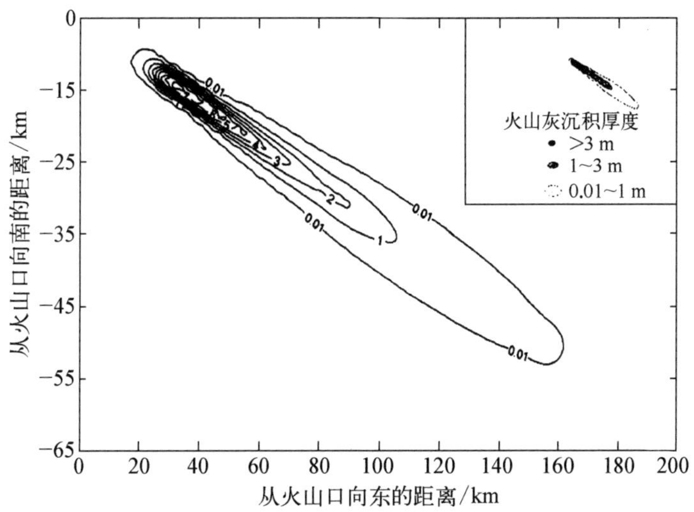

图 5.16　风向为东南向时模拟的火山灰沉降密度等值线，单位为 g/cm²

图 5.17 是利用改进的 FALL 模型模拟得到的 2010 年冰岛艾雅法拉火山灰碎屑沉降分布情况。从图 5.16 和图 5.17 可以看出，在当时气象条件作用下，火山灰碎屑颗粒的总体沉降趋势为由西北向东南方向扩散，且模拟结果也比较一致。

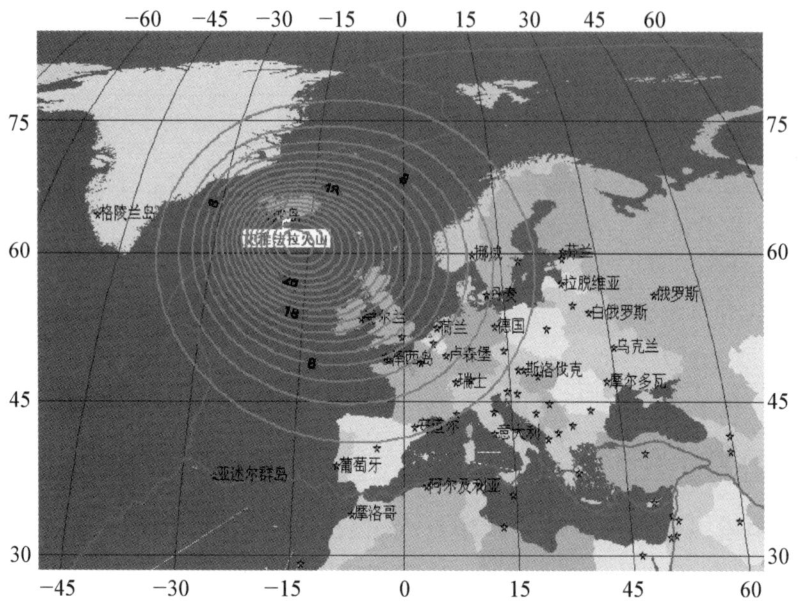

图 5.17　改进 FALL 模型得到的艾雅法拉火山灰沉降密度等值线，单位为 g/cm²

在考虑大西洋沿岸风速等气象条件的情况下，从图 5.16 和图 5.17 中可以看出：

1）火山灰扩散受风速和风向影响明显

每年 3～4 月份，受高压气旋的影响，风速比较小。在冰岛艾雅法拉火山喷发前期，冰岛地区呈现为西、北方向的风。火山空降碎屑随着风向的变化，火山灰云被吹到冰岛的东部和南部地区，并漂浮到西欧地区，火山灰飘向英国和爱尔兰等地区，模拟结果方向和实际的火山灰扩散方向一致。在火山灰扩散的过程中，由于风力较小，火山灰云移动的速度慢，火山灰长期飘浮在空中，对西欧的航空系统造成很大的影响。由此从长白山天池火山和冰岛艾雅法拉火山两种数值模拟的结果综合考虑，风速和风向对火山灰碎屑沉降的分布具有很大的影响。此后随着时间的推移，火山灰云扩散范围逐渐减小，其影响范围也在不断缩小。

2）碎屑粒径与颗粒沉降范围呈反相关关系

碎屑粒径对颗粒的沉降范围有很大的关系，由于冲击力的作用，火山颗粒的粒径越大，扩散距离越近，越能够很快地在火山口附近沉积下来。在火山口附近碎屑沉降厚度达到 3 m 以上。而碎屑粒径小于 2 mm 的碎屑颗粒，能够随风飘向更远，扩散范围也更大。

§5.3　艾雅法拉火山灰云分布和扩散

5.3.1　数据选取

通过查阅文献和当时的气象条件，本节最终选用成像条件较好的 2010 年 4 月 19 日的 MODIS 卫星遥感数据进行火山灰云监测研究。图 5.18 为 2010 年4月 19 日获取的 MODIS 数据的波段 2、1、3 假彩色合成图像，三个相应波段的中心波长分别为 0.859 μm、0.645 μm、0.469 μm。从图 5.18 中看出，一方

图 5.18　MODIS 假彩色合成图像

面,火山灰云与地表覆盖冰层和海水的颜色比较接近,仅仅利用目视是很难区分出来的。另一方面,火山灰进入高空时在风力作用下向南扩散,火山灰云成分由扩散路径的中心线逐渐向外缘扩散,其浓度分布也逐渐变得稀薄。

5.3.2 艾雅法拉火山灰云分布区划

1. 火山灰敏感性分析

MODIS 传感器是搭载在 Terra 和 Aqua 卫星的一个重要遥感传感器,所获取的数据全世界用户可以免费接收和使用。MODIS 传感器一共有 36 个离散光谱波段,光谱范围覆盖了从可见光(0.4 μm)到热红外(14.4 μm)的全光谱波段,其中 1～19 波段和 26 波段为可见光、近红外波段,20～36 光谱波段为热红外波段(第 26 波段波长为 1.36～1.39 μm,因此并不属于热红外波段范围)。MODIS 空间分辨率分别为 250 m、500 m 和 1 000 m,最大扫描宽度为 2 330 km。

近年来,研究人员一直在探索利用热红外遥感监测火山灰云的原理和方法,尤其是利用 AVHRR 数据来获取火山灰云信息。既然 MODIS 数据作为 AVHRR 的更新产品,就应该考虑如何合理地利用 MODIS 热红外遥感数据来获取火山灰云信息。为了验证 MODIS 数据中热红外波段(第 26 波段除外,一共 16 个波段)对火山灰云的敏感性,本节采用 PCA 方法对 MODIS 数据的热红外波段数据进行处理,获得质量较好的主成分图像如图 5.19 所示。

从图 5.19 中可知,PCI1 中包括输入的各个波段成分,包含了绝大多数信息成分(80%以上)。在热红外图像中,主要的背景和特征因素包括气象云和地表覆盖特征。对于气象云来说,云层越高,颜色越白,这是因为云层越高,其在热红外波段范围内的亮度温度较低,颜色就越白;相反,当云层较低时,由于吸收大量的地面辐射热量,其在热红外波段范围内亮度温度越高,颜色也就越深。对于地表特征而言,地表亮度温度逐渐从浅灰色到黑色变化,浅灰色表明亮度温度较低,黑色表明亮度温度较高,介于两者之间的则逐渐发生变化。在 PCI1、2、4、8 中,虽然绝大多数都是云和海水信息,但是火山灰云信息仍然被有效地识别出来。对于其他主成分图像,由于基本上都为噪声信息,因此在研究中全部忽略不显示。

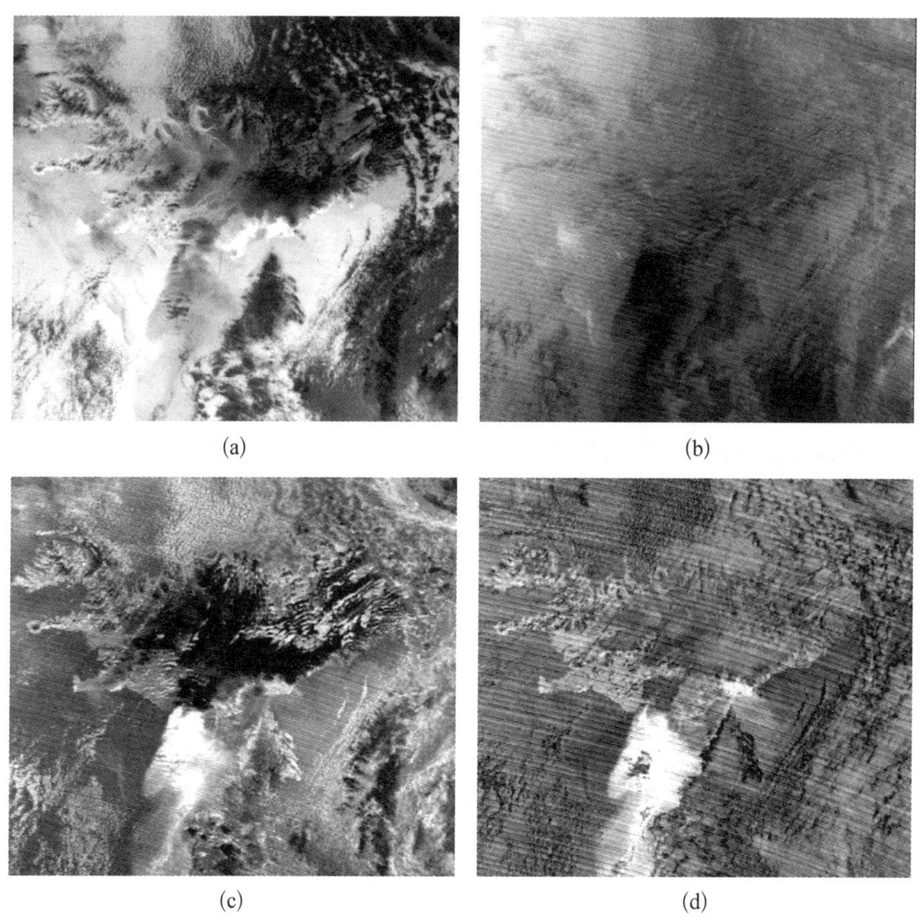

图 5.19　MODIS 热红外波段主成分图像,(a)、(b)、(c)、(d)分别为 PCI1、2、4、8 图像

另外,对于获取的主成分图像,分别从图像背景和图像特征因素(云量、陆地表面)判断火山灰云识别效果(图 5.19)。PCI4 中火山灰云与气象云和地表类型对比最明显,其次是 PCI1 和 PCI8,PCI2 中的对比效果相对较差,但是基本上还是能够识别出火山灰分的分布状况,而其余主成分图像则由于噪声信息太大而无法识别出火山灰云。

为了能够分析定量识别 PCI1、2、4、8 中火山灰云效果,分别计算不同主成分图像的可释方差、信噪比。根据火山灰云信息量递减的原则,结果如表 5.5 所示。

表 5.5　火山灰云主成分图像对比

波段号	火山灰云对比效果	可释方差(%)	信噪比(Db)
4	信号好	0.13	1.66
1	信号好,有大量云噪声	0.20	1.33
8	信号好,少量噪声	0.008	4.55
2	仅仅识别出火山灰云,对比性较弱	0.011	1.58

从表 5.5 中看出,PCI4 中火山灰云信息呈现出明显的亮色调,与图像背景和其他特征对比最为明显,识别效果也最好;其次是 PCI8,火山灰云与图像背景和其他特征的对比效果有所下降,但是仍能够清楚地识别出火山灰云;在 PCI1 中,火山灰云呈现出暗色调,云层为亮色调,陆地为颜色更深的暗色调;在 PCI2 中,火山灰云呈现出暗色调,其他特征基本上都为浅色调。此外,从可释方差和信噪比来看,火山灰云对比效果最好的 PCI4 的可释方差和信噪比分别为 0.13 和 1.66,火山灰云对比效果最不明显的 PCI2 的可释方差和信噪比分别为 0.011 和 1.58。由此可见,并不是可释方差和信噪比的值越大,火山灰云对比效果就越好。

表 5.6 为 MODIS 传感器中不同波段对于火山灰云识别效果较好的主成分图像的贡献状况。对于 PCI4 而言,波段 30 的贡献率最大,其次是 36 波段;对于 PCI1,贡献率最大的 36 波段,其次是 25 波段;对于 PCI8,贡献率最大的分别为波段 31 和 32,其他波段的贡献率则相对较小;对于 PCI2,贡献率最大的分别为波段 29 和 32。综合来看,对于 PCI1、2、4、8,贡献最大的波段分别为 36,总贡献率分别达到了 72%,其次是波段 31 和 30,也分别达到了 67%和 65%。

表 5.6　主成分图像的可释方差(%)

PCI 波段号	20	25	29	30	31	32	33	34	36
1	3	13	3	10	2	0	2	5	55
2	0	0	32	3	1	26	0	0	0
4	2	9	0	52	0	0	1	1	17
8	1	0	6	0	64	11	1	0	0
总　计	6	22	41	65	67	37	4	6	72

此外，不同的主成分图像组合还能够揭示不同情况下的地物特征，例如，PCI9 本质上就是臭氧和长波 CO_2 波段的差值（分别对应 9.7 μm 和 14.2 μm）；PCI8 主要是短波和长波 CO_2 波段的差值（分别对应 4.52 μm 和 14.2 μm）；PCI16 是长波窗口和附近的污染窗口波段的差值（分别对应 11.0 μm 和 12.0 μm）；PCI14 主要是水蒸气波段和污染窗口波段的差值（分别对应 8.6 μm 和 12.0 μm）。对于不同的应用领域，需要我们分别选用适合实际情况的主成分图像进行处理。

(a)

(b)

(c)

图 5.20　MODIS 原始波段图像，(a)、(b)、(c)分别为 36、31 和 30 波段

通过上述分析可知，MODIS 数据中的热红外波段 36、31 和 30 对火山灰云主成分图像的贡献最大。接下来，我们以 MODIS 传感器的 36、31 和 30 波段为数据源，根据 3 波段主成分分析方法，分别进行 2010 年 4 月 19 日冰岛艾雅法拉火山灰云识别研究。图 5.20 分别为 MODIS 数据的 36、31 和 30 波段原始图像，图 5.21 分别为上述三个原始波段经过主成分分析法处理后获取的主成分图像。

从图 5.20 中看出，在第 36 波段图像中，由于一些碎云的云顶亮度温度较低，在图像上表现为亮色调，其他的一些层状云由于云顶亮度温度较高，颜色表现为灰色。火山灰云在喷发初期和扩散

(a)

(b)

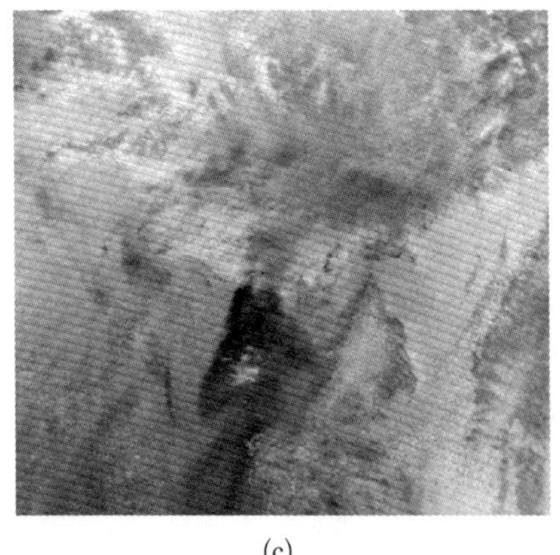

(c)

图5.21 原始波段的主成分图像,(a)、(b)、(c)分别为 PCI1、2、3

过程中由于含有大量的热量,使得亮度温度较常规的云顶亮度温度高,因此在图像上表现的色调更深,且火山灰云边缘相对较为清晰。火山灰云在 30 和 31 波段的亮度温度特征与 36 波段特征相似。在白天,火山灰云亮度温度不但较高,而且火山灰云密度要大于气象云,获取的辐射能量既有地面(云)发射的辐射,还有地面(云)反射的太阳辐射,通常反射辐射要大于发射的辐射能量,使得火山灰云的亮度温度比陆地、海面和其他地物特征更加高,于是在图像上显示出暗色调。

由 PCA 基本原理可知,PCI1(图 5.21(a))最大程度地包含了各个原始波段图像的主要信息。即在各个原始波段中以中高云区信息为主,与其他特征因素对比明显;在原始红外波段中,长波红外分裂窗口对中高云区的识别效果最好。在各个主成分图像中,将火山灰云与图像背景和其他特征因素区分最为明显的是 PCI2(图 5.21(b))。该图中火山灰云呈现出灰白色,边缘清晰可见,火山灰云纹理比较均匀,与周围呈现出白色且纹理混乱的散碎云层对比明显,较好地突出了火山灰云的纹理和光谱特性。虽然 PCI3(图 5.21(c))含有一定的噪声信息,但是基本上还是能够突出火山灰云信息。火山灰云自身携带的热量以及反射和辐射出的热量使得其亮度温度比周围陆地、云层高，在主成分图像上显示出暗色调。

2. 火山灰分布区划

为了消除火山灰云中的噪声信息，需要将获取的主成分图像进行 3×3 滤波处理，得到优化后的火山灰云信息。随后对火山灰云进行异常分割处理。研究表明，当多光谱遥感数据的覆盖面积足够大时，多光谱数据各个波段及其线性处理结果统计规律呈现出正态分布。因此，首先将主成分图像进行假彩色合成。接下来，采用多元统计分析方法，将假彩色合成图像根据均值加 n 倍的标准差规则进行异常分割。本书作者结合以往的研究经验，并通过多次实验，最终确定本节中只需要分割为三级即可较好地显示出火山灰云分布状况(图 5.22)，分别对应为一、二、三级区域。其中一级区域内的火山灰云信息量最大，成分也最稠密；其次是二级区域，火山灰云成分量居中；火山灰云成分分布最稀薄的区域是三级区域。

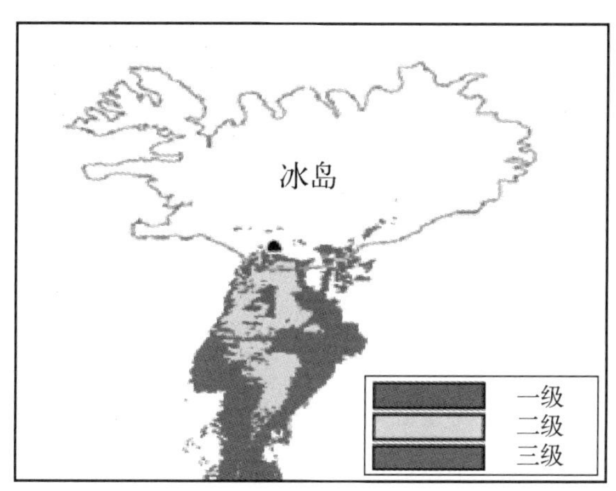

图 5.22　艾雅法拉火山灰云分布区划

从图 5.22 中看出，利用主成分方法，通过波段敏感性分析、异常分割等可以较好地实现火山灰云信息的遥感监测。该方法既能够识别出火山灰云信息的形状特征，又能识别出火山灰云的不同分布状态，且识别出的火山灰云和图像背景与其他地物特征对比明显。

3. 火山灰分布扩散源区识别

本节采用分裂窗亮温差算法，对 2010 年 4 月 19 日冰岛艾雅法拉火山灰云 Terra/MODIS 卫星遥感数据进行识别研究，并结合 Aura 卫星上搭载的臭氧探测仪遥感传感器获得的 SO_2 浓度分布特征进行火山灰云扩散源区识别。

1）火山灰云识别

由火山灰碎屑颗粒光谱特征可知，火山灰云成分的光谱吸收能力随着波长的增加而迅速减小，而水和冰的光谱吸收能力则是随着波长的增加而迅速增加。通常来说，对于火山灰云，MODIS 遥感传感器上的第 31 热红外波段(10.78～11.28 μm)和第 32 热红外波段(11.77～12.27 μm)的亮温差是负值；对于冰和水，两个热红外通道的差值则是正值。因此可以利用冰、水和火山灰云成分在 MODIS 传感器中相邻的 31、32 波段的光谱吸收特征差异进行火山灰云的识别。图 5.23 为由分裂窗亮温差算法获得的火山灰云分布。

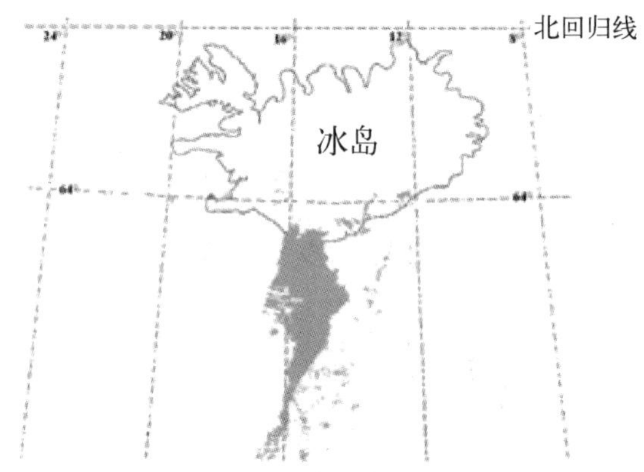

图 5.23　基于分裂窗亮温差算法的艾雅法拉火山灰云分布

从图 5.23 中看出，利用分裂窗亮温差算法对冰岛艾雅法拉火山灰云的 MODIS 遥感图像进行识别，火山灰云呈现出明显的纺锤体，刚喷发时火山灰云的规模较小，随着喷发量的增大，火山灰云开始积聚，并在风力的作用下，火山灰云开始漂移和扩散，其火山灰云团形状也开始发生变化，逐渐变得狭窄且向南飘移。此外，识别出的火山灰云中还存在一定的噪声，据分析，这可能是由于遥感传感器空间分辨率较低以及云层高引起的云顶温度低造成的，但是这并不影响我们后续利用遥感技术进行火山灰云扩散区的识别处理。

2）火山灰云的 SO_2 浓度分析

SO_2 与亮度温度、火山碎屑颗粒物一样，作为有效的火山灰云遥感识别指标，能够在短时间内氧化，形成硫酸气溶胶微粒和气溶胶。尽管火山类型和组成成分多种多样，但是无论当何种类型火山喷发时，总会含有一定数量的 SO_2 气体成分，这就使得火山灰云附近的 SO_2 浓度要明显高于普通大气中的 SO_2 浓度。2004 年 7 月成功发射的臭氧监测设备卫星传感器是由芬兰和荷兰联合研制的，能够实现每天对短生命周期的大气 SO_2、NO_2、O_3 和大气气溶胶浓度的全球观测。

本节采用 2010 年 4 月 19 日冰岛艾雅法拉火山爆发期间的 OMI 遥感数据。利用波段残差差分（BRD）方法计算 SO_2 浓度，其基本原理是利用 SO_2 在波长 310.8～314.4 nm 范围内的吸收波峰与波谷位置（310.8 nm、311.9 nm、313.2 nm、314.4 nm）来计算 SO_2 有效信息。随后，对获取的 SO_2 柱浓度数据进行预处理，亦即利用数据属性文件中的 Quality Flages 参数和 Radiative Cloud Fraction 参数信息去掉高云量像元（Radiative Cloud Fraction＞0.2），进而得到有效的 SO_2 浓度像元信息。结果如图 5.24 所示。

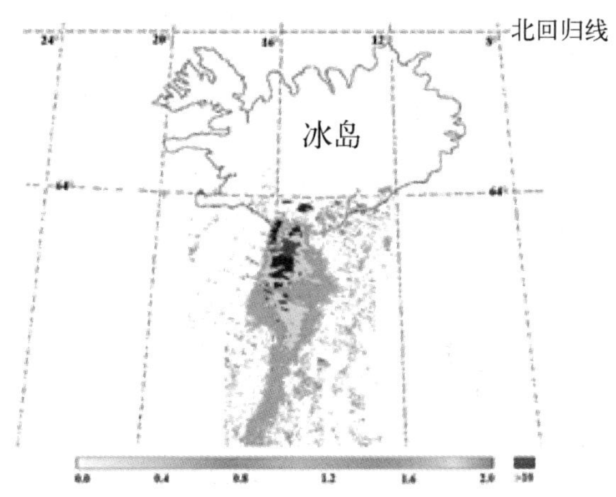

图 5.24　艾雅法拉火山灰云 SO_2 浓度分布

从图 5.24 中看出，火山灰云的 SO_2 浓度分布是从北向南、从中心向外逐渐降低的。经过分析可知，这可能是由于火山灰刚喷发进入高空时，携带了大量的热量和一定量的 SO_2，使得大气对流层中 SO_2 的浓度相对较为积聚，要明

显高于周围的 SO_2 浓度。而且火山喷发初期的 SO_2 浓度扩散较慢，随着时间的延长，在风力作用下，扩散速度加快，SO_2 浓度迅速降低。

3）火山灰云扩散源区识别

接下来，在提取出冰岛艾雅法拉火山灰云和 SO_2 浓度分布的基础上，将两者信息进行叠加处理，即可得到火山灰云扩散源区的分布信息。结果如图 5.25 所示。

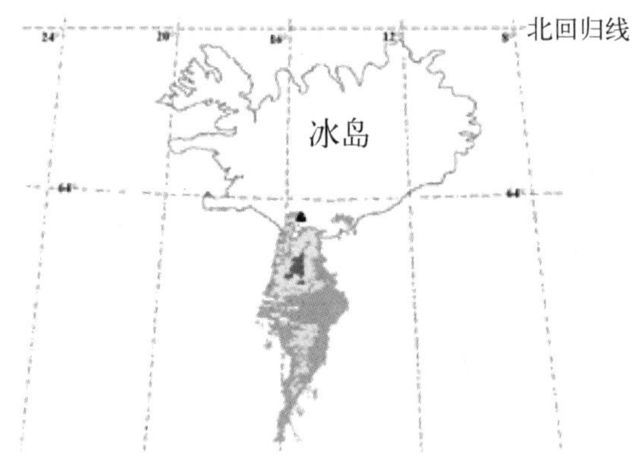

图 5.25　艾雅法拉火山灰云扩散源区，▲为 Eyjafjallajokull 火山，红色为高扩散区，黄色为次扩散区，橙色为低扩散区

从图 5.25 中看出，一方面，将火山灰云与 SO_2 浓度分布相叠加后，SO_2 浓度最高的地区即为火山灰云喷发初期所形成的高扩散区；其次，黄色区域为次扩散区；最后，橙色区域为低扩散区。另一方面，火山灰云的扩散源区并不与艾雅法拉火山的实际地理位置完全一致。据分析这是由于火山喷发过程中受到风力作用而发生一定的偏移，火山灰云并不是完全形成于火山的正上方造成的，导致从遥感图像中识别出来的火山灰云扩散源区位置与实际的火山地理位置之间存在一定的偏差距离。

5.3.3　火山灰云分布遥感监测结果验证

为了评价识别出的火山灰云分布区和扩散源区的准确性，实验中分别引入火山灰云辐射指数（ash radiation sndex，ARI）和气溶胶吸收指数（aerosol absorption index，AAI）。

火山灰云辐射指数由欧洲气象卫星应用组织(european organization for the exploitation of meteorological satellites,EUMETSAT)利用欧洲极轨气象卫星 Metop - A 上携带的高分辨率红外大气探空干涉计(IASI)于 2010 年 4 月 19 日得到(图 5.26)。气溶胶吸收指数由火山灰云咨询中心利用 Metop - A 上携带的全球臭氧探测设备于 2010 年 4 月 19 日得到(图 5.27)。

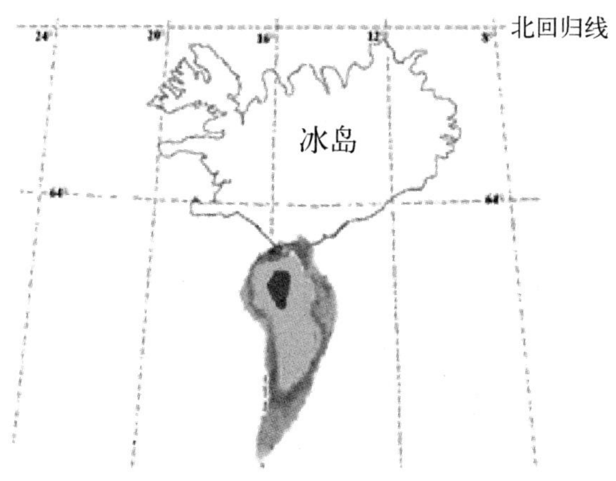

图 5.26　火山灰云辐射指数

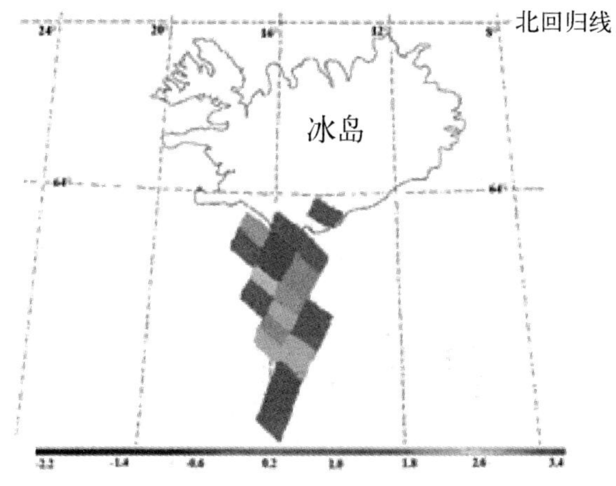

图 5.27　气溶胶吸收指数

从图 5.26 和图 5.27 中看出,火山灰云辐射指数和气溶胶吸收指数强度最大的位置基本上都出现在火山灰云扩散源区附近。本节利用分裂窗亮温差算法提取出的火山灰云分布图像和火山灰云辐射指数分布更加趋近，两者不但识别出冰岛南部地区分布的火山灰云主体部分，而且还较好地识别出冰岛南部海岸附近少量分布的火山灰云，而气溶胶吸收指数则仅仅反映出冰岛南部的火山灰云分布状况。此外，利用遥感技术识别出的火山灰云扩散源区与实际的火山地理分布位置并不完全吻合，两者之间存在一定的偏差。

由于缺少相应区域的地面实测数据，研究中将卫星遥感技术识别出来的火山灰云与火山灰云辐射指数和气溶胶吸收指数进行对比，结果表明分裂窗亮温差与 SO_2 浓度相结合方法能够较好地识别出火山灰云扩散源区，且识别结果与火山灰云辐射指数和气溶胶吸收指数具有较高的一致性和吻合度。

§5.4 艾雅法拉火山灰云监测与防灾减灾

5.4.1 火山喷发的危害

火山喷发在对生态环境造成危害后，还有可能对人员生命、建筑物和其他设施造成危害。例如，1991 年菲律宾皮纳图博火山喷发时，遭遇到台风和大量降水，使得喷发出的火山灰又湿又重，降落到火山口附近的人口稠密区域，约 200 人死在压塌的屋顶下。1980 年美国 5.1 级地震导致华盛顿州圣海伦斯火山大喷发，喷发后形成的火山泥流进入 Toutlet 河支流中，不仅摧毁了河流上的桥梁和沿岸的房屋建筑，而且还封锁了临近的主要公路、铁路及河运航道等。此外，由火山喷发所引发的次生灾害，如泥石流、碎屑流及海啸等，极易造成重大的经济损失和人员伤亡。

因此，人们往往希望通过数值模拟的方式来了解火山灰碎屑颗粒物沉降分布情况，进而绘制出火山区附近的灾害分布图，以便确定出不同区域的危险等级，以及需要采取的相应措施，例如，哪些地区的建筑物需要加固处理、哪些地方需要开凿引导渠、哪些地方需要重点防护以及哪些地区的人员需要先行疏散或撤退等。这些措施在一定程度上能够为减少财产损失、人员伤亡、制定合理的灾害预防方案和防灾减灾与救灾等提供参考。

一般而言，火山爆发会带来以下两个层面的影响：

1）直接危害。例如，火山爆发产生的熔浆不仅能够毁坏当地居民的一些基本生活设施，而且严重的话还能够直接造成居民和家畜的死亡。

2）次生灾害。火山爆发的次生灾害主要包括火山灰、洪水、泥石流、有毒气体以及由此引发的地震和海啸等。

5.4.2 艾雅法拉火山喷发的影响

1. 对冰岛的主要影响

首先，冰岛艾雅法拉火山向东南地区是冰岛的主要农业区域之一，因此冰岛的农业极有可能最先遭受损失。此外，火山爆发的火山灰和有毒气体会对农作物、草原和水源等产生一定的负面影响，也会直接对农民和牲畜造成健康威胁。

其次是旅游业。冰岛的旅游业非常发达，艾雅法拉火山爆发之后，旅游业将受到直接的冲击。仅30万人口的冰岛，旅游业是冰岛经济增长和就业的重要支柱和中坚行业。然而受到火山喷发的影响，冰岛的经济复苏将更加艰难。

最后可能会触发其他火山的爆发。历史上曾有记载显示，艾雅法拉火山的三次大喷发都引起临近的卡特拉火山喷发，而当前卡特拉火山还没有喷发的征兆。但是卡特拉火山的喷发周期约为40～80年，而前一次喷发是在1918年。综合各方面因素，卡特拉火山爆发的概率相对较高。一旦爆发，其带来的破坏将不可想象，届时将会引发更大规模的洪水、经济损失和人员伤亡情况。

2. 对欧洲的主要影响

航空业首先受到冲击。欧洲的航空路线较为密集，火山喷发对欧洲航空业的冲击最为严重。欧洲航空安全组织称，2010年4月15日至20日，欧洲航空公司取消的航班超过9.5万个，经济损失将达数十亿欧元。这次火山喷发给航空业带来的损失超过了2001年的“9.11”恐怖袭击时间。

航空、旅游等行业损失可能会进一步加重欧洲国家的财政负担。如果冰岛火山进入持续喷发期，航空管制持续，部分航空公司可能会破产，政府的财政补贴负担会更重，甚至火山喷发带来的负面影响可能导致欧洲的债务问题进一步恶化。

此外，从火山爆发带来的中长期影响来看，其对农业、航空、旅游以及环境、气候等势必带来非常巨大的影响。另一方面，冰岛艾雅法拉火山地理位置处于人烟稀少的冰岛南部地区，其造成的巨大影响也主要体现在中长期方面。在休眠约 200 年之后，艾雅法拉火山于 2010 年 3～4 月爆发，此次喷发威力巨大，释放出大量的气体和火山灰碎屑颗粒，随即冰岛和欧洲多个国家宣布全国进入紧急状态，多个航班被取消，境内多条高速公路也都被封闭，由此造成交通大拥堵以及巨大的经济损失。

5.4.3　艾雅法拉火山灰云的防灾减灾

1. 灾前预防和准备工作

一方面，冰岛地处地理上的“热点”位置，此处地幔内的岩浆距离地球表面非常近。另一方面，冰岛地处亚欧板块和美洲板块交界，受到两大板块相互挤压作用。于是上述两个原因导致冰岛的地壳较为脆弱，极易造成火山喷发。

对于火山喷发防灾减灾来说，做好以下几方面的工作非常重要：

1) 做好灾前的各种数据汇总、统计和人员、财产摸底情况。例如，工业区、人口密度、农场庄园和城镇、村庄等，以便在进行火山灾害救治时根据现有资料能够及时采取减灾、救灾措施。

2) 对火山以前喷发的形成原因及过程进行调研，及时关注火山喷发前的动态变化，及早做好撤离准备。一方面，鉴于冰岛的特殊地理位置和地壳活动特征，对火山活动要保持较高的警惕性；另一方面，还要积极关注火山喷发前的一些前兆现象。如艾雅法拉火山在 2010 年 4 月大规模喷发之前，就陆续出现了一系列小规模的地震活动，这些都在暗示地下的火山岩浆正在不断向上运动，未来可能会出现火山喷发。

3) 科学制定合理的人员疏散、撤离措施及范围。目前，最常用的方法就是通过对不同级别下火山喷发情况进行数值模拟，根据模拟结果规划好火山灰碎屑分布和灾害区划图等详细信息，并据此提出相应的防范和应对范围。

2. 基于数值模拟的地面防灾减灾措施

由以往的火山灰灾害区划和灾害预防经验可知，当火山灰浓度达到 6 g/cm^2、厚度达到 10 cm 左右时，其对人类的生活环境会造成严重的威胁。于是从火山灰碎屑数值模拟等值线图看出，与此临界线相对应的位置出现在火山口的200 km处。因此，从火山灰灾害预防区划角度来看，可以进行如下划分：

1）蓝色警戒区

蓝色警戒区的范围包括100～200 km的范围。在此范围内，火山灰对人类生活环境造成巨大的影响，例如房屋、道路等基础设施。

2）黄色警戒区

黄色警戒区的范围包括50～100 km的范围。在此范围内，由于其距离火山口位置较近，危害也更大。理论上，需要撤出在此范围内的所有人类和家畜等。

3）红色警戒区

红色警戒区的范围包括0～50 km的范围。在此范围内，由于其距离火山口位置最近，理论上其威胁也是最大的。一般情况下，只允许在一些特殊情况下进入，例如针对一些应急情况或处置突发情况等。

在制定好上述三个不同距离范围的警戒区后，政府部门和一些救援机构就可以有针对性地制定相应的灾害预防和灾害救援等措施。例如，在火山爆发前，根据对火山喷发的预测情况，当地政府应通知各部门做出撤离准备，撤离半径可以根据警戒区的标志设定在不同的撤离范围，例如针对蓝色警戒区，撤离范围就可以设定在200 km以内；针对黄色警戒区，撤离范围可以设定在100 km以内；针对红色警戒区，撤离范围就可以设定在50 km以内。

此外，由于冰岛特殊的地理位置，针对冰岛任何一座火山喷发，当地政府都应做好将由此引发的一些次生灾害，例如海啸、洪水和泥石流等次生灾害。

3. 基于数值模拟的航空防灾减灾措施

火山灰云中包含特定的物理、化学成分，在引起局地气候和地球环境的变化的同时，不仅能够降低大气能见度，而且还能腐蚀机体、影响无线电导航系统，非常容易引发航空安全事故。此外，大型的火山喷发形成的火山灰云，一般都处于对流层顶部和平流层中，而这些高度恰恰是国际航线索要飞行的高度范围。这在一定程度上大大增加了航空器遭遇火山灰云的概率。因此，非常有必要针对火山灰云的喷发、扩散轨迹等做出预测，以便有关管理部门及时做出对应方案并发出预警信息。

针对此次冰岛艾雅法拉火山灰云而言，由于艾雅法拉火山地理位置比较高，接近平流层，因此影响最严重的是冰岛及整个欧洲的航空系统。根据数值模拟图可以看出，在当时风速和风向作用下，火山灰云主要是向艾雅法拉火山东南方向扩散的范围超过 1 500 km，最远处可达到 2 000 km(图 5.28)，这也与实际情况比较吻合。

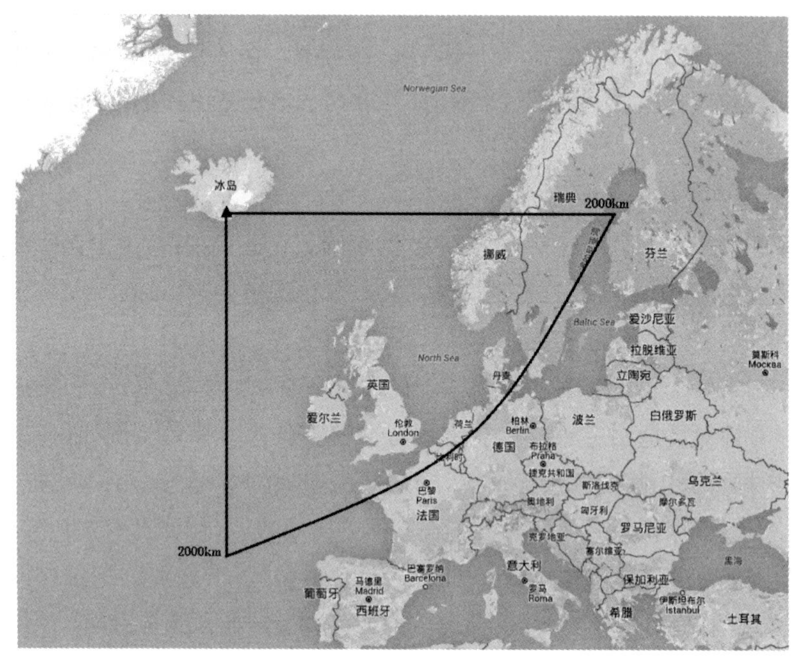

图 5.28　艾雅法拉火山灰云航空安全区划划分

于是，本节在考虑到航空安全的前提下提出以下航空安全划分方法：

1）一级警戒区

一级警戒区的范围包括 0～1 500 km。在该警戒区范围内，火山灰云在不断扩散的同时，还会不断有新的火山灰补充进来形成新的火山灰云团，其对航空安全的威胁也是最大的，在此范围内应该禁止航空器进入。

2）二级警戒区

二级警戒区的范围包括 1 500～2 000 km。在该警戒区范围内，火山灰云的浓度逐渐变得稀薄，其分布状态也不再是大团的云雾状分布，对航空安全的影响也逐渐降低。此时需要根据航空器发动机特性或火山灰云的浓度指标来发布相应的预防措施。

针对此次冰岛艾雅法拉火山灰云而言，火山持续喷出的大量火山灰在大气中扩散，随风飘向英国、挪威等地。而且在欧洲高气压的控制下，风向随时都可能发生变化，冰岛东南方向沿线的各个国家都有必要做好航空领域的监测和预防工作。

综上所述，为了将火山喷发带来的危害性降到最低，有必要在了解火山喷发的类型和喷发强度等各种物理特性的基础上，提前做好既定的火山灰碎屑颗粒物沉降的数值模拟研究，划分不同等级的火山灰灾害区域，并分别从地面和空中两方面尝试采用相应的防灾减灾措施。尽管本节中提出的一些方法不太全面，且存在很多不足之处，但是对火山灰灾害预防和航空安全等实际应用还是会有一定的帮助。

第6章

结论与展望

§6.1 结　　论

火山灰云既包括固态的火山灰碎屑颗粒物，又包括气态的水蒸气、二氧化硫、硫化氢等气体，固态颗粒和气体成分在高温作用下，能够发生化学反应，形成酸性气溶胶。酸性气溶胶不但可以腐蚀航空器挡风玻璃、输油管、操作台和机体等，而且还能干扰无线电通信，引起航空器仪器仪表失灵，在带来巨大经济损失的同时还存在着严重的航空运输安全隐患。目前遥感数据因覆盖范围广、信息量大等优点，已成为火山灰云监测研究的重要手段。但是，遥感数据因包含地物类型多，光谱分布复杂，而且还受到传感器成像特征制约，获取的遥感数据内部的波段相关性非常大，如何从遥感图像中准确地提取出火山灰云成分已成为该领域的研究热点和难点问题。

本书在回顾传统火山灰云遥感监测方法的同时，通过分析主成分分析、独立分量分析、贝叶斯方法、支持向量机方法以及遥感图像特点，提出综合变分贝叶斯 ICA 与 SVM 方法和综合 PCA - ICA 加权与 SVM 方法的火山灰云识别新技术，并以典型的印尼桑厄昂火山和冰岛艾雅法拉火山灰云为具体案例进行了火山灰云监测可行性探讨和火山灰灾害区划分探索。

本书的主要内容和结论包括以下几个方面：

1）针对独立分量分析模型、支持向量机方法、卫星遥感数据特征以及火山灰云遥感监测应用现状，提出了综合变分贝叶斯 ICA 与 SVM 的火山灰云遥感监测方法。在该方法中，通过利用变分贝叶斯 ICA 方法完成未知隐藏变量（火山灰云）的计算与简化处理，并在 SVM 分类器中完成非线性分类提取。以典型 2010 年 4 月 19 日艾雅法拉火山灰云为例，说明了该方法能够准确地从卫星遥感图像中提取出火山灰云的分布状态。

2）针对主成分分析方法、独立分量分析方法、支持向量机方法以及火山灰云遥感监测应用现状，提出了综合 PCA－ICA 加权与 SVM 的火山灰云遥感监测方法。在该方法中，通过在 PCA 和 ICA 之间设定合理的加权阈值，克服利用单一 PCA 或 ICA 方法的弊端，显著增强了火山灰云信息在卫星遥感图像中的可分离性，并通过 SVM 分类器最终完成火山灰云信息从遥感图像中非线性分类提取。以典型 2010 年 4 月 19 日艾雅法拉火山灰云为例，结果表明该方法能够准确地从卫星遥感图像中提取出火山灰云的分布状态。

3）针对国产 FY－3A/VIRR 卫星遥感数据，以典型的 2010 年 4～5 月艾雅法拉火山灰云为例，分别利用分裂窗亮温差算法、假彩色识别法和中红外识别法以及综合变分贝叶斯 ICA 与 SVM 方法和综合 PCA－ICA 加权与 SVM 方法等，对不同发展阶段的艾雅法拉火山灰云水平分布状态进行了识别。随后，鉴于 CALIOP 激光雷达遥感在气溶胶监测方面的巨大优势，提出将其引入到火山灰云监测领域，并对其在具体案例中火山灰云垂直结构监测的可行性和应用进行了探讨。

4）分析和验证 Suzuki 火山灰扩散模型，模拟了长白山天池火山碎屑沉降；根据实际大气风向不稳定这一问题，通过增加不同方向的风速来改进模型，并对 2010 年 4 月 19 日艾雅法拉火山灰碎屑颗粒物沉降情况进行数值模拟；根据火山灰碎屑颗粒物沉降密度分布等值线图，结合冰岛地区的实际情况，分别尝试从地面和空中两方面对艾雅法拉火山灰云灾害区划进行了划分，并提出与之相对应的防灾减灾措施。

§6.2　展　　望

针对利用遥感技术进行火山灰云监测方法和应用，本书分别从不同的火山灰云监测方法和不同遥感数据方面对典型火山灰云案例进行了探讨。尽管取得了一些有意义的成果，然而，受制于本书内容和写作时间的限制，还存在着诸多不足之处或需要后续开展深入研究的地方。这主要体现在以下几个方面：

1）不同传感器类型的卫星遥感数据验证。本研究主要是以 MODIS 和 FY－3A/VIRR 卫星遥感图像为数据源来进行火山灰云监测实验，提取效果较好。但是在实际的火山灰云遥感监测应用中，还会涉及很多其他不同传感器类型的卫星遥感数据，例如高分辨率遥感数据 SPOT、GeoEye、IKONOS、Quickbird 等和高光谱遥感数据 Hyperion、AVIRIS 等。对于这些不同传感器类型的遥感数据，传统监测方法以及本书中所提出方法是否适用，这都还有待于今后进一步的验证。

2）不同的研究区域验证。本书提出的火山灰云遥感监测处理流程不仅适用于典型的 2010 年 4 月 19 日冰岛艾雅法拉火山灰云和 2014 年 5 月 30 日桑厄昂火山灰云案例，而且对于其他火山灰云监测也同样适用。此外，对于本书中所用到的两个典型火山灰云案例而言，图像背景主要包括陆地、海水、冰雪、气象云等，地理环境相对简单，而对于复杂地理环境下的火山灰云监测是否使用，还有待进一步验证。这就需要在今后的研究中，尽可能尝试采用不同地理环境下火山灰云案例进行验证。

3）针对具体的火山灰碎屑颗粒物沉降模拟而言，本书虽然在喷发柱高度和风速方向的变化方面对火山碎屑的影响方面做了一些探索，但是仍然存在一些问题需要进一步的深入研究和扩充完善。例如：

① 本研究是以 2010 年 4 月 19 日冰岛艾雅法拉火山灰云为例进行数值模拟研究。其中，喷发柱高度的数据能够准确获取，但是有些数据不一定准确。例如，由于无法获取火山喷发当天的详细气象条件，本书中主要采用的是年平均风速，这可能会与当天的实际风速有一定的偏差。今后的研究就是要尝试从不同喷发高度与风速之间关系的角度来考虑。

② 在进行模拟计算时采用的一些灾害预测评估参数是根据经验方法得到的，例如火山喷发物总量和喷口速度等，且火山颗粒粒径的大小取自一定样本范围内的数据，具有一定的局限性。因此，计算的结果也存在着一定的误差。在后续的研究中，应尽可能地增加火山灰碎屑颗粒的取样样本数。

③ 现有火山沉降物形态调查是火山灰碎屑颗粒物沉降数值模拟的基础。艾雅法拉火山喷发后，研究人员主要通过提取火山灰对其进行研究。这些研究往往是在多次喷发覆盖所形成的堆积物上进行的，不同喷发次数之间相互

干扰，调查结果的误差也较大。因此，今后需要对不同火山喷发次数之间的旧覆盖沉积和新覆盖沉积之间的分布和关系进行细致、系统的调查。

④ 在火山口附近区域实际监测获得的火山灰碎屑厚度存在误差。这是因为在近火口区域附近分布的喷发堆积物，往往是包含熔岩流与碎屑流在内的混合体，且随着地形坡度的变化极易形成火山灰碎屑二次搬运。因此，在今后的研究中需要将火山灰碎屑落地后根据地形变化的二次搬运作也作为火山灰碎屑颗粒物沉降模拟的一个方面加以考虑。

⑤ 在火山爆发时一般都会伴随有降雨出现。在进行数值模拟时并没有考虑降雨对火山灰碎屑颗粒物沉降的直接影响，以及由降雨产生的泥石流对空降碎屑再造过程的影响。

4）从单纯的火山灰云形状来看，火山灰云并不仅仅是一个平面分布状态，而是一个具有垂直结构的团状分布状态。当前的火山灰云遥感监测研究，大多是利用光学卫星遥感从水平方面对火山灰云展开监测的。例如，同属于光学卫星遥感技术的传感器，无论是 MODIS、AVHRR、TOMS，还是国产的 FY－3A/VIRR 或 FY－3A/MERSI 等，这些都是从水平方面识别出火山灰云信息。然而，现实是火山灰云团还具有垂直分布特征，其中垂直分布高度、浓度等对航空安全都是非常关键的。本书中提出将激光雷达 CALIOP 引入到火山灰云监测中，并对火山灰云的不同发展过程进行了尝试，但是受制于传感器过境时间等因素，效果并不是很理想。在当前火山灰云水平分布监测的基础上，如何有效融合光学卫星遥感和雷达卫星遥感，实现火山灰云监测从水平分布向水平分布与垂直分布相结合的立体监测转变，以及在此基础上延伸出的基于火山灰云立体监测体系的火山灰云航空安全通行浓度和火山灰云航空安全区划等，这些都是我们在后续研究中需要花费大量时间和精力去进一步深入探讨和研究的。

参考文献

Andrew T, Simon C, Jason D, *et al*. An evaluation of volcanic cloud detection techniques during recent significant eruptions in the western "Ring of Fire" [J]. Remote Sensing of Environment, 2004, 91(1): 27-46.

Andronico D, Spinetti C, Cristaldi A, *et al*. Observations of Mt. Enta volcanic ash plumes in 2006: an integrated approach from ground-based and polar satellite Noaa-AVHRR monitoring system [J]. Journal of Volcanology and Geothermal Research, 2009, 180(2-4): 135-147.

Collins RL, Fochesatto J, Sassen K, *et al*. Predicting and validating the motion of an ash cloud during the 2006 eruption of mount Augustine Volcano, Alaska, USA [J]. Journal of the National Institute of Information and Communications Technology, 2007, 54(1-2): 17-28.

Corradini Stefano, Merucci Luca, Folch Arnau. Volcanic ash cloud properties: Comparison between MODIS satellite retrievals and FALL3D transport model [J]. IEEE Geoscience and Remote Sensing Letters, 2011, 8(2): 248-252.

Donald WH. Principal component image analysis of MODIS for volcanic ash, Part Ⅱ: simulation of current GOES and GOES-M imagers [J]. Journal of Applied Meteorology, 2002, 41(10): 1003-1010.

Ellrod GP, Schreiner AJ. Volcanic ash detection and cloud top height estimates from the GOES-12 imager: Coping without a 12 μm infrared band [J]. Geophysical Research Letters, 2004, 31(15): 1-4.

Filizzola C, Lacava T, Marchese F, *et al*. Assessing RAT (robust AVHRR techniques) performances for volcanic ash cloud detection and monitoring in near real-time: the 2002 eruption of Mt. Etna (Italy) [J]. Remote Sensing of Environment, 2007, 107(3): 440-454.

Folch A, Costa A, Basart S. Validation of the FALL 3D ash dispersion model using observations of the 2010 Eyjafjallajökull volcanic ash clouds [J]. Atmospheric Environment, 2012, 48(2): 165-183.

Gangale G, Prata A, Clarisse L. The infrared spectral signature of volcanic ash determined from high-spectral resolution satellite measurements [J]. Remote Sensing of Environment, 2010, 114(2): 414-425.

Gary PE. Impact on volcanic ash detection caused by the loss of the 12.0 μm "Split Window" band on GOES imagers [J]. Journal of Volcanology and Geothermal Research, 2004, 135(1-2): 91-103.

George Christakos, Alexander Kolovos, Marc Serre, *et al*. Total ozone mapping by integrating databases from remote sensing instruments and empirical models [J]. IEEE Transactions on Geoscience and Remote Sensing, 2004, 42(5): 991-1008.

Guindon B. Multi-temporal scene analysis: a tool to aid in the identification of cartographically significant edge features on satellite imagery [J]. Canadian Journal of Remote Sensing, 1998, 14(1): 38-45.

Http://en. vedur. is/

Http://bbs. feeyo. com/posts/548/topic-0011-5484684. html

Http://www. nasa. gov/

Kartikeyan B, Majumder KL, Dasgupta AR. An expert system for land covers classification [J]. IEEE Transactions on Geoscience and Remote Sensing, 1995, 33(1): 58-66.

Kenneson GD, Jonathan D, Kenneth RP, *et al*. Integrated satellite observations of the 2001 eruption of Mt. Cleveland, Alaska [J]. Journal of Volcanology and Geothermal Research, 2004, 135(1): 51-73.

Kisei Kinoshita, Wang Ning, Zhang Gang, *et al*. Long-term observation of Asian dust in Changchun and Kagoshima [J]. Water, Air, and Soil Pollution: Focus, 2005, 5(1): 89 - 100.

Krotkov NA, Torres O, Seftor C, *et al*. Comparison of TOMS and AVHRR volcanic ash retrievals from the August 1992 eruption of Mt. Spurr [J]. Geophysical Research Letters, 1999, 26(4): 455 - 458.

Krueger AJ. Sighting of El chichón sulfur dioxide clouds with the nimbus 7 total ozone mapping spectrometer [J]. Science, 1983, 220 (4604): 1377 - 1379.

Li CF, Yin JY. Variational Bayesian independent component analysis — support vector machine for remote sensing classification [J]. Computers and Electrical Engineering, 2013, 39(8): 717 - 726.

Li CF, Dai YY, Zhao JJ, *et al*. Remote sensing monitoring of volcanic ash clouds based on PCA method [J]. Acta Geophysica, 2015, 63(2): 432 - 450.

Li CF, Dai YY, Zhao JJ, *et al*. Volcanic ash cloud detection from remote sensing images using principal component analysis [J]. Computers and Electrical Engineering, 2014, 40(3): 204 - 214.

Li CF, Dai YY, Zhao JJ, *et al*. Diffusion source detection of volcanic ash cloud using MODIS satellite data [J]. Journal of the Indian Society of Remote Sensing, 2014, 42(3): 611 - 619.

Luke PF, Andrew JLH, Robert W. Improved identification of volcanic features using Landsat 7 ETM+ [J]. Remote Sensing of Environment, 2001, 78(1 - 2): 180 - 193.

Markowica KM, Zielinski T, Pietruczuk A, *et al*. Remote sensing measurements of the volcanic ash plume over Poland in April 2010 [J]. Atmospheric Environment, 2012, 48(2): 66 - 75.

Marzano Frank. Remote sensing of volcanic ash cloud during explosive eruptions using ground-based weather RADAR data processing [J].

IEEE Signal Processing Magazine, 2011, 28(2): 124 - 126.

Marzano FS, Barbieri S, Vulpiani G, *et al*. Volcanic ash cloud retrieval by ground-based microwave weather radar [J]. IEEE Transactions on Geoscience and Remote Sensing, 2006, 44(11): 3225 - 3245.

Marzano FS, Picciotti E, Vulpiani G, *et al*. Synthetic signatures of volcanic ash cloud particles from X-band dual-polarization radar [J]. IEEE Transactions on Geoscience and Remote Sensing, 2012, 50 (1): 193 - 211.

Marzano FS, Vulpiani G, Rose WI. Microphysical characterization of microwave radar reflectivity due to volcanic ash clouds [J]. IEEE Transactions on Geoscience and Remote Sensing, 2006, 44 (2): 313 - 327.

Mastin LG, Guffanti M, Servranckx R, *et al*. A multidisciplinary effort to assign realistic source parameters to models of volcanic ashcloud transport and dispersion during eruptions [J]. Journal of Volcanology and Geothermal Research, 2009, 186(1 - 2): 10 - 21.

Mccarthy EB, Bluth GJS, Watson I. M, *et al*. Detection and analysis of the volcanic clouds associated with the 18 and 28 August 2000 eruption of Miyakejima volcano, Japan [J]. International Journal of Remote Sensing, 2008, 29(22): 6597 - 6620.

Mecikalski JR, Feltz WF, Murray JJ. *et al*. Aviation applications for satellite-based observations of cloud properties, convection initiation, in-flight icing, turbulence, and volcanic ash [J]. Bulletin of the American Meteorological Society, 2007, 88(10): 1589 - 1607.

Michael JP, Wayne FF, Andrew KH, *et al*. A daytime complement to the reverse absorption technique for improved automated detection of volcanic ash [J]. Journal of Atmospheric and Ocean Technology, 2006, 23(11): 1422 - 1444.

Nicola Pergola, Valerio Tramutoli, Francesco Marchese, *et al*. Improving volcanic ash cloud detection by a robust satellite technique [J]. Remote Sensing of Environment, 2004, 90(1): 1 - 22.

Oppenheimer C. Volcanological applications of meteorological satellites [J]. International Journal of Remote Sensing, 1998, 19(15): 2829 - 2864.

Papp KR, Dean KG, Dehn J. Predicting regions susceptible to high concentrations of airborne volcanic ash in the North Pacific region [J]. Journal of Volcanology and Geothermal Research, 2005, 148(3 - 4): 295 - 314.

Peng Jifeng, Peterson Rorik. Attracting structures in volcanic ash transport [J]. Atmospheric Environment, 2012, 48(2): 230 - 239.

Piscini A, Corradini S, Marchese F, *et al*. Volcanic ash cloud detection from space: A comparison between the RSTASH technique and the water vapor corrected BTD procedure [J]. Geomatics, Natural Hazards and Risk, 2011, 2(3): 263 - 277.

Prata AJ. Observations of volcanic ash clouds in the 10 - 12 μm window using AVHRR/2 data [J]. International Journal of Remote Sensing, 1989, 10(4 - 5): 751 - 761.

Prata AJ. Satellite detection of hazardous volcanic clouds and the risk to global air traffic [J]. Natural Hazards, 2009, 51(2): 303 - 324.

Prata F, Bluth G, Rose B, *et al*. Comments on "Failures in detecting volcanic ash from a satellite-based technique" [J]. Remote Sensing of Environment, 2001, 78(3): 341 - 346.

Rose WI, Self S, Murrow PJ, *et al*. Nature and significance of small volume fall deposits at composite volcanoes: insights from the October 14, 1974 Fuego eruption, Guatemala [J]. Bulletion of Volcanology, 2008, 70 (9): 1043 - 1067.

Rose WI, Durant AJ. El Chichon volcano, April 4, 1982: volcanic cloud history and fine ash fallout [J]. Natural Hazards, 2009, 51 (2): 363 - 374.

Seftor CJ, Hsu NC, Herman JR, *et al*. Detection of volcanic ash clouds from Nimbus 7/total ozone mapping spectrometer [J]. Journal of Geophysical Research, 1997, 102(D14): 16749 - 16759.

Simon AC, Arlin JK, Nickolay AK, *et al*. Tracking volcanic sulfur dioxide clouds for aviation hazard mitigation [J]. Natural Hazards, 2009, 51 (2): 325 - 343.

Solberg S, Naesset E, Hanssen KH, *et al*. Mapping defoliation during a severe insect attack on scots pine using airbome laser scanning [J]. Remote Sensing Environment, 2006, 102(3 - 4): 364 - 376.

Thomas HE, Watson IM, Kearney C, *et al*. A multi-sensor comparison of 163 ulphur dioxide emissions from the 2005 eruption of Sierra Negra volcano, Galapagos Islands [J]. Remote Sensing of Environment, 2009, 113(6): 1331 - 1342.

Thomas HE, Watson I. M. Observations of volcanic emissions from space: current and future perspectives [J]. Natural Hazards, 2010, 54(2): 323 - 354.

Thomas HE, Prata AJ. Sulphur dioxide as a volcanic ash proxy during the April - May 2010 eruption of Eyjafallajokull volcano, Iceland [J]. Atmospheric Chemistry and Physics, 2011, 11(11): 7757 - 7780.

Thomas W, Erbertseder T, Ruppert T, *et al*. On the retrieval of volcanic sulfur dioxide emissions from GOME backscatter measurements [J]. Journal of Atmospheric Chemistry, 2005, 50(3): 295 - 320.

Watson IM, Realmuto VJ, Rose WI, *et al*. Thermal infrared remote sensing of volcanic emissions using the moderate resolution imaging spectroradiometer [J]. Journal of Volcanology and Geothernal Research, 2004, 135(1 - 2): 75 - 89.

Webley P, Mastin L. Improved prediction and tracking of volcanic ash clouds [J]. Journal of Volcanology and Geothermal Research, 2009, 186(1 - 2): 1 - 9.

Webley P, Dehn J, Lovick J, *et al*. Near-real-time volcanic ash cloud detection: experiences from the Alaska Volcano Observatory [J]. Journal of Volcanology and Geothermal Research, 2009, 186(1-2): 79-90.

Webley P, Stunder BJB, Dean KG. Preliminary sensitivity study of eruption source parameters for operational volcanic ash cloud transport and dispersion models — A case study of the August 1992 eruption of the Crater Peak vent, Mount Spurr, Alaska [J]. Journal of Volcanology and Geothermal Research, 2009, 186(1-2): 108-119.

Webley P, Atkinson D, Collins RL, *et al*. Predicting and validating the tracking of a volcanic ash cloud during the 2006 eruption of Mt. Augustine volcano [J]. Bulletin of the American Meteorological Society, 2008, 89(11): 1647-1658.

Webley P, Mastin L. Improved prediction and tracking of volcanic ash clouds [J]. Journal of Volcanology and Geothermal Research, 2009, 186(1-2): 1-9.

Wen SM, Rose WI. Retrieval of sizes and total masses of particles in volcanic clouds using AVHRR bands 4 and 5 [J]. Journal of Geophysical Research, 1994, 99(D3): 5421-5431.

Yin JJ, Dong JS, Li CF, *et al*. A new detection method of volcanic ash cloud based on MODIS image [J]. Journal of the Indian Society of Remote Sensing, 2015, 43(2): 429-437.

常飞. 火山灰云对民航飞机的影响[J]. 空中交通,2012,(9): 34-35.

常庆瑞,蒋平安,周勇,等. 遥感技术导论[M]. 北京: 科学出版社,2003.

陈述彭,赵英时. 遥感地学分析[M]. 北京: 测绘出版社,1990.

单新建,李建华. 遥感地质与干涉形变测量[M]. 北京: 地震出版社,2009.

单新建,马瑾,王长林,等. 利用差分干涉雷达测量技术(D-InSAR)提取同震形变场[J]. 地震学报,2002,24(4): 413-420.

单新建,陈国光,叶洪,等. 利用数字遥感图像研究长白山天池近代喷发规模

[J]. 地震地质,2000,22(2):187-194.

段黄科,张立. 火山灰天气下航班签派与运行控制研究[J]. 中国民用航空,2015,(12):84-86.

范景辉. 基于相干目标的D-InSAR技术地表形变监测研究与应用[D]. 北京:中科院研究生院,2008.

范涛. 基于变分贝叶斯独立分量分析的机械故障诊断方法研究[D]. 郑州:郑州大学,2009.

宫鹏,浦瑞良. 高光谱遥感及其应用[M]. 北京:高等教育出版社,2000.

郭达志. 地理信息系统原理与应用[M]. 徐州:中国矿业大学出版社,2002.

郭正堂,吴海斌. 浅谈固体地球科学与地球系统科学[J]. 地球科学进展,2004,19(5):699-705.

季灵运,许建东,林旭东,等. 利用卫星热红外遥感技术监测长白山天池火山活动性[J]. 地震地质,2009,31(4):617-627.

李成范,戴羊羊,赵俊娟,等. 利用独立分量分析进行火山灰云遥感检测[J]. 地震地质,2014,36(1):137-147.

李成范. 城市土地利用变化的遥感监测[D]. 重庆:西南大学,2009.

李成范. 独立分量分析在遥感图像土地覆盖信息提取中的应用[D]. 上海:上海大学,2012.

李德仁,王树根,周月琴. 摄影测量与遥感概论(第二版)[M]. 北京:测绘出版社,2008.

李继苹. 火山灰对航空飞行的危害及咨询服务[J]. 空中交通管理,2002,(6):41-42.

李小文,王祎婷. 定量遥感尺度效应刍议[J]. 地理学报,2013,68(9):1163-1169.

李仲森,埃里克·鲍狄埃. 极化雷达成像基础与应用[M]. 北京:电子工业出版社,2013.

梁亮,杨敏华,李英芳. 基于ICA与SVM算法的高光谱遥感影像分类[J]. 光谱学与光谱分析,2010,30(10):2724-2728.

刘德富,康春丽. 地球长波辐射(OLR)遥感与重大自然灾害预测[J]. 地学前缘,2003,10(2):427-435.

卢小平,王双亭.遥感原理与方法[M].北京:测绘出版社,2012.

马志刚.浅析火山灰通告[J].空中交通管理,2000,(1):37-38.

梅安新,彭望琭,秦其明,等.遥感导论[M].北京:高等教育出版社,2001.

苗俊刚,刘大伟.微波遥感导论[M].北京:机械工业出版社,2012.

屈春燕,单新建,马瑾.卫星热红外遥感在火山活动性监测中的应用[J].地震地质,2006,28(1):99-110.

沙晋明.遥感原理与应用[M].北京:科学出版社,2012.

盛业华,郭达志.工矿区环境动态监测与分析研究[M].北京:地质出版社,2001.

舒宁.微波遥感原理(修订版)[M].武汉:武汉大学出版社,2000.

孙家抦.遥感原理与应用[M].武汉:武汉大学出版社,2003.

拓瑞芳,冷志成.如何提高火山爆发时的飞行服务质量[J].中国民用航空,2011,(1):51-52.

王元元,杨敏.空客持续推进火山灰探测研究[J].国际航空,2014,(2):74-75.

王志旺,李端有.3S技术在滑坡监测中的应用[J].长江科学院院报,2005,22(5):33-36.

徐光宇,皇甫岗.国外火山减灾研究进展[J].地震研究,1998,21(4):397-405.

许建东,栾鹏,樊笑英,等.基于遥感影像光谱与纹理分析的地物分类——以长白山天池火山地区为例[J].地震地质,2009,31(4):607-616.

杨开羽.民航业应对火山灰的能力和未来需求[J].中国民用航空,2012,(7):23-24.

尹京苑,赵俊娟,李成范,等.遥感技术在城市防灾减灾中的应用[M].北京:华文出版社,2012.

尹京苑,沈迪,李成范.卫星遥感技术在火山灰云监测中的应用[J].地震地质,2013,35(2):347-362.

尹占娥.现代遥感导论[M].北京:科学出版社,2008.

于泳，洪汉净，刘培洵，等. 卫星遥感技术在火山监测中的应用[J]. 地球物理学进展，2003，18(1)：79－84.

赵谊，马宝君，施行觉. 火山空降碎屑灾害预测软件包的研制[J]. 地震地质，2003，25(3)：480－490.

赵谊，梁跃，马宝君，等. 基于 FY－3A 遥感数据的冰岛火山灰云识别[J]. 岩石学报，2014，30(12)：3693－3700.

赵谊，李永生，樊祺诚，等. 火山灰云在航空安全领域研究进展[J]. 矿物岩石地球化学通报，2014，33(4)：531－539.

郑江涛. 从火山灰“停航”事件看风险管理决策[J]. 中国应急管理，2010，(5)：56－57.

郑韶青，徐竣，何友江，等. 星载激光雷达 CALIOP 功能、产品和应用[J]. 环境工程技术学报，2014，4(4)：313－321.

周廷刚，何勇，杨华，等. 遥感原理与应用[M]. 北京：科学出版社，2015.

朱琳，刘健，刘诚，等. 复杂气象条件下火山灰云遥感监测新方法[J]. 中国科学(地球科学)，2011，41(7)：1029－1036.

朱述龙，张占睦. 遥感图像获取与分析[M]. 北京：科学出版社，2000.

附录：英文缩略语

缩略语	英 文 全 称	中 文 名 称
AAI	Aerosol Absorption Index	气溶胶吸收指数
ARI	Ash Radiation Index	火山灰云辐射指数
AVHRR	Advanced Very High Resolution Radiometer	甚高分辨率辐射计
AVIRIS	Airborne Visible Infrared Imaging Spectrometer	航空可见光/红外成像光谱仪
BDS	Beidou Navigation Satellite System	北斗卫星定位系统
BRD	Band Residual Difference	波段残差差分
CAAC	Civil Aviation Administration of China	中国民用航空局
CALIOP	Cloud-Aerosol Lidar with Orthogonal Polarization	正交偏振云-气溶胶激光雷达
CALIPSO	Cloud-Aerosol Lidar and Infrared Pathfinder Satellite Observations	云-气溶胶激光雷达和红外探测卫星
CBERS	China-Brazil Earth Resource Satellite	中巴地球资源卫星
CCD	Charge Coupled Device	电荷耦合器件
DEM	Digital Elevation Model	数字高程模型
DTM	Digital Terrain Model	数字地形模型
ES	Expert System	专家系统
ETM	Enhanced Thematic Mapper	增强型专题绘图仪
EUMETSAT	European Organization for the Exploitation of Meteorological Satellites	欧洲气象卫星应用组织

续 表

缩略语	英 文 全 称	中 文 名 称
FA	Factor Analysis	因子分析
GCP	Ground Control Point	地面控制点
GIS	Geographical Information System	地理信息系统
GLONASS	Global Navigation Satellite System	格洛纳斯卫星导航系统
GOES	Geostationary Operational Environmental Satellite	地球静止轨道环境业务卫星
GPS	Global Positioning System	全球定位系统
IASI	Infrared Atmospheric Sounding Interferometer	红外大气探空干涉计
ICA	Independent Component Analysis	独立分量分析
ICAO	International Civil Aviation Operation	国际民航组织
ICI	Independent Component Image	独立成分图像
IMO	Icelandic Meteorological Office	冰岛气象局
INSAR	Interferometric Synthetic Aperture Radar	干涉雷达测量
MERSI	Medium Resolution Imaging Spectrometer	中分辨率光谱成像仪
MIS	Management Information System	管理信息系统
MODIS	Moderate Resolution Imaging Spectroradiometer	中分辨率成像光谱仪
MOG	Gaussian Mixture Model	高斯混合模型
NOAA	National Oceanic and Atmospheric Administration	美国国家海洋和大气管理局
PCA	Principal Component Analysis	主成分分析
PCI	Principal Component Image	主成分图像
RAR	Real Aperture Rader	真实孔径雷达
RBF	Radial Basis Function	径向基函数
RS	Remote Sensing	遥感
SAR	Synthetic Aperture Radar	合成孔径雷达

续 表

缩略语	英 文 全 称	中 文 名 称
SEM	Space Environment Monitor	空间环境监测器
SNR	Signal to Noise Ratio	信噪比
SRTM	Shuttle Radar Topography Mission	航天飞机雷达地形测绘使命
SVM	Support Vector Machine	支持向量机
TM	Thematic Mapper	专题绘图仪
TOMS	Total Ozone Mapping Spectrometer	臭氧总量制图光谱仪
TOU	Total Ozone Ultraviolet Spectrometer	紫外臭氧总量探测仪
USGS	United States Geological Survey	美国地质勘探局
UTC	Coordinated Universal Time	世界标准时间
VAAC	Volcanic Ash Advisory Center	火山灰咨询中心
VAC	Volcanic Ash Cloud	火山灰云
VC	vapnik-chervonenkis dimension	VC 维
VEI	Volcanic Explosivity Index	火山爆发指数
VIRR	Visible and Infrared Radiometer	可见光红外扫描辐射计
WMO	World Meteorological Organization	世界气象组织